Die

Fabrikation des Papiers,

in Sonderheit

des auf der Maschine gefertigten,

nebst

gründlicher Auseinandersetzung der in ihr vorkommenden chemischen Processe und Anweisung zur Prüfung der angewandten
Materialien

von

Dr. L. Müller.

Zweite sehr vermehrte Auflage.

Springer-Verlag Berlin Heidelberg GmbH 1855

Additional material to this book can be downloaded from http://extras.springer.com

ISBN 978-3-662-32412-7   ISBN 978-3-662-33239-9 (eBook)
DOI 10.1007/978-3-662-33239-9

Vorwort zur ersten Auflage.

Die Fortschritte, welche anerkannter Maassen die Industrie im Allgemeinen während der Dauer eines langjährigen Friedens gemacht hat, geben sich ganz besonders auch in der Papierfabrikation, in den vielfältigen Vervollkommnungen sowohl des mechanischen wie des chemischen Theiles derselben zu erkennen. — Wenn daher vorliegendes Werk den Leser nur mit allen oder wenigstens vielen der während der letzten Jahre sich bewährt habenden Neuerungen in diesem Industriezweige bekannt macht, so liegt darin schon eine Berechtigung seines Erscheinens und der dadurch verursachten Vermehrung der betreffenden Literatur. Es war dies jedoch nicht der einzige Zweck, welchen der Verfasser zu erreichen beabsichtigte; denn während derselbe mittheilt, was die Schriftsteller vor ihm nicht mittheilen konnten, und somit die vorhandene Literatur gewissermaassen nur fortsetzt, wollte er auch einen wesentlichen Mangel derselben beseitigen. Wie nämlich die meisten technischen Specialwerke nur den rein praktischen, auf Erfahrungen sich stützenden Theil des abgehandelten Industriezweiges zum Gegenstande haben, so findet man auch in den betreffenden Werken die Papierfabrikation rein empirisch dargestellt und die wissenschaftliche Begründung der darin vorkommenden chemischen Processe und mechanischen Combinationen gänzlich vernachlässigt. So zum Beispiel in Rüst's Werk: „die Papierfabrikation und die technischen Anwendungen des Papiers, Berlin, 1838", werden nach der Bemerkung, dass man über die zweckmässigsten Verhältnisse der verschiedenen, zur Chlorentwickelung nöthigen Substanzen im Allgemeinen noch nicht übereinstimme, die Quantitäten von Manganoxyd (soll heissen Mangansuperoxyd), Salz (Kochsalz, Chlornatrium) und Schwefelsäure mitgetheilt, welche in Deutschland, Frankreich und England angewendet werden, und es wird den Fabrikanten überlassen, zwischen den verschiedenen Verhältnissen zu wählen. Es ist aber nur ein Verhältniss das richtige, und zwar nicht gerade das deutsche, oder französische, oder englische, sondern dieses eine richtige Verhältniss ist für jede Braunsteinsorte, für jede Schwefelsäure von bestimmtem Säuregehalt, ein anderes. Es kommt daher darauf an, dass man weiss, welcher chemische Process bei der Chlorentwickelung stattfindet, dass man die hierzu nöthigen Substanzen zu prüfen verstehe und im Stande ist, darnach die Quantitätsverhältnisse zu bestimmen. In diesem und einer Menge ähnlicher Fälle wird gerade der strebsame Fabrikant von einem Buche Antwort auf seine Fragen verlangen, weil ihn die Recepte und Vorschriften, welche er als herkömmlich selbst kennen gelernt hat, im Stich lassen. Und dies ist die zweite Aufgabe dieses Buches, dem praktisch gebildeten Fabrikanten das Verständniss der von ihm unternommenen Operationen zu eröffnen und ihn dadurch zu befähigen, selbstständig seine Methoden zu vervollkommnen und zur Erreichung eines bestimmten Resultates die richtigen Mittel und Wege zu wählen. — In wie weit der Verfasser beide Aufgaben gelöst, dies zu beurtheilen, überlässt er dem nachsichtigen Leser.

Vorwort zur zweiten Auflage.

Indem ich dem Publikum die zweite Auflage des vorn
genannten Werkes übergebe, habe ich dem Vorwort der
ersten einige Worte hinzuzufügen. Der früher verfolgte
Zweck, dem Fabrikanten das Verständniss der von ihm
unternommenen Operationen zu eröffnen und ihn dadurch
zu befähigen, seine Methoden selbstständig zu vervollkommnen und zur Erreichung eines bestimmten Resultates
die richtigen Mittel und Wege zu wählen, ist auch hier
consequent festgehalten. Wissenschaft und Technik haben
aber seit dem Erscheinen der ersten Auflage wiederum
bedeutende Fortschritte gemacht und eine Menge neuer
Hülfsmittel und Erfahrungen geboten, die gewissenhaft
benutzt worden sind und durch welche sowohl der theo-
retische als mechanische Theil des Buches eine wesentliche Erweiterung erfahren hat. — Ich bin weit entfernt,
zu meinen, etwas in jeder Hinsicht Vollkommenes ge-
leistet zu haben, aber ich glaube behaupten zu dürfen,
dass weder die deutsche noch ausländische Literatur ein
Buch über Papierfabrikation aufzuweisen hat, in welchem
die wissenschaftliche wie practische Seite dieses Industriezweiges mit gleicher Gründlichkeit behandelt sind. —
In Frankreich ist 1853 ein Werk erschienen „De l'industrie par Gabriel Planche, Fabricant de Papiers.
Paris 1853 (Preis 7 Thlr. 10 Sgr.)", welches im hohen
Grade die Beachtung der Papierfabrikanten verdient und
auch hier volle Berücksichtigung gefunden hat. Allein

es kann nicht in Abrede gestellt werden, dass Planche sich darin nur als ein tüchtiger Praktiker bekundet, der, mit grossartigen Mitteln ausgerüstet, auf dem experimentellen Wege weiter vordringen konnte als Andere und dem sämmtliche Fachgenossen zu Dank verpflichtet sind, dass er seine gewonnenen Erfahrungen durch Veröffentlichung genannten Werkes zum Gemeingut machte. Was aber eine richtigere Auffassung der einzelnen Processe und Operationen und die darauf basirte Vervollkommnung derselben anbetrifft, so ist Planche zu wenig Chemiker von Fach, um nach dieser Richtung hin fortschreitend Anderen vorangehen zu können. Hierin mag der Grund liegen, dass das Werk nicht sogleich einen würdigeren Uebersetzer gefunden, als den sich in allen Gebieten menschlichen Wissens als Uebersetzer herumtummelnde Dr. C. Hartmann, welcher unter dem vielverheissenden Titel „Gabriel Planche, die Papierfabrikation, wie sie nach ihrem dermaligen Standpunkte in England, Frankreich, Deutschland, Holland, Belgien und der Schweiz betrieben wird, eine nothwendige Ergänzung aller Werke über Papierfabrikation; besonders aber zu dem von Lenormand. Mit Beziehung anderer neuester Materialien. Deutsch bearbeitet von Dr. Carl Hartmann, mit 9 lithogr. Tafeln. 1854, Weimar, Voigt" ein Machwerk herausgegeben hat, auf welches die Gesammtheit der Papierfabrikanten keine Ursache hat stolz zu sein. — Das Skelet bildet eine Uebersetzung des Planche'schen Werkes, dem er durch ungeschickte Auftragung der durch die wissenschaftlichen und praktischen Forschungen Anderer gewonnenen Resultate ein ziemlich missgestaltetes Ansehen gegeben hat. Der hochgelehrte Herr Verfasser hat sich nicht gescheut, das Anderen entlehnte wie sein Eigenthum zu behandeln und z. B. fast den dritten Theil der ersten Auflage des hier vorliegenden Werkes abdrucken lassen, ohne auch nur die Quelle zu nennen. In der Literatur eines Industriezweiges spiegelt sich aber nicht nur der höhere oder niedere Grad seiner Vollkommenheit, sondern auch das mehr oder weniger richtige Verhältniss der einzelnen Repräsentanten desselben untereinander ab. Denn es wird im Allgemeinen nur derjenige über einen Industriezweig zu schreiben befähigt sein, der selbst Fabrikant ist, aber auch nur dann, wenn unter den Fabrikanten ein gegenseitiges Entgegenkommen stattfindet, wenn sie ihre Erfahrungen einander bereitwillig mittheilen und überhaupt von der Ueberzeugung durchdrungen sind, dass Isolirung und Geheimnisskrämerei nicht mehr im Stande sind, das Gedeihen einer Fabrik zu sichern, sondern dass nur in dem Aufschwunge des gesammten Industriezweiges der Wohlstand des Einzelnen eine dauernde Begründung finde. — Nur wenn die einzelnen Fabrikanten sich als Fachgenossen erkennen und fühlen, und der Schriftsteller als ihr Vermittler aufzutreten im Stande ist, kann sich eine gediegene Literatur herausbilden, welche dem Ganzen wie dem Einzelnen zum wahrhaften Vortheil gereicht. — Um nach ihren Kräften das Bewusstsein dieser Fachgenossenschaft anzuregen, haben wir, Verleger und Verfasser, es für wünschenswerth erachtet, dieser zweiten Auflage ein Verzeichniss so viel als möglich sämmtlicher bedeutenderen Papierfabriken beizufügen, aus welchem jeder einzelne Fabrikant ersehen sollte, mit wem er durch gemeinschaftliche Interessen verbunden ist, welches Kapital, welche Macht die Papierfabrikation repräsentirt und welche Rücksichten sie daher in national - ökonomischer Beziehung zu fordern berechtigt ist.

Unsere deshalb erlassene Aufforderung, uns die Firmen, Zahl der Maschinen u. s. w. genau anzugeben, ist jedoch nicht in dem Grade entsprochen worden, wie wir es hofften und wünschten. Oesterreich z. B. besass 1852

535 Papierfabriken mit 40 Maschinen, in welchen nahe
an 12,000 Menschen Beschäftigung fanden, und nicht ein
Fabrikant hat zur Vervollständigung unseres Verzeich-
nisses beigetragen. Wir sind daher in den meisten Fällen genöthigt gewesen, zu dem Meyer'schen Adressbuch
unsere Zuflucht zu nehmen, welches selbst an vielen
Mängeln und Ungenauigkeiten leidet. Haben wir somit
nicht erreicht, was wir erstrebten, so wird hoffentlich
das gegebene Verzeichniss dazu beitragen, einen grösseren
Gemeinsinn zu verbreiten und für die Folgezeit die Herstellung eines vollkommneren zu ermöglichen.

Möge unser Bestreben, hierfür zu wirken, so wie
jenes, welchem dieses Buch überhaupt sein Entstehen verdankt, das eigne Wissen zum Besten des Ganzen zum
Allgemeingut zu machen, eine richtige Würdigung und
die noch darin vorhandenen Mängel eine nachsichtige
Beurtheilung finden.

Müller.

Verzeichniss

der

bedeutenderen Papierfabriken in den Zollvereins-Staaten.

1. Königreich Preussen.

a. Brandenburg.

Ort.	Firma.	Zahl der Maschinen und deren Erbauer.	Zahl der Holländer.	Bewegende Kraft.	Besondere Bemerkung.
1. Berlin.	*Patentpapierfabrik.*	1, von Bryan Donkin et Comp. in London.	12	Dampf; 2 Maschinen für die Holländer, 1 für die Papiermaschine, sämmtlich von J. u. E. Hall in Dartford.	Eine Querschneidemaschine von Hoffmann in Breslau bewährt sich seit 9 Jahren sehr gut und bedarf wenig der Reparatur.
2. Berlinchen.	*H. Lewy* in Landsberg a. d. W.	1, von Scholz in Suckau mit mancherlei Verbesserungen.	4	Zwei Holländer und die Papiermaschine werden durch Dampf, 2 Holländer durch Wasser getrieben.	Patentirter Zeugregulator von A. Oechelhäuser. Die Maschine liefert täglich ca. 1000 ℔ feine Druck- u. Schreibpapiere.
3. Hertelsaue bei Neuwedell.	*Gebr. Müller.*	1, von Joh. Widmann in Heilbronn.	6	Wasser.	Querschneidemaschine nicht vorhanden. Fabrikation: fast ausschliesslich Druckpapiere, täglich 1700 ℔. Die Maschinenbauanstalt von Joh. Widmann existirt nicht mehr, indem sich derselbe nach Amerika begeben hat. Die von ihm gebauten Maschinen leiden

Ort.	Firma.	Zahl der Maschinen und deren Erbauer.	Zahl der Holländer.	Bewegende Kraft.	Besondere Bemerkung.
					an dem Fehler, dass die einzelnen Theile etwas schwach construirt sind, daher sie auch anfänglich manche Reparaturen erforderten; das System derselben ist indess ganz das Donkin'sche und gewährt dieselben Vortheile in bequemer Führung und leichter Zugänglichkeit zu den einzelnen Theilen.
4. Hohenofen b. Neustadt a. d. Dosse.	Hohenofener Papierfabrik.	1, von Bryan Donkin et Comp. in London.			Querschneidemaschine nicht vorhanden.
5. Königswalde bei Waldowstrenk.	C. A. Pauli.	1, von J. Scholz in Suckau	3	Wasser.	
6. Köpnick b. Berlin.	J. Rosenhain et Co.	1, selbst gebaut.	8	Die Holländer durch Dampf, die Maschine durch Wasser.	Querschneidemaschine nicht vorhanden.
7. Louisenau b. Neuwedell.	D. Eichbaum.	1, von Joh. Widmann in Heilbronn.	4	Wasser.	Querschneidemaschine nicht vorhanden.
8. Potsdam.	F. Biermann.	1, von Wolf in Plettenburg.	3	Dampf; eine Hochdruckmaschine von 6—7 Pferden für die Papiermaschine, eine Niederdruckmaschine von 16 Pferden für die Holländer, Lumpenschneider, Wolf etc.	Die Maschine hat müssen wesentliche Veränderungen erfahren, ehe sie zur Anfertigung von geleimten Papieren tauglich war. Fabrikation: Zuckerpapier, Aktendeckel, Butterpapier, täglich 8—9 Ctr.

Ort.	Firma.	Zahl der Maschinen und deren Erbauer.	Zahl der Holländer.	Bewegende Kraft.	Besondere Bemerkung.
					Querschneidemaschine nicht vorhanden.
9. Pulverkrug bei Frankfurt a. d. O.	G. L. Wuttig.	1, von B. Wietherich et Comp. in Bergisch-Gladbach bei Mühlheim am Rhein.	6	Wasser und 15 Pferde Dampfkraft.	Querschneidemaschine nicht vorhanden. (Der Grundstein der Fabrik wurde am 1. Nov. 1539 gelegt, am Tage der Einführung der Reformation.)
10. Sandow b. Frankfurt a. d. O.	Noack, Nagel et Co.	1, von Ernst Hofmann in Breslau.	10	Wasser.	Querschneidemaschine nicht vorhanden:
11. Spechthausen b. Neustadt Ebersw.	Gebr. Ebart.	1, von Bryan Donkin et Co. in London nebst 3 Bütten.	12	4 Wasserräder u. eine engl. Dampfmaschine von 24 Pferdekraft.	Querschneidemaschine nicht vorhanden. Querschneidemaschine von Hoffmann in Breslau.
12. Treuenbrietzen.	Wilh. Seebald et Co.	1, von Bryan Donkin et Comp. in London..	6	Wasser.	Die Vergrösserung der Fabrik durch Anlage einer Dampfmaschine steht bevor.
13. Wolfswinkel b. Neustadt-Ebersw.	Joh. Friedr. Nitsche.	1, von Braithwaite in London.	12	Wasser (Finow-Kanal).	Die später angebrachte Knotenmaschine und Sandfang sind von Donkin in London. Von den Holländern sind 8 aus Eisen construirt. Eine Beschneidemaschine von Hoffmann in Breslau mit Längen- und Querschnitt; letzte er differirt jedoch um $\frac{1}{4}-\frac{1}{2}$ Zoll.

Ort.	Firma.	Zahl der Maschinen und deren Erbauer.	Zahl der Holländer.	Bewegende Kraft.	Besondere Bemerkung.
					Luftpumpe von Borsig in Berlin. Die Maschine liefert durchschnittlich in 24 Stunden 2000 ℔.

b. Pommern.

Ort.	Firma.	Zahl der Maschinen und deren Erbauer.	Zahl der Holländer.	Bewegende Kraft.	Besondere Bemerkung.
14. Gollenberg bei Köslin.	C. G. Hendess.	Eine Maschine ist zwar noch nicht vorhanden, jedoch die Einrichtung auf Aufstellung einer solcher berechnet. Gegenwärtig sind 2 Bütten im Gange.	4	Wasser.	Bedeutende Wasserkraft von 28, 32 und 15 Fuss Gefälle in drei Abstufungen. Fabrikation von Steinpappen zum Dachdecken. Stampfwerk.
15. Hohenkrug bei Altdamm.	C. A. Münch.	1, von Joh. Widmann in Heilbronn.			
16. Köslin.	Bernh. Behrend.	1, von Joh. Widmann in Heilbronn.	8	Wasser und Dampf.	
17. Raths-Damnitz bei Stolp.	C. F. Missner.	1, von der Wilhelmshütte bei Sprottau.	8	Wasser.	

c. Preussen.

Ort.	Firma.	Zahl der Maschinen und deren Erbauer.	Zahl der Holländer.	Bewegende Kraft.	Besondere Bemerkung.
18. Gross-Boelkau bei Danzig.	J. G. Tennstadt.				
19. Kiauten bei Goldapp.	Hermann Zieser.				

Ort.	Firma.	Zahl der Maschinen und deren Erbauer.	Zahl der Hol- länder.	Bewegende Kraft.	Besondere Bemerkung.
20. Tilsit.	C. A. *Lutterkorth.*	1, von Bryan Donkin et Comp. in London.	6	Dampf.	Fabrikation: mittelfeine und feine, besonders in der Masse gefärbte Papiere (über 200 Nüancen). Querschneidemaschine, deren Leistungen befriedigen.
21. Trutenau bei Kö- nigsberg.	J. M. *Jachmann.*	1, von G. Sigl in Berlin.	8		Querschneidemaschine nicht vorhanden.

d. Rheinprovinz.

Ort.	Firma.	Zahl der Maschinen und deren Erbauer.	Zahl der Hol- länder.	Bewegende Kraft.	Besondere Bemerkung.
22. Altenkirchen bei Coblenz.	Ferd. *Jagenberg* et *Söhne.*	1, von A. Oechelhäuser in Siegen.	9	Wasser.	Die Maschine hat 3 Trocken- cylinder und ist 5′ 4″ breit. Neben der Maschine zwei Bütten. Fabrikation: Packpapier für Twiste, Seiden- und Sammetwaaren, so wie rostschützende Papiere für Stahlwaaren u. Pappdeckel.
23. Bergisch - Glad- bach.	G. J. *Fues.*	1			
24. Bergisch - Glad- bach.	C. A. *Koch.*	1			
25. Dillingen b. Saar- louis.	*Dillinger Papierfabr.* J. *Weidner* et Co.	2, von Sanford et Var- ral in Paris.	14 (à 100 ℔)	Wasser für d. Holländer Dampf f. d. Maschinen.	Querschneidemaschine nicht vorhanden.
26. Dombach bei Mühlheim.	Jac. *Mauerbrecher.*	1.			

Ort.	Firma.	Zahl der Maschinen und deren Erbauer.	Zahl der Holländer.	Bewegende Kraft.	Besondere Bemerkung.
27. Düren b. Aachen.	Gebr. Schmitz.	1, von A. Oechelhäuser in Siegen nach engl. System, mit Abänderungen eigner Erfindung. Eine Bütte.	8	Wasser und Dampf.	Fabriciren hauptsächlich die sogenannten farbigen Naturpapiere. Die Holländer sind von Eisen zu 130 ℔ Papier.
28. Düren.	Hoesch et Söhne.	2, von Bryan Donkin in London.			
29. Düren.	Heinr. Aug. Schöller.	2, von Bryan Donkin.			Eine Leimmaschine von Bryan Donkin.
30. Düren.	Ludolph Schüll.	1, von Bryan Donkin.			
31. Heinsberg bei Aachen.	A. J. Berens.	1, von André Köchlin in Mühlhausen nebst 4 Bütten.	10	Dampf und Wasser.	Die Firma wurde schon 1810 unter dem französischen Kaiserreiche wegen Erfindung des gegen Rost schützenden Nähnadelpapiers durch eine grosse goldene Medaille ausgezeichnet.
32. Homburg bei Nymbrecht-Cöln.	Wilh. Goldmacher.	1, von A. Oechelhäuser in Siegen.	4	Wasser. (Es sollen noch 4 Holländer angelegt werden.)	Querschneidemaschine nicht vorhanden.
33. Inden bei Jülich.	Alb. Brass.				
34. Lamersdorf bei Düren.	Fr. W. v. Auw.				
35. Malmedy.	H. Steinbach.				
36. Ratingen bei Düsseldorf.	Fr. Schütte.	2, eine englische und eine deutsche.	12	Wasser und Dampf.	Eine Maschine arbeitet Schreib- und Postpapiere, die andere Packpapiere.
37. Solingen.	Jagenberg et Söhne.	1.			
38. Wesel.	Aug. Bagel.	1.			

e. Provinz Sachsen.

Ort.	Firma.	Zahl der Maschinen und deren Erbauer.	Zahl der Holländer.	Bewegende Kraft.	Besondere Bemerkung.
39. Bernburg a. S.	*Eduard Höpfer.*	1, von Escher, Wyss et Comp. in Zürich.	10	Wasser.	Lässt eine Papierbreite von 64 Zoll englisch zu.
40. Blankenburg bei Hof.	*Gebr. Flinsch.*	1, von Bryan Donkin et Comp. in London.	14	Wasser (Saale).	Querschneidemaschine nicht vorhanden.
41. Calbe a. S.	*Brückner et Comp.*				
42. Cröllwitz bei Halle.	*Keferstein et Sohn.*	3, zwei von Bryan Donkin et Comp. in London, eine von Escher, Wyss et Co. in Zürich.	33	Wasser zu 8 Rädern, nebst 6 Dampfmaschinen.	Fabrikation: mittler. Schreib- und Druckpapier. Querschneidemaschine nicht in Brauch.
43. Daerenberg bei Halberstadt.	*W. Hofbauer.*				
44. Gröningen bei Halberstadt.	*Gebr. Bollmann.*				
45. Heiligenstadt.	*Lowis et Sohn.*	1, von A. Oechelhäuser in Siegen.	3	Wasser.	Fabrikation: Schreib- und Tapetenpapier. Querschneidemaschine nicht vorhanden.
46. Herrenmühle bei Ziesar.	*W. Höpfner.*				
47. Rammelsburg bei Wippera.	*Rammelburg. Papierfabr. H. F. Lehmann.*	1, von Escher, Wyss et Comp. in Zürich.	7	Wasser nebst einer Reserve-Dampfmaschine von 20 Pferden.	Zwei Turbinen von Escher, Wyss et Comp. Querschneidemaschine nicht vorhanden.

Ort.	Firma.	Zahl der Maschinen und deren Erbauer.	Zahl der Holländer.	Bewegende Kraft.	Besondere Bemerkung.
48. Sinsleben bei Ermsleben.	F. W. Keferstein.	1, von Bryan Donkin et Comp. in London.	8	Wasser und Dampf (als Reserve).	
49. Weddersleben bei Quedlinburg.	L. Franke.				

f. Schlesien.

Ort.	Firma.	Zahl der Maschinen und deren Erbauer.	Zahl der Holländer.	Bewegende Kraft.	Besondere Bemerkung.
50. Altfriedland bei Waldenburg.	Friedr. Hendler.	1, von Joh. Widmann in Heilbronn.	12	Dampf und Wasser.	Die im Laufe der Zeit vielfach verbesserte Maschine wird im Juni d J. durch eine neue, von Escher, Wyss et Comp. in Zürich erbaute, ersetzt. Fabrikation: ausschliesslich feine Schreibpapiere. Querschneidemaschine nicht vorhanden.
51. Arnsdorf bei Schmiedeberg.	Kreiseler, Warnke et Comp.	1, mit 2 Satinirwerken von Escher, Wyss et Comp. in Zürich.	4 Ganzzeug- 4 Halbzeug- 1 Wasch- } Holl.	Wasser.	Gefälle: 56 Fuss. Der Betrieb der Holländer geschieht durch zwei Turbinen. Im Laufe des Sommers sollen noch 4 Holländer in einem Beiwerke aufgestellt werden. Querschneidemaschine nicht vorhanden.
52. Cunersdorf bei Hirschberg.	A. Haase et Comp.*)	1			

*) Diese Firma dürfte nicht mehr richtig sein, denn die Fabrik gehört gegenwärtig einem Buchhändler Aderholz in Breslau.

Ort.	Firma.	Zahl der Maschinen und deren Erbauer.	Zahl der Holländer.	Bewegende Kraft.	Besondere Bemerkung.
53. Egelsdorf bei Friedeberg a. Q.	*Verwaltung der Papierfabrik.*	1, von G. Sigl in Berlin.	8	Wasser.	Querschneidemaschine nicht vorhanden. Die Maschinenbauanstalt von G. Sigl in Berlin hat bisher 3 Papiermaschinen aufgestellt: in Egelsdorf, in Trutenau bei Königsberg und Neuwocki bei Wilna, letztere gehört Herrn R. Pychlau und wird durch 8 Holländer mit Stoff versehen. Die Sigl'schen Maschinen sind nach Donkinschem System gut und solide gebaut.
54. Eichberg bei Hirschberg.	*Eichberger Papierfabrik* (Decker'sche Geheime-Oberhof-Buchdruckerei in Berlin).	1, von Bryan Donkin in London.	9	Wasser.	Querschneidemaschine nicht vorhanden.
55. Eulau b. Sprottau.	*Eulauer Papierfabrik.*	1, von der Wilhelmshütte bei Sprottau.	8	Wasser (Bober).	Querschneidemaschine nicht vorhanden.
56. Friedrichsgrund bei Habelschwert.	*Willibald Lerch.*	1, von Jos. Scholz in Suckau.	4	Wasser.	Querschneidemaschine nicht vorhanden.
57. Klitschdorf.	*Gräfl. Solm'sche Papierfabrik.*				
58. Krampe.	*Förster'sche Papierfabrik.*				

Ort.	Firma.	Zahl der Maschinen und deren Erbauer.	Zahl der Holländer.	Bewegende Kraft.	Besondere Bemerkung.
59. Lomnitz bei Hirschberg.					
60. Muskau.	*J. G. Fischer.*				
61. Oberweisteritz bei Schweidnitz.	*David's Wittwe und Söhne.*	1, von J. Scholz in Suckau.	4	Wasser (Weisstritz).	Die Maschine ist 1847 aufgestellt, jedoch nachträglich vergrössert und verbessert. Wasserkraft bedeutend, 18 Fuss Gefälle; es sollen noch 4 Holländ. angelegt werden. Schneidemaschine nicht vorhanden.
62. Petersdorf bei Warmbrunn.	*J. G. Enge.*	1, selbst gebaut.	4	Wasser.	Beschäftigt sich ausschliesslich mit der Fabrikation von Stroh- und ordinären Packpapieren.
63. Ruhland.					
64. Sackerau bei Breslau.	*Korn u. Bock.*	1, von Escher. Wyss et Comp. in Zürich.	4	Wasser und Dampf.	Die Maschine hat eine Breite von 61 Zoll englisch. Querschneidemaschine von Hoffmann in Breslau.
65. Schmarse bei Breslau.	*Friedr. Hendler.*	1, von Joh. Widmann in Heilbronn.	12	Dampf und Wasser.	Fabrikation: feine Schreibpapiere. Querschneidemaschine nicht vorhanden.
66. Schönthal bei Sagan.	*Spiegel.*	1		Wasser (Bober).	Querschneidemaschine nicht vorhanden.

Ort.	Firma.	Zahl der Maschinen und deren Erbauer.	Zahl der Holländer.	Bewegende Kraft.	Besondere Bemerkung.
67. Suckau b. Polkwitz.	Joh. Scholz et Sohn.	1, nach Schaeufelen's System,	6	Wasser und Dampf.	Als Querschneidemaschine wird eine von Gottlieb Haase und Söhne in Prag construirte benutzt, welche sich als sehr zweckmässig bewährt hat.
68. Straupitz bei Hirschberg.	Friedrich Erfurt.	1, in Lorenzdorf bei Sprottau, die Kupferwalzen in Berlin gefertigt.	6	Wasser.	Die Maschine liefert in 24 Stunden durchschnittlich 15 Ctr. Papier.

g. Westphalen.

Ort.	Firma.	Zahl der Maschinen und deren Erbauer.	Zahl der Holländer.	Bewegende Kraft.	Besondere Bemerkung.
69. Arnsberg.	Arnsberger Papierfabrik.	1, von Th. J. Marshall in Dortford b. London.	10	Wasser.	Es ist auf diese Maschine, welche 5½ F. rheinl. breit ist, im Buche selbst speciell hingewiesen. Sandfänger und Knotenmaschine von Neumann u. Esser in Aachen, welche Firma nicht mehr existirt. Längenschneidemaschine v. Escher, Wyss et Comp. Querschneidemaschine von Krimmelbein in Barmen, hat sich gut bewährt. Zeugfang. Strohpapier.
70. Brüggen.	H. C. M. Prinzen.				
71. Burg.	Forstmann et Comp.				
72. Camen.	Gebr. Friedrich.				

Ort.	Firma.	Zahl der Maschinen und deren Erbauer.	Zahl der Holländer.	Bewegende Kraft.	Besondere Bemerkung.
73. Dahlhausen bei Schwelm.	F. Erfurt et Sohn.	1			
74. Dahlhausen.	Dahlhausener Papierfabrik.	2			
75. Delstern bei Hagen.	Fr. Vorster.	1			
76. Dorsten.	Aug. Bagel (in Wesel).	1, von C. A. Koch und Wieterich in Bergisch-Gladbach.	4	Wasser und 20 Pferdekräfte Dampf.	Querschneidemaschine nicht vorhanden.
77. Elberfeld.	C. Caesar.				
78. Hemer bei Iserlohn.	C. D. Hoeborn.				
79. Hemer.	R. Löbbecke et Comp.				
80. Langenberg bei Elberfeld.	W. Scharpenberg.	Bütten.			
81. Letmathe bei Iserlohn.	Fr. W. Ebbinghaus et Comp.	1			
82. Menden bei Iserlohn.	Rothschild et Comp.				
83. Menden.	Mendener Papierfabrik.				
84. Näheim bei Menden.	Kuhlhoff.				
85. Siegen.	Ad. Oechelhaeuser.	1, in eigner Maschinenbauanstalt gebaut.	2	Wasser für d. Holländer. Dampf f. d. Maschinen.	

Ort.	Firma.	Zahl der Maschinen und deren Erbauer.	Zahl der Holländer.	Bewegende Kraft.	Besondere Bemerkung.
86. Siegen.	J. Oechelhaeuser.				
87. Stadtberge.	Ulrich et Comp.	2	14	Wasser.	
88. Stemel.	Clemens Severin.	4			
89. Stennert b. Eilpe.	A. D. Jul. Vorster.	1, von Escher, Wyss et Comp. in Zürich.	13	Wasser.	Zwei Jonval'sche Turbinen, ein Wasserrad, eine Reserve-Dampfmaschine. Fabrikation: feine Papiere. Querschneidemaschine nicht vorhanden.
90. Westigerbach bei Iserlohn.	Klett, Klöne u. Stint.				
II. Königreich Bayern.					
91. Alling bei Regensburg.	Fr. Pustet.	3, aus England.	19	Wasser und Dampf.	
92. Au bei München.	Roesl'sche Papierfabrik.				
93. Augsburg.	Ehner et Comp.				
94. Augsburg.	Gust. Haindl (Siebersche Papierfabrik).				
95. Eisenberg bei Grünstadt.	Joh. Friedrich.				
96. Francheneck bei Neustadt a. H.	Heinr. Gossler.				

Ort.	Firma.	Zahl der Maschinen und deren Erbauer.	Zahl der Holländer.	Bewegende Kraft.	Besondere Bemerkung.
97. Gleisweiler bei Landau.	H. Unger.				
98. Hardenburg bei Dürkheim.	L. Roedter's Nachfolger Schaat.	1	6	Wasser.	
99. Kempten.	M. Schachenmayer.	1, von Escher, Wyss et Comp. in Zürich.	6	Wasser.	Für einen Holländer und die Maschine eine Turbine. Querschneidemaschine nicht vorhanden.
100. Mögelsdorf bei Nürnberg.	H. Hahn et Comp.				
101. Neustadt an der Hardt.	J. J. Gossler.				
102. Neustadt an der Hardt.	Gebr. Knöckel.				
103. Nürnberg.	Fr. Merckel.				
104. Pasing bei München.	Freih. v. Bech'sche Papierfabrik.				
105. Zell bei Würzburg.	Gebr. Bauer.				

II. Königreich Sachsen.

Ort.	Firma.	Zahl der Maschinen und deren Erbauer.	Zahl der Holländer.	Bewegende Kraft.	Besondere Bemerkung.
106. Bautzen.	C. F. A. Fischer; seit 1851 Director und Mitbesitzer Heinr. Demuth.	2, eine ältere nach verbessertem deutschen System selbst gebaut; die neuere seit 1849 im Gange, von Escher, Wyss et Co. in Zürich.	12	Wasser.	Eine Bütte zum Schöpfen von Werthpapieren mit Wasserzeichen. Seit 1849 5 Turbinen nach Köchlin-Jonval'schem System von Escher, Wyss et

Ort.	Firma.	Zahl der Maschinen und deren Erbauer.	Zahl der Hol-länder.	Bewegende Kraft.	Besondere Bemerkung.
					Comp., welche 120 Pferde-kraft repräsentiren. Fabrikation: vorzüglich Druckpapiere, sehr schöne feine Kupferdruckpapiere, doch auch feine Kanzlei- und Postpapiere. Beschäftigt 144 Personen. Die Fabrikate sind in Sachsen mit der goldenen, in Berlin mit der silbernen, in London mit der bronzenen Medaille gekrönt. Querschneidemaschine nicht vorhanden.
107. Bautzen.	*Grimm und v. Otto.*	2			
108. Hainsberg.	*G. F. Thode Söhne.*	3			
109. Kriebstein bei Waldheim.	*Gust. Pohl.*				
110. Obergurig.	*C. F. A. Fischer.*	1, seit 12 Jahren selbst gebaut und wesent-lich verbessert.	10	Wasser.	8 Stampfer für Packpapiere und Pappen. Eine Bütte für Pappen u. Packpapiere. 7 Wasserräder verschiedener Construction ca. 80 Pferdekraft repräsentirend. Fabrikation: Druck- und

Ort.	Firma.	Zahl der Maschinen und deren Erbauer.	Zahl der Holländer.	Bewegende Kraft.	Besondere Bemerkung.
					Kupferdruckpapier. Beschäftigt 61 Personen. Vgl. Bautzen. Querschneidemaschine nicht vorhanden.
111. Penig bei Altenburg.	Ferd. Flinsch.	1, von Bryan Donkin et Comp. in London.	8	Wasser (Mulde).	Querschneidemaschine nicht vorhanden.
112. Remse bei Glauchau.	Mahla et Grau.				
113. Lebnitz.	Gebr. Just u. Comp.	2			
114. Wurzen.	Heinr. Berger.	1, von Wilhelmshütte bei Sprottau.	5	Wasser.	Fabrikat.: Tapeten, Druck-. Pack- und blaue Papiere. Querschneidemaschine nicht vorhanden.

IV. Königreich Würtemberg.

Ort.	Firma.	Zahl der Maschinen und deren Erbauer.	Zahl der Holländer.	Bewegende Kraft.	Besondere Bemerkung.
115. Ensberg.	Weiss et Comp.				
116. Faurndau bei Göppingen.	Carl Bechk Söhne.	2, von Bryan Donkin et Comp. in London.	16	Wasser.	Das bisherige Gefäll ist durch Anlage eines Kanals erhöht worden und im Laufe dieses Sommers werden 16 Holländer durch 3 Turbinen in Gang kommen.
117. Göppingen.	C. Schwarz et Söhne.	3			
118. Heidenheim.	H. Völter's Söhne.	2			
119. Heilbronn.	Gust. Schaeuffelen.	3, in eigner Maschinenbauanstalt gebaut.	30	150 Pferdekraft Wasser 50 do. Dampf.	Von den 30 Holländern werden 24 durch Wasser und

Ort.	Firma.	Zahl der Maschinen und deren Erbauer.	Zahl der Holländer.	Bewegende Kraft.	Besondere Bemerkung.
					6 durch Dampf bewegt. Die Maschinen sind nach einem besonderen Systeme construirt, nach welchem bis jetzt 24 hergestellt wurden. Fabrikat.: Seidenpapiere, Cartons, Post- u. Kupferdruckpapiere. Querschneidemaschine nicht vorhanden, weil der Besitzer noch keine einzige praktisch befunden hat.
120. Heilbronn.	Gebr. Rauch.	3			
121. Kaiseringen bei Ebingen.	Joh. Lang.				
122. Neckargartach bei Heilbronn.	Fr. Adelmann.				
123. Pfullingen bei Reutlingen.	J. Krauss Erben.	1, von Bryan Donkin et Comp. in London.	10	Wasser mit 34 Fuss Gefäll.	Die Holländer werden durch eine Turbine mittelst Riemen in Bewegung gesetzt. Querschneidemaschine nicht vorhanden.
124. Pfullingen.	Laiblin und Elben.	2			
125. Ravensburg.	Brielmayer.				
126. Ravensburg.	Gradmann.	Nur Bütten.			
127. Ravensburg.	Wittwe Werner.	1, von Joh. Widmaun in Heilbronn.	5	Wasser und Dampf.	

Ort.	Firma.	Zahl der Maschinen und deren Erbauer.	Zahl der Holländer.	Bewegende Kraft.	Besondere Bemerkung.
128. Reutlingen.	*Werner*, Fabrik zum Bruderhaus.	1, von Escher, Wyss et Comp. in Zürich.	11	Wasserrad für die Maschine, Turbine und Dampfmaschine für die Holländer.	Fabrikation: mittelfeine und feine Druck- und Schreibpapiere. Querschneidemaschine nicht vorhanden.
129. Unterkochen bei Aalen.	Maschinenpapierfabrik (Chef *Chr. Lietzenmayer*.)	1, aus Heilbronn.	6	Wasser.	
130. Wildbad.	*P. Covallo et Comp.*	1, von André Köchlin et Comp. in Mühlhausen.	8	Wasser.	
131. Wolfegg.		1, von Weathley in England.	8		

V. Königreich Hannover.

Ort.	Firma.	Zahl der Maschinen und deren Erbauer.	Zahl der Holländer.	Bewegende Kraft.	Besondere Bemerkung.
132. Altkloster bei Buxtehude.	*J. A. Winter.*	2, eine von Sanford et Varral in Paris, eine von Escher, Wyss et Comp. in Zürich.	20	Die Holländer durch Wasser mittelst zweier Turbinen und einer Dampfmaschine von 12 Pferdekraft, die Papiermaschine und Satinirapparat durch kleine Dampfmaschine.	Querschneidemaschine nicht vorhanden.
133. Apppelbeck bei Harburg.	*J. G. Landrock.*				
134. Gretesch bei Osnabrück.	*C. S. Gruner.*	2			

Ort.	Firma.	Zahl der Maschinen und deren Erbauer.	Zahl der Holländer.	Bewegende Kraft.	Besondere Bemerkung.
135. Lachendorf bei Celle.	Georg Drewson.	1, von Escher, Wyss et Comp. in Zürich.	10	6 Holländ. durch Wasser 4 do. durch Dampf.	Die Maschine wird als sehr breit und schön bezeichnet und liefert täglich 2500 ℔ Papier. Querschneidemaschine nicht vorhanden.
136. Osnabrück.	G. W. Quirll et Sohn.				
137. Uelzen.	Johann Knoch.	Bütten.			
138. Werthheim bei Hameln.	G. F. v. Gülich.	2			

VI. Beide Hessen.

Ort.	Firma.	Zahl der Maschinen und deren Erbauer.	Zahl der Holländer.	Bewegende Kraft.	Besondere Bemerkung.
139. Cassel.	Wilh. Carl Pfeiffer.				
140. Hanau.	C. P. Fues.				
141. Oberaula.	Otto Kauffmann.				
142. Ober- u. Unterschmitten bei Nidda.	Niddaer Papierfabr. Gebr. W. und F. Schneider.	1. von G. Schaeuffelen in Heilbronn; zu Unterschmitten 2 Bütten.	5 Oberschmitten 2 Unterschmitten	Wasser.	Zu Unterschmitten sollen im Laufe dieses Sommers noch 3 Holländer und eine Papiermaschine aufgestellt und erstere durch Dampf betrieben werden.
143. Witzenhausen,	C. W. Oesterheld.				

VII. Grossherzogthum Baden.

Ort.	Firma.	Zahl der Maschinen und deren Erbauer.	Zahl der Holländer.	Bewegende Kraft.	Besondere Bemerkung.
144. Aach bei Stockach.	Brielmayer.				

Ort.	Firma.	Zahl der Maschinen und deren Erbauer.	Zahl der Holländer.	Bewegende Kraft.	Besondere Bemerkung.
145. Bruchsal.	J. Chr. Sieber.				
146. Emmedingen.	Sonntag.				
147. Ettlingen.	Gebr. Buhl.	2			
148. Freiburg.	Ferd. Flinsch.	2, eine von Bryan Donkin et Comp., eine von Escher, Wyss et Co.	19	Wasser (Dreysam).	Querschneidemaschine nicht vorhanden.
149. Gängenbach.	J. Müller.				
150 Maulburg im Wiesenthal.	Thurneisen'sche Papierfabrik.	1, von André Köchlin in Mulhausen (Frankreich).	6	Wasser für d. Holländer Dampf für die Maschine.	
151. Pforzheim.	Bohnenberger et Co.	2, von Bryan Donkin et Comp.	12	Wasser.	
152. Schopfheim.	Johann Sutter.	1, von André Köchlin et Comp. in Mulhausen.	7	Wasser.	Seit zwei Jahren ist eine Querschneidemaschine von Hoffmann in Breslau im Gange, bei welcher jedoch bis jetzt Differenzen im Querschnitt bis zu 2 Linien nicht vermieden werden konnten und bei Schreibpapieren ein Nachschneiden nicht umgangen werden darf.
153. Schriesheim.	Wilhelmy.				
154. Todtnau.	Joh. Mich. Thoma.	1, selbst gebaut.	5	Wasser.	Zu 60 ℔ Papiermasse. Querschneidemaschine nicht vorhanden.

VIII. Herzogthum Nassau.

Ort.	Firma.	Zahl der Maschinen und deren Erbauer.	Zahl der Holländer.	Bewegende Kraft.	Besondere Bemerkung.
155. Diefenthal.	Ph. Illig				
156. Heigerhütte bei Dillenburg.	H. C. Jüngst.				
157. Herborn.	J. Chr. Kempf et Sohn.				
158. Herborn.	Lenner Papierfabrik L. Stahlschmidt.				
159. Mühlenthal bei Hackenburg.	A. H. Armack.	Es werden nur Handpapiere und Pressspähne angefertigt.	2	Wasser.	Die Fabrik ist im Besitz einer Quelle, welche das Wasser für die Holländer liefert und deren Beschaffenheit sehr gerühmt wird.
160. Neuweilnau bei Usingen.	Georg Hippe.	Eine Bütte.	2	Wasser.	Seit dem 28. Jan. 1852 eine Holzmühle zum Zerkleinern von Holz zu Papierstoff.

IX. Herzogthum Braunschweig.

Ort.	Firma.	Zahl der Maschinen und deren Erbauer.	Zahl der Holländer.	Bewegende Kraft.	Besondere Bemerkung.
161. Räbke b. Helmstedt.	Gust. Schaarschmidt.	1, von Schaeuffelen in Heilbronn.	5	Wasser.	Querschneidemaschine nicht vorhanden.
162. Sickte b. Braunschweig.	C. F. Bergmann.				
163. Wendhausen Braunschweig.	Fr. Vieweg u. Sohn.				

Nachträglich eingegangen:

Ort.	Firma.	Zahl der Maschinen und deren Erbauer.	Zahl der Holländer.	Bewegende Kraft.	Besondere Bemerkung.
164. Neue Mühle b. Ziesar.	F. W. Stein.	1	3	Wasser.	
165. Josephthal bei Laibach, Herzogthum Krain. (Oesterreich.)	K. K. priv. mechan. Papier-, Oel- und Farbholz - Fabrik, Josephthal. (Besitzer: Fidelis Ferpins, Val. Zeschko, Anton Galle, Carl Galle.)	2, eine von Bryan Donkin in London, eine von Escher, Wyss et Comp. in Zürich.	22	Wasser.	6 Turbinen mit 160 Pferdekraft; Querschneidemaschine nicht vorhanden, soll aber in Kurzem aufgestellt werden.

Inhalts-Verzeichniss.

Druckfehler.

Seite	8	Zeile	5 v. u.	lies: Einzelheiten	statt: Eigenheiten
„	16	„	24 v. u.	„ cotton	„ cocon
„	16	„	12 v. u.	„ Messser	„ Wasser
„	48	„	26 v. u.	„ e	„ c
„	54	„	7 v. o.	„ Gruben	„ Graben
„	54	„	2 v. u.	„ Talkerde	„ Kalkerde
„	60	„	9 v. u.	„ $3H^2O$	„ $3K^2O$
„	75	„	1 v. u.	„ Mangansuperoxyd	„ Mengansuperoxyd
„	82	„	5 v. o.	„ sich entwickelnde	„ entwickelnde
„	83	„	10 v. o.	„ Manganoxydhydrat	„ Manganoxydrat
„	84	„	21 v. u.	„ C^2O^3	„ C^1O^3
„	95	„	13 v. o.	„ Manganchlorür	„ Manganchlorid
„	97	„	21 v. u.	„ $2O^3$	„ $2O^3$
„	98	„	12 v. o.	„ Grane	„ Garne
„	98	„	9 v. u.	„ 0,257 v	„ 0,257
„	99	„	10 v. o.	„ genommen	„ gewonnen
„	103	„	15 v. u.	„ Quecksilberchlorür	„ Quecksilberchlorid
„	110	„	8 v. u.	„ chlorsaurem	„ chromsaurem
„	137	„	8 v. o.	„ Lager	„ Lage
„	141	„	6 v. o.	„ As^2O^3	„ As^2O^5
„	146	„	9 v. u.	„ Mengenverhältniss	„ Manganverhältniss
„	155	„	3 v. o.	„ unterchlorige	„ unterchlorigsaure
„	160	„	17 v. u.	„ 100,00	„ 10,000
„	160	„	16 v. u.	„ 100,00	„ 10,000
„	161	„	22 v. u.	„ defileuse	„ defileuse
„	161	„	21 v. u.	„ effileuse	„ effilcuse
„	161	„	11 v. u.	„ während	„ wJhrend
„	180	„	5 v. u.	„ Chlor	„ Chlor
„	215	„	1 v. u.	„ Fällungsmittel	„ Füllungsmittel
„	226	„	3 v. u.	„ Reutlingen	„ Beutlingen
„	239	„	9 v. u.	„ Dartfort	„ Daitfort

Einleitung.

Es ist betrübend, zu sehen, wie gerade diejenigen, welche
am meisten daraus lernen könnten, am wenigsten auf Bücher
verwenden, und wie geringfügig die Bibliotheken der meisten
Fabrikanten und Landwirthe sind. Es war dies in der That
mit ein Grund, warum Verfasser dieses in der ersten Auflage
seiner Papierfabrikation sich der grösstmöglichsten Kürze be-
fleissigen und alles nicht unmittelbar auf die Fabrikation Bezug
habende mit Stillschweigen übergehen zu müssen glaubte; denn
je umfangreicher das Buch, desto höher nothwendiger Weise
sein Preis, und 2 Thaler werden wohl leicht dem Bachus und
der Venus geopfert, hingegen mit schwerem Herzen und vielem Widerstreben für wahrhafte Belehrung an den Buchhändler
verausgabt. — Allein nach der freundlichen Aufnahme, welche
die erste Auflage gefunden, glaubt der Verf. sich diesmal mit
mehr Freiheit bewegen zu können und mehr auf Vollständigkeit
als auf Kürze bedacht sein zu dürfen. Er erlaubt sich daher
als Einleitung einige Bemerkungen vorauszuschicken über die
Umstände, welche bei Anlage oder Uebernahme einer Papierfabrik zu beachten sind, so wie über die Ansprüche, welche
ein derartiges Unternehmen an den Principal und dessen stell-
vertretende Beamte macht, wenn es in sich die Garantie eines
glücklichen Erfolges tragen soll.*)

---

*) Planche (*De l'industrie de la papeterie. Paris* 1853) hat über denselben Gegenstand sich sehr ausführlich ausgesprochen und wollen wir von
vornherein nicht läugnen, ihm für manches hier Gesagte zu Dank verpflichtet
zu sein.

Thatkräftigkeit, Umsicht, technische und bis zu einem gewissen Grade wissenschaftliche Bildung sind die nothwendigen Attribute eines jeden grösseren Fabrikanten, und so auch des Papierfabrikanten; wer daher eine Papierfabrik zu errichten oder zu übernehmen gesonnen ist, hat sich zunächst zu fragen, ob er im Besitz aller dieser Attribute sei, und wenn ihm das eine oder andere fehlt, seinen Beistand darnach zu wählen. Denn es ist entschieden die Hauptursache, dass man es so oft findet, wie sonst tüchtige, aber der Wissenschaft und höheren Technik fern stehende Fabrikanten, namentlich solche, die vielleicht bisher eine Büttenpapierfabrik mit gutem Erfolge geführt haben, nachdem sie die Aussicht eines glänzenden Gewinnes zur Aufstellung einer Maschine veranlasst, sich in ihren Erwartungen getäuscht sehen und in kurzer Zeit das wieder verlieren, was sie durch lange und mühevolle Arbeit sich ehrlich erworben. Gerade diese Leute vernachlässigen es nicht bloss, sondern halten es gar nicht für nöthig, die betreffenden Journale und Bücher sich anzuschaffen und zu lesen, um das nachträglich zu erwerben, was sie in früheren Jahren verabsäumt und, stets in dem guten Glauben, dass Bücher nicht für Fabrikanten geschrieben werden, sehen sie sich daher bald von ihren Fachgenossen überflügelt oder ihre Gewerke dem Einsturz nahe und beklagen sich über grenzenloses Unglück, wenn sie vielleicht gar gezwungen werden, die Fabrik zu schliessen. —

Allein auch dem thatkräftigen, umsichtigen, technisch und wissenschaftlich gebildeten Fabrikanten kann sein Unternehmen misslingen, wenn er bei der Anlage oder Uebernahme es verabsäumt, folgenden Punkten die gehörige Berücksichtigung zuzuwenden:

1) **Lage der Fabrik.** Das Ideal einer günstigen Lage setzt zunächst eine Wasserkraft voraus, die nicht nur zum Betriebe sämmtlicher ursprünglich vorhandener Gewerke vollkommen ausreicht, sondern auch die mit der Zeit sich vielleicht als nothwendig herausstellende Vergrösserung des ganzen Geschäftsumfanges ohne Herbeiziehung von Dampfkraft zulässt. Die Rohmaterialien müssen in hinreichender Menge vorhanden sein und ihr Anfahren mit Bequemlichkeit geschehen können. Die Nähe einer grossen Stadt muss drittens einen steten und leichten Absatz sichern und es möglich machen, jeder Zeit in ihren Maschinenbau-Anstalten und mechanischen Werkstätten

Hülfe zu suchen und zu finden. Endlich müssen Arbeitslöhne und die Preise der Rohmaterialien möglichst niedrig sein. —

Selten jedoch oder nie wird wohl eine Lage gefunden, die allen diesen Anforderungen entspricht. Bedeutende Gefälle sind meist nur entfernt von grossen Städten anzutreffen und auch nur da ist noch auf Billigkeit der Grundstücke, der Arbeistlöhne und der Rohmaterialien zu rechnen. Daher kommt es denn, dass eine entfernt von einer grossen Stadt gelegene Fabrik sehr wohl mit einer in oder bei einer solchen befindlichen zu concurriren vermag. Denn während der Besitzer der letzteren allerdings nur wenig Transportkosten zu zahlen hat, ist er genöthigt, sich des theuern Dampfes als bewegende Kraft zu bedienen und theure Arbeitslöhne zu zahlen, wohingegen der Besitzer der ersteren dadurch, dass er mit billiger Wasserkraft arbeitet und niedrige Arbeitslöhne zahlt, vollauf für den Vortheil entschädigt wird, den jener in der Ersparung der Transportkosten geniesst. Es wird daher die Wahl, ob die Fabrikanlage in der Nähe oder in grösserer Entfernung einer grossen Stadt zu machen sei, vorzugsweise mit Rücksicht auf das vorhandene Anlage- und Betriebs-Capital zu entscheiden sein. Ist dieses so bedeutend, dass sich darauf eine sehr umfangreiche Speculation gründen lässt, so wird allerdings die unmittelbare Nähe einer grossen Stadt um so wünschenswerther sein, als es schwierig sein dürfte, in andern ausser Gebirgsgegenden eine hierzu ausreichende Wasserkraft*) aufzufinden und man mithin leicht genöthigt werden könnte, neben der Wasserkraft auch noch Dampfkraft zu benutzen, als es ferner bei der grossen Masse angefertigten Fabrikats von der grössten Wichtigkeit wird, einen nahen Absatz zu haben, diesen selbst befördern und überwachen zu können und die Kosten von Niederlagen und Reisenden zu sparen, und als es endlich dann von grossem Einfluss auf den guten Fortgang des Geschäfts ist, den Rath tüchtiger Techniker und die Unterstützung guter Maschinenbau-Anstalten jeder Zeit benutzen zu können.

2. Beschaffenheit des Wassers. Ein unerlässliches Erforderniss zur Anfertigung eines schönen reinen, weissen Papiers ist ein möglichst reines und weiches Wasser. Die im Wasser sus-

---

*) Eine Papierfabrik mit einer Maschine braucht mindestens 56 bis 60 Pferdekraft.

pendirten organischen und erdigen Substanzen können, wie wir
spätcr sehen werden, durch Klärvorrichtungen ziemlich vollständig aus dem Wasser entfernt werden; nicht so ist es mit den
Substanzen, welche das Wasser in wirklicher Auflösung enthält. Diese folgen dem Wasser durch alle Klärvorrichtungen,
gelangen in die Holländer und üben daselbst auf die Auflös-
lichkeit der Harzseife und die Färbung des Papiers einen mehr
oder minder nachtheiligen Einfluss. Die Substanzen, welche
Brunnen- und Flusswasser aufgelöst enthalten und in angegebe-
ner Weise schädlich wirken können, sind vorzugsweise Kalk,
Schwefelsäure, Chlor- und Eisenoxyd, welche man mittelst der
in folgender Tabelle angegebenen Reagentien und dadurch erzeugten Wirkungen leicht entdecken kann.

T a b e l l e
zur Untersuchung des Wassers.

Körper in Auflösung.	Reagens.	Wirkung.
Kalk	oxalsaures Ammoniak	weisser Niederschlag.
Schwefelsäure	Chlorbaryum	weisser, in Wasser und Säuren un- auflöslicher Niederschlag.
Chlor	salpetersaures Silberoxyd	weisser Niederschlag, im Sonnen- licht schwarz werdend, in Am- moniak löslich.
Eisenoxyd	Kaliumeisencyanür (gelbes Blutlaugensalz)	bald oder nach einiger Zeit blauer oder bläulicher Niederschlag.

3. Construction und Organisation. Durch die grosse Anzahl
in neuester Zeit entstandener Maschinen-Papierfabriken und die
dadurch erzeugte Concurrenz hat die Rentabilität dieser An-
stalten in hohem Grade abgenommen. Die guten Zeiten, welche
unsere ältesten Fabriken durchgemacht haben, sind vorüber,
und wird es immermehr Pflicht des Fabrikunternehmers, darauf zu achten, dass der Umfang seines Geschäfts ein den Verhältnissen angemessener, die Benutzung der vorhandenen bewegenden Kraft eine möglichst vollkommene, die Controlirung
und Beaufsichtigung der Arbeiter, Manipulationen, Einnahmen
und Ausgaben möglichst leicht und genau sei. Ueber alle diese
Punkte lassen sich allerdings keine allgemeine Regeln feststellen,
denn eben hier werden Umsicht und technische Kenntniss allein
für jeden bestimmten Fall das Richtige zu finden wissen, ja es

wird ihnen sogar oft gelingen, eine alte, in mancher Hinsicht verbaute Anlage so umzugestalten, dass ihre Mängel verschwinden oder wenigstens nicht fühlbar werden. Indess dürften doch Manchem, der im Begriff ist, eine neue Fabrikanlage zu machen, einige nähere Andeutungen der Rücksichten, die er vorzugsweise zu nehmen nicht unerwünscht sein.

a) Umfang des Geschäfts.

Es ist wohl eine nicht zu bestreitende Regel, dass, je umfangreicher ein Geschäft, desto vortheilhafter dasselbe betrieben werden kann, denn es giebt eine Menge Kosten, die bei Anlage eines grösseren Geschäfts gar nicht oder wenigstens bei Weitem nicht in dem Maasse erhöht werden. als die Produktivität. Betrachten wir zwei Papierfabriken mit resp. einer und zwei Maschinen,. so wird, da wohl selten das erworbene Grundstück gerade so gross ist als gerade zur Herstellung der Räumlichkeiten für die erstere erforderlich ist, der Preis des Grund und Bodens derselbe sein, ob die Aufstellung von einer oder zwei Maschinen beabsichtigt wird. Dadurch ferner, dass die Häuser etwas grösser gebaut werden, werden die Baukosten noch lange nicht verdoppelt; endlich das Aufsichtspersonal, welches in einer Fabrik von einer Maschine erforderlich ist, wird so ziemlich auch für eine solche von zwei Maschinen ausreichen. Hierzu kommt. dass man bei Aufstellung von zwei Maschinen, die eine von vornherein mehr nur für die feineren, die andere für die gröberen Sorten bestimmen und darnach construiren kann. Man wird dadurch im Stande sein, alle Lumpen selbst zu verwerthen, ohne gezwungen zu sein, auf jeder einzelnen Maschine einen allzuoften Wechsel der Arbeit und dadurch Versäumniss und mancherlei Uebelstände eintreten zu lassen. Wenn man also frei über die bewegende Kraft und über Kapitalien zu verfügen hat, dürfte die Anlage von zwei Maschinen der von einer unbedingt vorzuziehen sein. Allein man hüte sich durch die Voraussetzung einer besseren Verwerthung der schlechteren Lumpensorten, da, wo man im Besitz einer Wasserkraft ist, die nur eben für den Betrieb mit einer Maschine ausreicht, zur Aufstellung von Dampfmaschinen zum Betriebe einer zweiten Maschine sich verleiten zu lassen. Während der jährliche Brennmaterial-Bedarf bei einer Maschine und Wasserkraft ca. 1200 R. beträgt, beträgt derselbe bei Dampfkraft mindestens 6000 R., so dass mithin die zweite Maschine jährlich 5000 R. mehr aufbringen müsste als die erste, um denselben Vortheil zu gewähren. Man sieht, dass ein derartiges Unternehmen nur dann anzurathen ist, wenn man sich überhaupt in den oben näher bezeichneten für Dampfbetrieb günstigen Verhältnissen befindet. — Andererseits können wir nicht umhin, Allen, die ein Fabrik-Unternehmen begründen wollen, einzuschärfen: in der Bestimmung des Umfanges, auf das Capital Rücksicht zu nehmen, über das verfügt werden kann, denn noch ehe die Fabrik in ordentlichen Gang gekommen ist, kann sie bereits den Keim des Todes in sich tragen, wenn es dem Unternehmer an Betriebskapital mangelt und er genöthigt ist, Gelder zu hohen Interessen aufzunehmen, einen langen Credit zu beanspruchen und demnach die Rohmaterialien theuer zu kaufen, endlich, um nur Geld zu erhalten, die gefertigten Papiere um jeden Preis zu verschleudern. Ein Betriebskapital von 70,000 Thlrn. und ein Anlagekapital von 130,000 Thlrn. dürfte für zwei Maschinen nicht zu hoch gegriffen sein. — Es liesse sich hier noch auf manches aufmerksam machen, allein es ist unsere Absicht, nur zum Nachdenken aufzufordern, nicht alle speciellen Fälle durchzusprechen.

b) Vortheilhafteste Benutzung der vorhandenen bewegenden Kraft.

Es ist nicht vorauszusetzen, dass der, welcher ein industrielles Unternehmen zu begründen oder fortzusetzen beabsichtigt, die hinreichenden Kenntnisse in der Wasser- und Dampfmaschinen-Baukunde besitzen wird, um den Wasserbau selbst zu leiten, die Construction und Wahl der Räder selbst zu bestimmen, oder im Falle Dampfkraft die bewegende Kraft ist, die Dampfmaschinen ohne den Rath eines Sachverständigen selbst zu wählen. Es kann auch hier nicht davon die Rede sein, ausführlich über diese für jede Fabrik so wesentlichen Theile zu sprechen. Allein je wesentlicher eben die volle und gute Benutzung der bewegenden Kraft für die Leistungsfähigkeit und das Gedeihen der Fabrik ist, um so mehr ist es Pflicht des Unternehmers, sich so viel Kenntniss davon anzueignen, dass er nicht in vollständiger Abhängigkeit von dem um Rath befragten Sachverständigen sich befinde. Er wird daher bei Besichtigung von Fabriken, die jeder Selbstetablirung vorangehen sollte, auch sein vorzügliches Augenmerk auf die Benutzung der bewegenden Kraft zu richten haben, es werden die Umstände, unter denen er arbeiten soll, möglichst sorgfältig zu vergleichen sein mit denen, unter denen er Andere hat arbeiten sehen. Es wird seine Aufgabe sein, wenn er einigermaassen hierzu befähigt ist, sich so viel Kenntniss aus Mathematik und Hydraulik anzueignen, dass er seine Wasserkraft sich selbst berechnen kann. Er wird sich aus Werken über praktische Mühlenbaukunde so weit auf diesem Gebiete zu orientiren haben, dass er wenigstens einigermaassen im Stande ist, den ihm von Sachverständigen gewordenen Rath zu beurtheilen und die mit der Ausführung Beauftragten zu controliren und zu beaufsichtigen. Als in dieser Beziehung besonders empfehlenswerth nennen wir folgende Bücher: Versuch über die Zusammensetzung der Maschinen von Lanz und Betaucourt. Aus dem Französischen nach der zweiten Auflage übersetzt von W. Kreyher. Berlin, 1824.

Lehrbuch der praktischen Maschinenbaukunde von G. G. Schwahn. Berlin, 1852.

F. K. H. Wiebe. Die Lehre von den einfachen Maschinentheilen.

Vorträge über Maschinenbau von W. Salzenberg. Berlin, 1842.

Rettenbacher, Theorie und Bau der Turbinen und Ventilatoren. Mannheim, 1844.

Derselbe, Theorie und Bau der Wasserräder. 1846.

Die horizontalen Wasserräder und besonders die Turbinen oder Kreiselräder; ihre Geschichte, Construction und Theorie von M. Rühlmann. Chemnitz, 1840.

Grosse Beachtung verdienen die Turbinen, die bei richtiger Construction und guter Arbeit entschieden einen grösseren Nutzeffect geben als gewöhnliche Wasserräder und ausserdem viele Vortheile und Bequemlichkeiten gewähren. Bei ihrer grossen Geschwindigkeit ist zunächst die Uebertragung der Bewegung auf die Holländer sehr leicht und werden kostspielige Vorgeläge erspart; sie erfordern ferner einen sehr geringen Raum bei grosser Leistung und sind endlich dadurch, dass sie unter Wasser arbeiten, dem Frost nicht so ausgesetzt als andere Räder. — Verfasser hat von solchen, die damit arbeiten, die Turbinen gleichoft loben und tadeln gehört und findet sich daher ausser Stand, einen Rath zu ertheilen; allein es scheint wohl, dass es in neuester Zeit immermehr gelungen ist, die Schwierigkeiten einer guten Ausführung zu überwinden. So werden sie vom Ingenieur Elsässer im Hessischen Gewerbeblatt No. 9. und Dingler's polytechnischem Journal Bd. CXXIX. pag. 73. sehr empfohlen und dabei auch auf die Umstände aufmerksam gemacht, die häufig am Misslingen von Turbinen-Anlagen Ursache waren. — Auch in der mit drei Papiermaschinen versehenen Fabrik von Planche bei Paris sind Turbinen im Gange und lobt der Besitzer vorzugsweise die Turbine von Armangaud frères, ausgeführt von Girard et Collon.*)

Wo man sich endlich des Dampfes als bewegende Kraft bedient, da verdienen, im Falle eines Neubaues, unbedingt die Dampfmaschinen nach dem Woolf'schen Expansionssystem mit zwei Arbeitscylindern den Vorzug vor Hoch- und Mitteldruck-Maschinen. Sie sind allerdings die theuersten: die Preise würden sich nämlich stellen für Hochdruck = 1; Mitteldruck = 1,22; Woolf'sche Maschine**) = 1,36, allein die Ersparniss an Brennmaterial ist so bedeutend, dass die etwas höheren Anlagekosten durch die billigeren Betriebskosten sehr bald wieder eingebracht sind. Eine Woolf'sche Maschine braucht höchstens $3\frac{1}{2}$—4 ℔ gute Stückenkohle pro Pferdekraft und Stunde, während eine Mitteldruck-Maschine 6—7 ℔ und eine Hochdruck-Maschine 8—10 ℔ erheischt. Bedenkt man nun, dass ein Scheffel Kohlen ca. 90 ℔ wiegt und etwa 10 Sgr. kostet, so kann man leicht berechnen, was eine Dampfkraft von 54 Pferden, welche man unbedingt zum Betriebe einer Fabrik mit einer Maschine nöthig hat, nach Woolf'schem Princip entwickelt, wöchentlich gegen die anderen Maschinen erspart.

Wir haben diese Eigenheiten hier noch um deswillen hervorgehoben, um einerseits vor dem Ankauf alter schlecht konstruirter Maschinen zu warnen, mögen dieselben noch so billig angeboten werden und in ihren einzelnen Theilen noch unversehrt sein, und andrerseits um daran zu erinnern, dass oft die

---

*) Es findet sich diese Turbine beschrieben in dem *Genie industriel. Numeros de fevrier, avril et octobre* 1852.

**) Eine Woolf'sche Maschine von 30 Pferdekraft würde etwa 7000 Thlr., eine von 24 Pferden 5900 Thlr. kosten.

Anschaffung einer neuen, wenig Kohlen verzehrenden Maschine rathsamer sei, als die kostbare Reparatur einer alten, viel Kohlen consumirenden.*)

Was gegenseitige Lage der einzelnen Fabrikräume und die Dimensionen derselben betrifft, so ist darüber nichts Besonderes zu erwähnen. Die in den nachfolgenden einzelnen Kapiteln beschriebenen Operationen werden im Allgemeinen in besonderen Räumen vorgenommen, welche in ihrer gegenseitigen Lage über und neben einander dieselbe Anordnung befolgen müssen, wie hier im Buch die Kapitel. Die Grösse aber der einzelnen Räumlichkeiten hängt natürlich von den Dimensionen der darin aufzustellenden Maschinen ab. Ebenso ist hier nicht der Ort, über die Construction der speciell zur Anfertigung und Appretur des Papieres bestimmten Maschinen zu sprechen, da wir diese bei Gelegenheit der verschiedenen Operationen ohnehin näher in's Auge fassen müssen.

Dagegen sei es uns erlaubt, über die Administration der Fabrik noch einige Worte zu sagen. Die Administration ist die Seele eines Geschäfts, sie verschafft der Fabrikation Nahrung und Absatz; sie leitet alle Operationen und sorgt, dass sie gehörig in einander greifen; sie überwacht die Unterhaltung und Verbesserung aller Apparate und Maschinen; sie stellt fest und unterhält mit Unparteilichkeit die persönlichen Beziehungen der Beamten. Die Obliegenheiten des Chefs der Fabrik und seiner Stellvertreter in dieser Beziehung sind nicht leicht, und dürfte es namentlich für die letzteren: Werkführer, Inspektoren und Buchhalter gut sein, etwas specieller auf dieselben einzugehen, um auch sie zu ernster und gewissenhafter Pflichterfüllung anzuspornen und sie an die Anforderungen zu erinnern, die ihr Chef an sie bei der Ausübung ihres Amtes zu machen berechtigt ist. —

Es ist zunächst Sache des Chefs, Sorge zu tragen, dass die Rohmaterialien zu möglichst niedrigen Preisen, von guter Qualität und in stets zureichender Quantität beschafft werden,

---

*) Ohne behaupten zu wollen, dass wir hinsichtlich der Dampfmaschinen nicht noch Vieles hätten erwähnen können, sei hier nur noch auf die „Zusammenstellung der bisher angewendeten Mittel, die Entstehung des Kesselsteins bei Dampfmaschinen-Kesseln zu verhüten, von Dr. L. Elsner" aufmerksam gemacht.

dass sie aber auch nicht in zu grosser Menge vorhanden sind und dadurch Betriebskapital und zu zahlende Interessen unnöthig erhöhen. Er hat für jede Lumpensorte das Verfahren der Verarbeitung anzugeben, die Mischung des Stoffes zu bestimmen, um Papier nach Probe zu erhalten, wobei darauf Rücksicht zu nehmen, dass auch die schlechteren Lumpen zu möglichst guten Papieren verarbeitet werden. Er hat sich stets in Kenntniss mit allen Neuerungen zu erhalten und dieselben nach reiflicher Ueberlegung einzuführen, so wie er überhaupt jederzeit darauf bedacht sein muss, die Verfahrungsarten und Maschinen zu verbessern und zu vervollkommnen. Er hat die schickliche Zeit auszuwählen, um nöthige Reparaturen und Ausbesserungen vorzunehmen und darüber zu wachen, dass sie mit Solidität aber ohne Luxus ausgeführt werden. Er muss die Fähigkeiten der einzelnen Individuen zu beurtheilen verstehen und ihnen darnach ihre Arbeit anweisen; er muss allen Beamten und Arbeitern ihre Obliegenheiten klar vorzeichnen und darauf halten, dass alle Operationen mit Thätigkeit, Pünktlichkeit und möglichster Vollendung ausgeführt werden und überall Reinlichkeit, Ordnung und Subordination herrsche. Er soll in Festsetzung der Löhne Billigkeit und Rücksichten obwalten lassen, durch besondere Belohnungen der Geschicktesten und Thätigsten zum Nacheifer anspornen und durch angemessene Strafen von Vergehen zurückschrecken. — In seinen Beziehungen nach Aussen wird von ihm erwartet, dass er mit Gewandtheit und richtigem Takt sich bewege und mit Gewissenhaftigkeit und Pünktlichkeit seinen Verbindlichkeiten nachkomme.

Hier ist nun noch nirgends von einer speciellen Beaufsichtigung der Fabrik die Rede gewesen, welche gleich nothwendig wie alles Uebrige ist. Mit dieser speciellen Beaufsichtigung sich jedoch selbst ausschliesslich zu befassen, ist der oberste Leiter der Fabrik, bei einem einigermassen umfangreichen Geschäft, auch bei der grössten Thätigkeit nicht im Stande, ja es ist aus vielen Rücksichten nicht einmal gut. Im Allgemeinen werden daher mindestens zwei Beamte anzustellen sein, von denen der eine als Techniker sämmtliche Operationen, Maschinen und Apparate zu inspiciren, der andere als Buchhalter und Inspector die Geldgeschäfte, Ein- und Verkäufe zu besorgen und auf Ordnung und Zucht im Innern der Fabrik zu sehen hat. Es ist nicht immer leicht, hier die passenden Persönlichkeiten zu finden, denn auch sie müssen Eigenschaften in sich vereinen, die man nicht oft zusammentrifft. Strenge Sittlichkeit und Ehrlichkeit sind die ersten Erfordernisse, sie müssen aber ferner die Unparteilichkeit und Billigkeit ihres Chefs theilen, auf dessen Ansichten einzugehen verstehen, jederzeit auf ihrem Posten sein und diesem mit Umsicht vorstehen. Es muss von ihnen verlangt werden können, dass sie, ohne das, was gerade Noth thut, ausser Acht zu lassen, Alles sehen und hören, was um sie vorgeht, und dass sie einen Fabrikraum nicht eher verlassen, ehe Alles inspicirt ist, was einer Inspection bedarf. Auf wie vieles aber in jedem Fabrikraum zu achten ist, darauf wollen wir nur aufmerksam machen, indem wir den Techniker durch den Holländerraum und Maschinensaal begleiten.

Bei dem Betreten des Holländerraumes ist auf Folgendes zu achten: ob der durch das Eingreifen der verschiedenen Räder erzeugte Ton der richtige und nirgends ein Kamm abgebrochen, der Eingriff gut, kein Lager zu sehr eingelaufen ist; ob die Walzen nicht zu rasch oder zu langsam gehen, Lager und Wellen sich nicht erhitzen; ob das Zeug nicht an den Seiten der Haube hervordringt; ob die Grundwerke richtig gestellt sind; ob Grundwerk- oder Walzen-Messer einer Nachschärfung bedürfen; ob Halb-, Ganzzeug und Bleichholländer nicht zu stark oder zu schwach betragen sind; ob Papierspähne, wenn solche zugetheilt wurden, sich gut aufgelöst haben; ob das Waschwasser hinreichend zufliesst und die Filtra an den Hähnen in gutem Stande sind, der Zeug im Halbzeug und Bleichholländer genug gewaschen, nicht zu lang oder zu kurz gemahlen wird und man ihn im Ganzzeug-Holländer gut verschlägt; ob gut umgerührt wird und im Ganzzeug-Holländer die gehörigen Quantitäten Leim, Alaun, Farbe, Bleicherde u. s. w. zugesetzt werden; ob Kasten, Kufen, Siebe und andere Utensilien in gutem Zustande sind; ob Füllen und Leeren der Holländer mit der gehörigen Geschwindigkeit geschieht und nach jeder Leere eine hinreichende Menge Wasser nachgegeben wird. —

Im Maschinensaal: ob die Maschine die richtige Geschwindigkeit hat, der Zeug in den Bottichen nicht zu dick oder zu dünn ist, Sand- und Knotenfänger stets rein gehalten werden, die Stösse des Knotenfängers nicht zu stark oder zu schwach sind; ob es Leimschaum vor dem Lineal giebt und er Fehler im Papier verursacht, das Leder auf der Maschine zu beiden Seiten gut befestigt ist; ob die Formdeckel dieselbe Geschwindigkeit haben wie das Metalltuch und gut abschneiden, nicht zu fest oder zu lose aufliegen; ob die Schüttelbewegung die passende ist; ob die Kupferlineale richtig abstehen vom Metalltuch und an beiden Seiten gleich; ob das Metalltuch sich nicht verzieht, rein gehalten wird, Ausbesserungen bedarf, zu gespannt oder zu locker ist; ob die Spritzröhren ordentlich wirken; ob unter der Maschine Zeug verloren geht, sich um die Kupferwalzen kein Zeug festsetzt, der Zeug nicht zu wenig oder zu viel Wasser festhält; ob die Walzen auf dem Metalltuch nicht Fehler veranlassen, die drei Pressen gut wirken, die Pressung überall angemessen und gleichförmig ist; ob hinreichend Wasser auf den Schlauch der ersten Presse fliesst; ob die Schaber sich überall gut anlegen; die Filze die richtige Spannung haben; ob die Spannrollen sich leicht drehen und das Einfassungsleder nicht beschädigen; ob nirgends Dampf entweicht, das Papier nicht zu trocken oder zu feucht ist; ob es keine Quetschfalten besitzt, gut geleimt ist, richtiges Gewicht, verlangte Weisse hat und überhaupt fehlerfrei ist; ob alle Leitwalzen parallel stehen, das Papier sich gut auf den Haspel wickelt; ob die Messer gut schneiden, das Papier in richtiger Grösse geschnitten wird, die Arbeiter das Papier nicht mit den Händen beschmutzen; ob beim Einreissen die Arbeiter schnell und geschickt bei der Hand sind; ob sie bei Formatwechsel, beim Einziehen eines neuen Filzes und überhaupt bei Reparaturen nicht zu viel Zeit vergeuden; ob alle Riemen in gutem Stande und genug gespannt sind, die Räder des Getriebes gut in einander greifen, die Lager gut geschmiert und nicht zu ausgelaufen sind. —

Es würde ermüdend sein, wollten wir in gleicher Weise sämmtliche Fabrikräume durchwandern; es wird sich nach dem Vorhergehenden Jeder leicht selbst sagen können, was wir unter einer sorgsamen Inspection verstehen und welche Anforderungen wir an einen tüchtigen Beamten stellen.

Entsprechen Principale und Beamte den hier gemachten Ansprüchen, so mögen sie getrost ans Werk gehen, das Unternehmen trägt dann die Garantie eines glücklichen Erfolges in sich; es sei daher hiermit unsere Einleitung geschlossen, indem wir an dieselbe noch zwei Tabellen von allgemeinem Interesse:

1) zur Vergleichung der gebräuchlichsten Thermometerskalen,
2) zur Vergleichung der am häufigsten angewendeten Maasse
und Gewichte, anschliessen.

Vergleichende Tabelle
der Grade der gebräuchlichsten Thermometerskalen.

Cel-sius.	Réau-mur.	Fahren-heit.	Cel-sius.	Réau-mur.	Fahren-heit.	Cel-sius.	Réau-mur.	Fahren-heit.
—100	+80	+212	+62	+49,6	+143,6	+24	+19,2	+75,2
99	79,2	210,2	61	48,8	141,8	23	18,4	73,4
98	78,4	208,4	60	48	140	22	17,6	71,6
97	77,6	206,6	59	47,2	138,2	21	16,8	69,8
96	76,8	204,8	58	46,4	136,4	20	16	68
95	76	203	57	45,6	134,6	19	15,2	66,2
94	75,2	201,2	56	44,8	132,8	18	14,4	64,4
93	74,4	199,4	55	44	131	17	13,6	62,6
92	73,6	197,6	54	43,2	129,2	16	12,8	60,8
91	72,8	195,8	53	42,4	127,4	15	12	59
90	72	194	52	41,6	125,6	14	11,2	57,2
89	71,2	192,2	51	40,8	123,8	13	10,4	55,4
88	70,4	190,4	50	40	122	12	9,6	53,6
87	69,6	188,6	49	39,2	120,2	11	8,8	51,8
86	68,8	186,8	48	38,4	118,4	10	8	50
85	68	185	47	37,6	116,6	9	7,2	48,2
84	67,2	183,2	46	36,8	114,8	8	6,4	46,4
83	66,4	181,4	45	36	113	7	5,6	44,6
82	65,6	179,6	44	35,2	111,2	6	4,8	42,8
81	64,8	177,8	43	34,4	109,4	5	4	41
80	64	176	42	33,6	107,6	4	3,2	39,2
79	63,2	174,2	41	32,8	105,8	3	2,4	37,4
78	62,4	172,4	40	32	104	2	1,6	35,6
77	61,6	170,6	39	31,2	102,2	1	0,8	33,8
76	60,8	168,8	38	30,4	100,4	0	0	32
75	60	167	37	29,6	98,6	—1	—0,8	30,2
74	59,2	165,2	36	28,8	96,8	2	1,6	28,4
73	58,4	163,4	35	28	95	3	2,4	26,6
72	57,6	161,6	34	27,2	93,2	4	3,2	24,8
71	56,8	159,8	33	26,4	91,4	5	4	23
70	56	158	32	25,6	89,6	6	4,8	21,2
69	55,2	156,2	31	24,8	87,8	7	5,6	19,4
68	54,4	154,4	30	24	86	8	6,4	17,6
67	53,6	152,6	29	23,2	84,2	9	7,2	15,8
66	52,8	150,8	28	22,4	82,4	10	8	14
65	52	149	27	21,6	80,6	11	8,8	12,2
64	51,2	147,2	26	20,8	78,8	12	9,6	10,4
63	50,4	145,4	25	20	77	13	10,4	8,6

Cel-sius.	Réau-mur.	Fahren-heit.	Cel-sius.	Réau-mur.	Fahren-heit.	Cel-sius.	Réau-mur.	Fahren-heit.
—14	—11,2	+ 6,8	—23	—18,4	— 9,4	—32	—25,6	—25,6
15	12	5	24	19,2	11,2	33	26,4	27,4
16	12,8	3,2	25	20	13	34	27,2	29,2
17	13,6	1,4	26	20,8	14,8	35	28	31
18	14,4	— 0,4	27	21,6	16,6	36	28,8	32,8
19	15,2	2,2	28	22,4	18,4	37	29,6	34,6
20	16	4	29	23,2	20,2	38	30,4	36,4
21	16,8	5,8	30	24	22	39	31,2	38,2
22	17,6	7,6	31	24,8	23,8	40	32	40

Tabelle

zur Vergleichung der gebräuchlichsten französischen und preussischen Maasse und Gewichte.

1 preuss. Pfd. $=$ dem Gewicht $\frac{1}{66}$ Kubikf. destill. Wassers bei 15 ° R. im luft-
leeren Raum.

$\qquad = 467,711$ Grammes

1 preuss. Qrt. $= \frac{1}{27}$ Kubikfuss.

$\qquad = 64$ preuss. Kubikzoll

$\qquad = 1,145$ Litre.

1 preuss. Quart destillirten Wassers bei 15 ° R. $= 78\frac{2}{3}$ preuss. Loth.

Preussisches Medicinalgewicht:

Pfund.	Unzen.	Drachmen.	Skrupel.	Gran.	Pr. Loth.
℔	℥	ʒ	℈	gr.	Lth.
1	12	96	288	5760	24
	1	8	24	480	2
		1	3	60	$\frac{1}{4}$
			1	20	$\frac{1}{12}$
				1	$\frac{1}{240}$.

Französische Gewichte:

1 Myriagramme $= 10000$ Grammes $= 21,3807$ pr. Pfd.
1 Kilogramme $= 1000$ „ $= 2,13807$ „ $= 2$ Pfd. 4 Lth. 1,67 Qt.
1 Hectogramme $= 100$ „ $= 6,8418$ pr. Lth.
1 Decagramme $= 10$ „ $= 2,7367$ pr. Quentchen.
1 Gramme $=$ dem Gewichte eines Centimetre cube destillirten Wassers bei
$+ 3,5$ ° R. $= 0,068418272$ pr. Lth. $= 16,4195895$ pr. Gran.
1 Decigramme $= \frac{1}{10}$ Gramme $= 1,641959$ pr. Gran.
1 Centigramme $= \frac{1}{100}$ „ $= 0,16419$ „
1 Milligramme $= \frac{1}{1000}$ „ $= 0,01642$ „

Französisches Längemaass:

1 Metre $= 3,186$ preuss. Fuss
$\qquad = 38,234$ „ Zoll
1 Decimetre $= \frac{1}{10}$ Metre $= 3,823$ preuss. Zoll
1 Centimetre $= \frac{1}{100}$ Metre $= 4,588$ „ Linien.

I. Sortiren der Lumpen.

Das Rohmaterial bei der Anfertigung des Papiers, in Sonderheit des auf der Maschine gearbeiteten, sind leinene, baumwollene, auch halbwollene, ja selbst wollene Lumpen. Wohl hat man vielfältige Versuche angestellt, die Hadern durch getrocknete Gräser, Schilf, Stroh von verschiedenen Getreidearten u. s. w. zu ersetzen*), allein wenn auch Niemand solchen Versuchen ihren

---

*) Eine Reihe sehr gelungener, derartiger Versuche findet sich in der „Fabrikation des Papiers aus Stroh und vielen anderen Substanzen von L. Piette. Cöln 1838." — Von neueren Versuchen in dieser Beziehung verdienen Erwähnung die Beobachtungen von Chaix (Polytechnisches Journal Bd. CVII. pag. 466.), welche ihn überzeugten, dass die Wurzeln des Luzernerklee's einen zur Papierfabrikation geeigneten Faserstoff enthalten. 1 Morgen Land liefert ca. 300 Ctr. (?) Wurzeln, deren Erndte alle 7—8 Jahre stattfinden kann. Nach dem Ausziehen wird die Wurzel gewaschen und im Holländer zermalmt; sie liefert die Hälfte ihres Gewichts Faserstoff. — Chevreul empfiehlt den Ginsterstengel, ferner den Faserstoff des Paradiesfeigenbaumes und der amerikanischen Aloë als besonders zur Papierfabrikation geeignet. — Brongniart meint, dass die Faser des Bastes viel geeigneter zur Bereitung von Papier sei als die des Holzes, welche stets ein sprödes Papier liefere; er empfiehlt daher die Rinde des Maulbeerbaumes, Ulmbaumes, Lindenbaumes etc. — Die Anwendung der Bananenblätter *(musa paradisica)* zur Papierfabrikation wurde von Roques zuerst vorgeschlagen und durch Pouillet, Boussingault und Payen besonders im Interesse der Cultur Algeriens sehr warm empfohlen (*Comptes rendus* 1849. No. 7. Polytechnisches Journal Bd. CXI. p. 427.), jedoch macht Amedée Rieder *(Bulletin de la Societé industrielle de Mulhouse 1850. No. 108.)* darauf aufmerksam, dass die Bananen- so wie die Aloëfaser gegenwärtig noch viel zu theuer ist, um mit Vortheil für die Papierfabrikation verwendet werden zu können, da sie fast doppelt so viel als die besten weissen Lumpen kosten. — J. A. Farina hat sich in England eine Methode patentiren lassen, um aus Pfrimengras *(Spartium scoparium)* Papier herzustellen (Polytechn. Journ. Bd. CXXVIII. p. 230.), die jedoch sehr umständlich ist und schwerlich grossen Anklang finden dürfte. Mallet (Annalen der Pharmacie

Werth absprechen wird, indem es für jeden Industriezweig von der grössen Wichtigkeit ist, eine möglichst grosse Auswahl von Rohstoffen zu besitzen, um bei eintretendem Mangel und dadurch gesteigertem Preise des einen, sich des andern bedienen zu können, so sind doch die Preise der Lumpen noch zu niedrig, als dass jene Substanzen, die wohl an sich billig, aber durch

Bd. XVIII. p. 59.) giebt Anleitung, aus Torf Papier zu bereiten, allein auch bei diesem im allgemeinen billigen Rohmaterial scheinen die Kosten der Vorbereitung einer ausgedehnteren Anwendung im Wege zu stehen. — Das ächte französische Pausepapier, welches von Kupferstechern und Lithographen zum Durchzeichnen vielfach angewendet wird, wird aus den Bastzellen des Maulbeerbaumes gewonnen. Es ist gelblich, sehr dünn und sehr durchsichtig, gegen das Licht gehalten erscheint es sehr gleichmässig. Jod und Schwefelsäure färben das Papier schön hellblau. Das nachgemachte Pausepapier ist in der Regel mehr bläulich gefärbt; mit dem ächten verglichen ist es weniger durchscheinend, gegen das Licht gehalten erblickt man gröbere Theilchen in der Masse verbreitet, unterm Mikroscop erkennt man hie und da nicht zerfaserte Leinen- und Baumwollenzellen, Schwefelsäure und Jod färben es schwarzgrün. Das Papier scheint sehr stark mit Chlor behandelt zu sein. (Die Prüfung der im Handel vorkommenden Gewebe durch das Mikroscop und durch chemische Reagentien von Dr. H. Schacht). — In Manchester wird sehr viel Papier aus dem Kehricht der Baumwollenspinnereien *(cocon waste)* und den Abfällen der Leinenspinnereien gefertigt, $\frac{9}{10}$ des ersteren und $\frac{1}{10}$ der letzteren soll, wie sich auch wohl denken lässt, ein sehr gutes Papier geben. Ein Papierfabrikant, G r o s s in Giersdorf bei Warmbrunn in Schlesien, hat neuerdings wiederum mit in der That gutem Erfolge sich darauf gelegt, aus Holz einen brauchbaren Papierstoff zu erzeugen. Das Verfahren von G r o s s unterscheidet sich von früher angewendeten Methoden, Holz zu gleichem Zweck zu benutzen, dadurch, dass während man bisher durch Behandeln mit kaustischen und sauren Laugen Auflösung und Zerfaserung verursachte, dies durch G r o s s unmittelbar mittelst Holländer bewerkstelligt wird. Die Stämme der Rothtanne (Weisstanne, Kiefer, Linde, Espe und Weide liefern weniger brauchbaren Stoff) werden zunächst bis in Stücke von Grösse und Form gewöhnlicher Schindeln zerkleinert, diese dann mittelst Wasser von Harzstellen und Knoten befreit durch sechs Holländer in Papier-Ganzzeug verwandelt. Die Holländer sind allerdings sehr verschieden von den in Papierfabriken üblichen und ihre Construction zur Zeit noch Geheimniss des genannten Fabrikanten, daher es indiscret wäre, sie auch nur annähernd zu bezeichnen. Der aus dem sechsten Holländer ausfliessende Stoff eignet sich entschieden zur Anfertigung sowohl von Papier als von Pappen, allein es ist nicht zu läugnen, dass beide Fabrikate, wenn ohne allen Zusatz von Lumpen dargestellt, was Festigkeit betrifft sehr den gewöhnlichen Papieren und Pappen nachstehen. Herr G r o s s hat dies wohl selbst erkannt und beabsichtigte den Holzganzzeug als Zusatz zum Lumpenganzzeug an die in der Nähe liegenden Papierfabriken abzusetzen. Es sind diese bisher noch wenig hierauf eingegangen, wiewohl ein solcher Zusatz in die vorbereitenden Processe, denen sie nothwendiger Weise unterworfen werden müssen, vertheuert werden, eine ausgedehnte Anwendung finden könnten. Auch scheint gerade bei den Lumpen, bei sonst richtigen Handelsverhältnissen, namentlich mit Frankreich und England, von denen ersteres eine ziemlich bedeutende Menge Lumpen aus Italien, Griechenland, Ungarn und der Levante bezieht, letzteres aber gegen drei Viertel des verarbeiteten Quantums aus Ungarn und Indien erhält, die Sorge wegen allzu hoher Preise oder gar Mangels, am wenigsten gerechtfertigt, da einmal ein sehr grosser Theil des gebrauchten Papieres wiederum als Rohmaterial der Fabrikation zufliesst, dann aber ebenso wie der Papierconsum, auch die Produktion und der Consum von leinenen und baumwollenen Stoffen sich von Jahr zu Jahr steigert. Betrachten wir daher die Lumpen als ausschliessliches Rohmaterial, so zerfällt die Umwandlung derselben in Papier in folgende bestimmt von einander verschiedene Operationen: 1) Sortiren der Lumpen, 2) Zerschneiden, 3) Kochen, 4) Zermahlen zu Halbzeug, 5) Bleichen, 6) Zermahlen zu Ganzzeug, 7) Anfertigen des Papiers, 8) Leimen, 9) Appretiren desselben. — Alle diese Operationen finden in von einander getrennten Räumen statt, deren wesentliche Einrichtungen wir in Folgendem kennen lernen werden, und dem Gange der Fabrikation folgend, beginnen wir mit dem Lumpen-Sortirsaal. —

Die Hadern werden dem Fabrikanten entweder gänzlich unsortirt als Landhadern, oder bereits in drei Sorten getheilt als weisse, graue und bunte, oder von den Händlern selbst noch weiter sortirt, als weisse, halbweisse, Concept-Hadern, blaue,

---

vielen Fällen, z. B. bei Anfertigung von Druckpapieren durchaus nicht nachtheilig sein und durch Ersparung der Arbeitskräfte die Leistung einer Fabrik bedeutend heben dürfte. (Broomann in London hat sich ein Verfahren, Papier aus Holz zu fabriciren, patentiren lassen, welches in „Dingler's polytechnischem Journal Bd. CXXXIII. p. 351." beschrieben und wenn nicht etwa ganz dasselbe, dem von Gross angewendeten wenigstens sehr ähnlich ist.) — Kaum erwähnenswerth ist die Anweisung Dowse's (*London Journal of arts*, 1847. p. 114) Baumwollenzeuge durch Behandlung mit vegetabilischem Leim, Alaun und Stärke geeignet zu machen, statt Papier verwendet werden zu können. Es ist dies nichts Neues und ein Vortheil davon nur in sehr speciellen Fällen zu erwarten.

Sackstücke, bunte, überliefert. *) Doch auch in dieser letzten Sortirung können die Lumpen nicht unmittelbar zu Papier verarbeitet werden, sie sind darin nur nach ihrer Färbung, und ob gebleicht oder ungebleicht gesondert, im Uebrigen aber von sehr verschiedenem Stoff und verschiedener Feinheit, mit allem Schmutz, wie sie aus dem Gebrauch hervorgegangen, und mit fremdartigen Gegenständen: Näthen, Knöpfen, Häkchen u. s. w. vermischt, enthalten. Es ist aber zum Schutz der verschiedenen Maschinen, des Haderschneiders, der Holländerwalzen und der Papiermaschine, so wie zur Erzielung eines knoten-, fleckenreinen und gleichförmigen Papiers durchaus erforderlich, dass jene fremdartigen meist metallenen Gegenstände entfernt; die Näthe aufgetrennt, der oberflächlich anhaftende Schmutz abgeschabt und dafür gesorgt werde, dass die zur Erzeugung einer bestimmten Papiersorte gewählte Lumpenmischung möglichst dieselbe sei. Letzteres geschieht durch sorgfältig fortgesetzte Sortirung der aus dem Handel erhaltenen Lumpen nicht nur nach ihrer Färbung, sondern ganz besonders nach ihrem Stoff, ob sie aus Leinen, Hanf, Baumwolle, Wolle, Seide, Halbwolle bestehen, so wie nach der Stärke oder Abgenutzheit ihres Fadens, so dass

---

*) Der Einkauf der Hadern ist übrigens viel unangenehmer als der der meisten anderen Rohmaterialien, nicht nur wegen der Unreinheit der unsortirten Hadern, sondern weil man dabei auch sehr leicht Täuschungen ausgesetzt ist und der Lumpenhandel sich nicht immer in den reellsten Händen befindet. — Die auf dem Lande gesammelten Lumpen sind im Allgemeinen den in grossen Städten gesammelten vorzuziehen, die letzteren zum grossen Theil aus Rinnsteinen und Müllgruben herausgezogen, sind viel schmutziger und kürzer als jene, dadurch schwerer zu beurtheilen und weniger ergiebig. — In den von den Händlern gelieferten Sorten soll eine möglichst sorgfältige Trennung der Hadern nach dem Stoff vorausgesetzt werden können, so dass die weissen, halbweissen, concept und blauen Hadern nur aus Leinen bestehen und frei von Baumwolle und Wolle sein sollen, allein es ist die natürliche Tendenz der Verkäufer, aus der Gesammtmasse eingekaufter Lumpen möglichst viel von den besseren und theueren Sorten herauszusortiren, daher der Käufer nicht sorgfältig genug die Sortirung überwachen kann. Fabriken, die genöthigt sind, alle verschiedenen Papiere anzufertigen, thun vielleicht am Besten, Landhadern zu kaufen, allein die Persönlichkeit des Verkäufers muss hinreichende Garantie bieten, dass derselbe nicht die besseren Sorten herauszieht und anderweitig absetzt. Endlich hat man darauf zu sehen, dass die Lumpen nicht feucht sind, in welchen Zustand sie oft absichtlich zur Vermehrung des Gewichts versetzt werden, und zwar kann man sich hier nur durch unmittelbares Befühlen überzeugen, da oft eine feuchte Lumpe durch Zusatz von Asche staubend gemacht wird.

in den besseren Fabriken über zwanzig Nummern entstehen, die theils nach ihrer Bestimmung, theils nach ihrem Stoff benannt werden.

Es giebt Fabriken, in denen an 60 Nummern sortirt werden, indess dürfte eine so feine Nüancirung doch eine etwas übertriebene Sorgfalt sein und möge daher die folgende, in einer bedeutenden Fabrik angewandte Sortirung dazu dienen, um deutlich zu machen, worauf hierbei zu sehen ist:

<pre>
No. 1.   Herrn-   ⎫
- 2.   Schreib- ⁻   ⎪
- 3.   Druck-   ⎪
- 4.   Näthe-   ⎪
- 5.   Fein Sack-   ⎬ Lein.
- 6.   Mittel Sack-   ⎪
- 7.   Ordinair Sack- (a) ⎪
- 8.   dito   dito (b) ⎭
- 9.   Netze und Stricke.
- 10.   Fein dunkelbau   ⎫
- 11.   Fein hellblau   ⎪
- 12.   Mittel hellblau ⎬ Lein.
- 13.   Ordinair dunkelblau ⎪
- 14.   dito   hellblau ⎭
- 15.   Weisser Kattun.
- 16.   Bunter   dito.
- 17.   Ordinair   dito.
- 18.   Weisse Halbwolle.
- 19.   Bunte   dito.
- 20.   Dunkelblau dito.
- 21.   Rothe (Kattun).
- 22.   Weisse gestrickte Wolle.*)
</pre>

---

*) Die wollenen Lumpen sind für die Papierfabrikation so gut wie gar nicht zu verwenden, da schon ein sehr geringer Zusatz ein ausserordentlich weiches Fabrikat liefert. Es lassen sich dieselben indess leicht und gut verwerthen, indem die gestrickten in eigens construirten Holländern oder Wölfen auseinander gerissen und in sogenanntes Shuddy-Garn umgewandelt werden, welches zur Darstellung von Filztüchern vielfältige Anwendung findet. Die Anfertigung von Shuddy-Garn fand bisher vorzugsweise nur in England statt, jedoch sind auch neuerdings bei Berlin derartige Fabriken errichtet worden. Die nicht gestrickten wollenen Lumpen dienen zur Darstellung des gelben Blutlaugensalzes *(Kalium eisencyanur)* und geben überdiess, wenn nicht ihr Preis hierzu zu hoch ist, ein sehr vortheilhaftes Dungmaterial.

No. 23. Weisser Flanell.
- 24. Bunte gestrickte Wolle.
- 25. Bunter Flanell.
- 26. Seide.

Es dürfte nun zwar den wenigsten Fabriken möglich sein, wie dies allerdings in England häufig geschieht, jede bestimmte Papiersorte nur aus einer, höchstens zwei jener Sorten anzufertigen, sondern in den meisten Fällen, namentlich wo die Fabrikation eines Papiers die der andern bei weitem überwiegt, und daher entweder sehr viele Lumpensorten keine Anwendung finden würden, oder dieselben zur Erlangung desselben Produktes verwendet werden müssen, wird man die sortirten Lumpen wieder mischen. Dem sei nun aber wie ihm wolle, immer wird eine möglichst sorgfältige Sortirung von der grössten Wichtigkeit sein, indem, selbst wenn die verschiedenen Sorten gemischt angewendet werden, wie schon erwähnt, die Gleichartigkeit der Mischung nur bei Gleichartigkeit der Bestandtheile möglich ist, dann aber auch die Mischung der verschiedenen Sorten erst nach deren Umwandlung in Halbzeug erfolgt, und bis zu diesem Stadium der Fabrikation die Behandlung der Lumpen je nach ihrer Färbung, Stoff und Feinheit sehr verschieden ist und sein muss, sollen nicht die Processe des Kochens und Bleichens bei den einen sehr unvollkommen wirken oder bei den andern grosse Verluste verursachen. —

Gleichzeitig mit dem Sortiren findet die oberflächliche Reinigung der Lumpen, das Auftrennen oder Ausschneiden der Näthe, das Herauswerfen von Knöpfen, Häkchen u. s. w. statt, und es wird daher bei der gleichzeitigen Verfolgung so verschiedener Zwecke im Sortirsaal wohl nie die Handarbeit durch mechanische Vorrichtungen verdrängt werden. Das Sortiren geschieht nämlich vorzugsweise durch Mädchen, welche die Sortirung der Lumpen nach dem feineren und gröberen Faden, das Auftrennen der Näthe, Reinigen u. s. w. weit besser lernen und hauptsächlich billiger sind, als männliche Arbeiter.

Jede Arbeiterin hat, wie dies in England der Fall ist, einen viereckigen Tisch von 4 bis 6 Quadratfuss Oberfläche, vor sich, der mit einem Drahtgitter überzogen ist, unter welchem sich eine Schublade, zur Aufnahme des abfallenden Schmutzes, befindet; in der Mitte des Tisches ist ein Messer oder eine Sense, von etwa 1 Fuss Länge, befestigt. Zur rechten Hand steht ein

3 Fuss hoher hölzerner Kasten, mit so viel Abtheilungen, als
Sorten aus den vorliegenden Lumpen gezogen werden. Bisweilen findet man auch diese Tische etwas grösser, und für
2 Mädchen eingerichtet, die sich dann gegenüber stehen. —
In den französischen und deutschen Fabriken stehen die Ar-
beiterinnen meistens dicht neben einander an einem langen,
mit Drahtgitter überzogenen Tische, und haben hinter sich die
zur Aufnahme der sortirten Hadern bestimmten Kasten. Sobald die Kasten voll sind, werden sie in Kiepen entleert, die
Lumpen gewogen und nach den für jede Sorte bestimmten
Raum gebracht. Um nun die Arbeit des ersten Entleerens zu
ersparen, wendet Planche*) gesonderte Kasten an, die auf
Rädern stehen und, sobald sie voll sind, mit Leichtigkeit zur
Wage gefahren werden können. Diese Einrichtung, so praktisch sie scheint, möchte sich doch eher nachtheilig als vortheilhaft erweisen, denn einmal erfordert sie bedeutend mehr Raum,
und zweitens wird leicht die Ordnung der Kasten verändert
und dadurch Irrungen von Seiten der Sortirer herbeigeführt
werden. — Der beim Sortiren veranlasste Gewichtsverlust ist
im Mittel auf 2 % zu veranschlagen. —

Ein einigermaassen geübtes Mädchen kann täglich 1½ Centner Lumpen sortiren, und sind daher in einer Fabrik mit einer
Maschine, welche täglich zwischen 30 und 40 Centner sortirt,
mindestens 25 Mädchen erforderlich, Diese Zahl ist jedoch
nicht genügend, und muss jedenfalls um den dritten Theil
vermehrt werden, wenn gleichzeitig mit dem Sortiren die Lumpen in gleich grosse Stücke geschnitten werden sollen. So
wie man nämlich darauf zu sehen hat, dass die dem Kochen,
Zermahlen und Bleichen gleichzeitig unterworfenen Lumpen in
Stoff und Faden möglichst gleichartig sind, indem eine leicht
zu verarbeitende, sich leicht bleichende Lumpe, mit einer schwie-
rigeren gleichzeitig behandelt, übermässig angegriffen wird und
bedeutende Verluste erleidet, so ist es auch zur Verarbeitung
der Lumpen im Holländer wesentlich nothwendig, einmal dass
dieselben überhaupt nicht zu lang sind, in welchem Falle sie
sich leicht unter einander verwickeln, Stränge bilden und ein
Aufsetzen des Holländers veranlassen oder sich um die Walzenstange legen und sogenannte Katzen bewirken, dann aber

---

*) De l'industrie de la papeterie par G. Planche. Paris 1853.

auch, dass sie möglichst gleich gross sind, da durch die verschiedene Grösse und die mit ihr verknüpfte ungleichzeitige Zermalmung wiederum nicht unbeträchtliche Verluste herbeigeführt werden. — Es werden daher die sortirten Lumpen in Stücke von 2 bis 3 Quadratzoll Grösse zerschnitten. In Fabriken, welche vorzugsweise feine Papiere anfertigen, unterliegt es keinem Zweifel, dass es vortheilhaft ist, dieses Zerschneiden von dem mit der Sortirung beauftragten Arbeiter vornehmen zu lassen, denn je länger und öfter eine Lumpe durch die Hand des Arbeiters geht, desto besser wird er Fehler in der Sortirung entdecken, desto reiner wird die Lumpe den Sortirsaal verlassen, und desto egaler wird sie zerschnitten werden. Durch die Vermehrung jedoch des Arbeiterpersonals, welche das Zerschneiden der Lumpe mit der Hand bedingt, werden die geschnittenen Lumpen dem Fabrikanten unbedingt viel theurer, als wenn er diese Operation durch eine besondere mechanische Vorrichtung, den Lumpenschneider, bewirkt, daher man derartige Maschinen noch sehr häufig selbst in wohl renommirten Fabriken, namentlich in denen des nördlichen Deutschlands findet, und in neuester Zeit selbst Manches zu deren Vervollkommnung gethan worden ist, so dass wir nicht umhin können, ihnen einen eigenen Abschnitt zu widmen.

II. Der Haderschneider.

Die Maschinen zum Schneiden von Häcksel, Taback u. s. w. sind die Vorgänger und Vorbilder des Haderschneiders gewesen, welcher eine deutsche Erfindung aus der Mitte des vorigen Jahrhunderts, in der Gestalt seines ersten Auftretens nur als eine gross und stark ausgeführte Häcksellade erscheint. Der vorzüglichste Theil desselben besteht nämlich aus einer Messerklinge, welche an einem in senkrechter Ebene um seine Achse auf- und niedergehenden Hebel $a\,b$ (Fig. 1.) befestigt, bei jedem Herabgehen an der Schneide eines horizontalen unbeweglichen Messers c vorbeistreift, so dass die beiden Messer, wie die Blätter einer Scheere, die durch eine mechanische Vorrichtung zwischen sie eingeschobenen Lumpen durchschneiden. Der eiserne Hebel $a\,b$, die Schlagstange oder der Schlagbaum, an welchem durch die Schrauben d ein gut verstähltes Messer befestigt ist, ist bei a in beweglicher Verbindung mit der hölzernen Zugstange $e\,f$, die mittelst eines Krummzapfens die Kreisbewegung einer eisernen Welle in eine auf- und niedersteigende verwandelt, für deren Gleichförmigkeit durch ein auf jener Welle aufgekeiltes Schwungrad von schwerem Holze gesorgt ist. —

Dieser Haderschneider leidet noch an vielen Mängeln, welche bei denen neuerer Construction mehr oder weniger vollkommen beseitigt sind. Bei dem Auseinanderliegen seiner Theile erfordert er viel Raum und häufige Reparaturen; durch die Fortleitung der Kraft von der Welle aus, durch die Zugstange zum Messer, sowie durch die Umkehrung der Bewegung jener wird viel Kraft verloren und es ist endlich die Leistungsfähigkeit gering, indem das bewegliche Messer nur so oft bei dem unbeweglichen vorbeistreift, als die Welle Umdrehungen macht, höchstens 150 Mal in der Minute. Diese Uebelstände lassen sich sämmtlich gleichzeitig dadurch beseitigen, dass man nicht ein, sondern mehrere Messer unmittelbar auf der sich bewegenden Welle befestigt. — In Fig. 2.*) besteht der bewegliche Theil des Haderschneiders aus einem Cylinder, welcher aus zwei auf der Welle h befestigten Reifen oder Rädern g gebildet wird, die mittelst Schrauben mit mehreren, hier 4, Messern i versehen sind. Die Messer haben gegen die Achse des Cylinders eine etwas schräge Stellung, damit ihre Schneide nicht mit allen Punkten im nämlichen Augenblicke, sondern nach und nach gegen das unbewegliche Messer d zum Angriffe kommt. Macht hier die Welle h nur 60 Umdrehungen in der Minute, so werden bereits 240 Schnitte erfolgen. Die Anführung dieses Lumpenschneiders geschah indess mehr um die Vereinfachung ein und desselben Principes möglichst deutlich hervortreten zu lassen, als um die Aufstellung desselben zu empfehlen; denn das zu thun erscheint bedenklich, einmal wegen seiner geringen Verbreitung, dann weil bei der Befestigung der Messer an der Peripherie, die Reifen oder Räder schwerlich stark genug angefertigt werden können, um nicht den heftigen Stössen, welche die Maschine während ihrer Wirksamkeit auszuhalten hat, häufig zu unterliegen. — Ohnstreitig ist es daher vorzuziehen, die Messer an einer massiven Scheibe oder einem massiven Cylinder zu befestigen, welche Construction auch am häufigsten angetroffen wird. Bei Anwendung von massiven Scheiben, welche in der Regel einen Durchmesser von 3 bis 3,5 Fuss und eine

---

*) London. Journal of Arts.

Dicke von 4 bis 5 Zoll besitzen, ist die Stellung der Messer wieder zweierlei Art, indem dieselben entweder an die Scheibenfläche in der Richtung des Durchmessers angeschraubt werden, oder sie werden an der Peripherie in etwas schräger Stellung gegen die Achse befestigt. — Den Scheiben verdienen jedenfalls massive Cylinder vorgezogen zu werden, welche in der Regel einen Durchmesser von circa 18 Zoll und eine gleiche Länge besitzen und an denen zwei Messer von fast gleicher Länge an zwei entgegengesetzten Enden der Peripherie angebracht werden, deren Befestigung mit geringen Schwierigkeiten verknüpft ist. Man giebt einem solchen Haderschneider eine Geschwindigkeit von 100 Umdrehungen in der Minute. — Wenn man die Länge der Messer verkürzt, verringert man die bei einem jedesmaligen Schnitt auszuübende Kraft, und man ist alsdann im Stande, eine grössere Anzahl von Messern um die Peripherie des Cylinders herum anzubringen, wodurch zugleich der Gang der Maschine ein gleichförmigerer wird. So hat Planche an einem Cylinder von fast denselben Dimensionen wie hier angegeben, sechs Messer von nur 6 Zoll Länge angebracht, die offenbar dasselbe leisten müssen, wie zwei Messer von 18 Zoll Länge, während die jedesmaligen Stösse bei diesen 3mal stärker sein werden, als bei jenen. Allein zu einer so grossen Zahl Messer möchten wir nicht rathen, weil 1) die Stösse sich allzuoft auf einander folgen und dadurch gar keine Ruhe in die Maschine kommt, 2) die Anfertigung so vieler Messer mit weit grösseren Kosten verknüpft ist, 3) die jedesmalige neue Befestigung grossen Zeitaufwand erheischt. Drei, höchstens vier Messer scheint uns das Praktischste. Hat der gusseiserne Cylinder nur circa 18 Zoll Durchmesser, so muss ein solcher Haderschneider, wie alle bisher erwähnten, mit einem Schwungrade versehen sein, denn die Reifen, Scheiben und ein solcher Cylinder sind zu leicht, als dass nicht ihre Bewegung durch die stossweise Wirkung irritirt werden sollte. Es besteht daher die letzte Vereinfachung darin, dass man durch Vergrösserung des Cylinders in einen elliptischen gusseisernen Klotz von circa 3 Fuss grösstem und 2 Fuss kleinstem Durchmesser, dem Haderschneider ein solches Bewegungsmoment giebt, dass er der Regulirung mittelst eines Schwungrades nicht weiter bedarf.*) —

*) Solche Haderschneider sind in der Maschinenbauanstalt von Ruffer in Breslau angefertigt, und haben sich in mehreren Fabriken sehr gut bewährt.

Dass bei den Erschütterungen, welchen die Wellen der Scheiben oder Cylinder in rascher Folge ausgesetzt sind, es vorzuziehen ist, dieselben aus Schmiedeeisen zu fertigen, bedarf kaum der Erwähnung.

So einfach aber alle diese Haderschneider auch sind, und so Bedeutendes sie leisten, so leiden sie doch sämmtlich an dem Fehler, dass sie stossweise wirken, wodurch nicht blos ein bedeutender Kraftverlust herbeigeführt wird, sondern auch die Gebäude sehr leiden. Die Beseitigung dieses Mangels wird durch den von Uffenheimer construirten, in Oesterreich patentirten, in Fig. 3, 4 und 5 abgebildeten, erstrebt. Es werden hier die Lumpen auf einem Gurt ohne Ende b, b', der 12 bis 15 Zoll breit ist und von den Walzen $a a'$ fortgeleitet wird, ausgebreitet und fallen von a' auf die aus gekerbten Scheiben gebildete Walze c; diese ist so zusammengesetzt, dass die eisernen Scheiben, aus welchen sie besteht, und welche einen halben Zoll Dicke haben, auch einen halben Zoll Raum zwischen sich lassen, zu welchem Ende sie abwechselnd mit kleinen Zwischenscheiben o, (Fig. 4) auf die Achse aufgeschoben sind. Ueber jeder der Scheiben c ist eine ebenfalls auf dem Umkreise gekerbte Scheibe c' so angebracht, dass sie sich von c, der ungleichen Dicke durchgehender Lumpenmassen nachgebend, mehr oder weniger entfernen kann. Die Scheiben c' liegen nämlich paarweise mit ihrem Zapfen in Zapfenlagern e, welche sich in einarmigen, um e' auf- und nieder beweglichen Hebeln d befinden. Federn oder Gewichte drücken diese Hebel nieder, um so mit erforderlicher Kraft die Lumpen zwischen den oberen und unteren Scheiben einzuklemmen und ihre regelmässige Fortführung von dem Gurte b nach dem Schneideapparate zu sichern. Dieser Schneideapparat besteht aus eben so vielen cirkelförmigen, an der Peripherie scharfschneidigen Scheiben g (Fig. 5) aus Stahlblech, welche ebenfalls in halbzölliger Entfernung von einander auf einer der Walze c parallelen Achse f so befestigt sind, dass sie in die Zwischenräume hineingreifen, ohne die Scheiben c und c' zu berühren. Die Welle f wird so gestellt, dass die Peripherie der Schneidescheiben bis an die Berührungslinie von c und c' reicht, und das bewegliche Räderwerk so geordnet, dass die Peripheriegeschwindigkeit der Schneidscheiben bei weitem grösser ist, als die Geschwindigkeit des die Lumpen zuführenden Gurtes b. Es werden hier nun offenbar

die Lumpen in der Richtung, in welcher sie den Messern ent-
gegengeführt werden, zu Streifen von 1 Zoll Breite zerschnitten,
und wirft man diese Streifen abermals quer auf den Gurt, so
liefert der zweite Schnitt Stücke von 1 Quadratzoll Grösse.

Es hat dieser Haderschneider gegen die früheren den Vorzug, dass er wegen der ununterbrochenen Wirkung der schei-
benförmigen Messer, eben so schnell, ja noch schneller arbeitet,
dass während der Arbeit der zu überwindende Widerstand stets
derselbe ist, diese daher ohne Stösse erfolgt, wodurch der
Kraftverlust geringer und es möglich wird, den Theilen des
Gestelles eine geringere Stärke zu geben; auch wird die Art
des Schneidens durch ziehende Bewegung eine geringere Kraft
erfordern, als bei jenen, wo durch Vorbeischlagen der Messer
die Lumpen abgequetscht werden. — Endlich ist dieser Haderschneider noch mancher Vervollkommnung fähig: die Schneidscheiben brauchen nicht aus einem Stück gefertigt zu sein, sondern können aus Sectoren zusammengesetzt werden; man kann
eine Vorrichtung von aufrecht stehenden Stäben anbringen, um
die Zwischenräume der Zuführungsscheiben beständig rein zu
erhalten; an die Schneidscheiben kann sich, um sie stets wieder
zu schärfen, ein Schleifzeug anlegen, aus Scheiben von Metall-
composition, welche durch Federn an jene angedrückt werden,
damit sie den etwaigen Krümmungen nachgeben. — Bedenkt
man aber die grosse Anzahl der Messer, deren 12 bis 15 vorhanden sind, den Uebelstand, dass, um das schadhaft gewordene zu entfernen und durch ein neues zu ersetzen, alle vorhergehenden herausgenommen werden müssen, die Leichtigkeit
der Abnutzung so schwacher Klingen an schwer zu zerschnei-
denden, oft sandigen Hadern, und die dadurch nöthig werdende
Veränderung in der Stellung der Welle f, die Zersplitterung der
Zuführungswalzen in 12 bis 15 Paare, die grosse Menge von
Federn, Zapfen und Lagern, bei denen eine gleichförmige Abnutzung nicht vorauszusetzen ist, so wird man zwar das Princip billigen, aber zugestehen müssen, dass die Construction
dieses Haderschneiders zu complicirt ist, die dem Angriff aus-
gesetzten Theile zu schwach sind, als dass er nicht häufige
Reparaturen nöthig machen und dadurch Unterbrechungen der
Arbeit entstehen sollten.

III. Siebmaschine und Wolf.

In demselben Raume mit dem Haderschneider oder in einem darangrenzenden, oft auch, und zwar sehr vortheilhaft, als Fortleiter der Lumpen zu den unteren Räumen des Gebäudes, sind die Siebmaschinen angebracht. Es werden derartige Maschinen gegenwärtig in keiner, einigermassen bedeutenden Fabrik vermisst, da man wohl allgemein von dem Vortheil einer möglichst vollkommnen mechanischen Reinigung der Lumpen überzeugt ist. Je nach der Räumlichkeit, den Mitteln und der Intelligenz des Fabrikanten findet man jedoch auch sie von verschiedener Vollkommenheit.

Die einfachste Art der Sieb- oder Reinigungsmaschinen besteht in einer Trommel, von der Gestalt eines grossen 6- oder 8seitigen, um seine horizontale Achse sich drehenden Prisma's, dessen Seitenflächen aus Drahtgittern bestehen. Die Lumpen werden durch eine Thür, welche in einer der Seitenflächen angebracht ist, eingefüllt und durch Umdrehung der Trommel darin herumgeworfen und geschüttelt, wobei der Staub, begleitet von einer Menge loser Fasern, durch die Maschen der Siebe herausfällt. Die erste Verbesserung dieses Apparats besteht nun darin, dass man die Trommel in einen geschlossenen, hölzernen Kasten legt, aus welchem ein Kanal den Staub ins Freie führt, damit er im Arbeitsraume nicht lästig falle.

Noch empfehlenswerther jedoch ist folgende Einrichtung, von welcher Fig. 6 einen Querdurchschnitt darstellt. Die 6seitige Siebtrommel von etwa 3 Fuss Durchmesser und 6 Fuss Länge liegt unbeweglich und ist aus zwei hölzernen Scheiben $A\,B$, und sechs parallelen Latten zusammengesetzt, zwischen denen Drahtsiebe ausgespannt sind, welche die Seitenflächen der Trommel bilden und deren Maschen $\frac{1}{4}$ Zoll im Quadrat gross sind. Die eine Seite des Prisma's ist in Charnieren o beweglich, und bildet zugleich die Thür zum Eintragen der Lumpen, welche während der Arbeit durch die Haken n verschlossen wird. Mitten durch die Trommel geht die viereckige, hölzerne Welle g, deren eiserne Zapfen durch Löcher in den Böden A, B hervorragen, und welche mittelst der Riemscheibe i bewegt, 25 bis 36 Umdrehungen in der Minute macht. Die Welle ist in ihrer ganzen Länge und auf allen vier Seiten mit hölzernen Stäben dergestalt besetzt, dass dieselben in fortlaufender Reihe eine Schraubenlinie um die Welle bilden. Sobald die Maschine in Bewegung gesetzt ist, werden die Lumpen durch die Stäbe geschlagen und herumgeworfen, wodurch eine noch viel vollständigere Reinigung als in nur einfacher Trommel bewirkt wird.

Eine vortheilhafte Abänderung dieses Apparates zum ununterbrochenen Gebrauche desselben, ist aus Fig. 7 und 8 ersichtlich. Die unbeweglich liegende Siebtrommel ist hier ein abgestumpfter Kegel, der durch die Vereinigung von zwei kreisrunden Reifen und acht in gleichen Abständen dazwischen befestigten Leisten entsteht, worauf man die konische Oberfläche rundum mit Drahtsieb umspannt hat. Die Welle d bildet die Achse des Kegels und wird mittelst der Scheibe f und des endlosen Riemens g in Umlauf gesetzt. An ihr sind, concentrisch mit den Reifen der Siebtrommel, zwei etwas kleinere Reifen, jeder mittelst vier Speichen befestigt; von einem dieser Reifen zum andern erstrecken sich vier Latten b, welche mit Eisendrahtstiften c besetzt sind. Diese letzten fassen die Lumpen und schütteln sie durch Herumwerfen gehörig aus. Die Zuführung der Lumpen geschieht an dem kleineren Durchmesser des abgestumpften Kegels mittelst eines Tuches ohne Ende ll, welches dieselben in den Raum zwischen der Siebtrommel und der inneren beweglichen Vorrichtung fallen lässt. Dieses Tuch ist über zwei horizontale Walzen gespannt, welche ihre Bewegung durch den gekreuzten Riemen i von der Scheibe e der Welle d erhalten. Durch den Gang der Maschine werden die Lumpen ohne Zuthun nach dem weiteren Ende der Siebtrommel hingeführt, wo sie herausfallen.*) Es ist diese Vorrichtung sehr ähnlich dem zu gleichem Zwecke angewandten Wolfe, dessen Construction aus Fig. 9 ersichtlich ist. Auf der durch konische Räder mit dem Getriebe in Verbindung zu setzenden Welle bb ist der hölzerne abgestumpfte Kegel C befestigt, der mit eisernen Spitzen dd versehen ist, die spiralförmig von oben nach unten geordnet sind. Der Kegelstumpf C bewegt sich in einem nur wenige Zolle abstehenden Mantel E, welcher an der innern Wandung mit gleichen Spitzen ff versehen ist, die mit den Spitzen d die durch die obere Oeffnung der Umhüllung eingeworfenen und bei g die Maschine wieder verlassenden Hadern während ihres Durchganges schlagen und ausstäuben. Der

---

*) Handbuch der Papierfabrikation von Dr. C. Hartmann. Berlin, 1842.

Wolf erheischt allerdings mehr Kraft als ein Sieb, wirkt aber auch kräftiger. Der aus dem Siebe oder Wolfe herausfallende Schmutz enthält viel Lumpenfasern, und kann daher zur Anfertigung von Pappen und Packpapieren benutzt werden.

Der Verlust, den bis hierher die Lumpen erfahren, beträgt 6 bis 10 pCt., ist mithin ziemlich beträchtlich; allein nichts destoweniger würde jeder Versuch des Fabrikanten, durch Verwendung einer geringeren Sorgfalt auf alle bisher beschriebenen Operationen diesen Verlust zu vermindern, nur zu seinem eigenen Nachtheil ausschlagen, denn die Reinheit des Papieres hängt wesentlich von der Aufmerksamkeit ab, die man dieser mechanischen Reinigung der Lumpen widmet. Die Engländer und Franzosen können in dieser Beziehung uns Deutschen als Muster dienen, indem sie mit der grössten Strenge darauf halten, dass alle hierauf bezüglichen Manipulationen bis ins kleinste Detail aufs sorgsamste ausgeführt werden. Ja, in manchen Fabriken findet die Einrichtung statt, dass die gereinigten und gerissenen Lumpen einer abermaligen genauen Revision durch einen eigens hierzu angestellten Arbeiter unterworfen werden, wodurch es möglich wird, die bis hierher vorgefallenen Fehler zu verbessern und ihren nachtheiligen Folgen vorzubeugen.

IV. Das Kochen der Lumpen.

Bis hierher war die Behandlung der Lumpen ganz dieselbe, sie mochten aus Leinen, Baumwolle oder Wolle bestehen, grob oder fein, gefärbt oder ungefärbt sein; denn was für Papier man auch darstellen will, starkes oder schwaches, farbiges oder farbloses, so werden doch, zur Vermeidung von Verlusten, zur Erleichterung der Arbeit, zur Erlangung eines klaren und reinen Ansehens des Papieres, Sortirung, Zerkleinerung und Reinigung der Lumpen mit gleicher Sorgfalt vorgenommen werden müssen. Anders hingegen verhält es sich mit sämmtlichen nun folgenden Operationen, bei denen eine Rücksichtsnahme auf Stoff und Färbung der Lumpen, auf Stärke der Faser und demgemässe Abänderung des Verfahrens unerlässlich sind. Dies gilt ganz besonders bei dem der trocknen Behandlung der Lumpen zunächst folgenden Prozesse, dem Kochen.

Bei der weiteren Verarbeitung nämlich der aus dem Siebe fallenden Lumpen, handelt es sich darum: 1) den durch mechanische Mittel nicht zu trennenden Schmutz daraus zu entfernen und ihnen dadurch ihre ursprüngliche Reinheit und Weisse wiederzugeben, oder sie zur Annahme einer solchen in der Bleiche geeigneter zu machen; 2) die Farbestoffe zu zerstören oder wenigstens durch die angewandten Bleichmittel leichter zerstörbar zu machen; 3) endlich die zu groben und zähen Lumpen, welche der Umwandlung in Halbzeug einen zu bedeutenden Widerstand entgegensetzen würden, bis auf einen gewissen Grad anzugreifen und mürber zu machen. Bei den feinen, weissen Lumpen reducirt sich mithin die zunächst zu lösende Aufgabe wieder nur auf Reinigung, und da diese während der ersten Periode des Zermahlens sehr wohl bewirkt werden kann, so werden diese Lumpen in der Regel unmittelbar den Holländern zur Umbildung in Halbzeug übergeben. Jedoch wird unbedingt eine grössere Reinheit des Papiers erhalten und ganz besonders die Arbeitszeit des Halbzeugholländers bedeutend abgekürzt, wenn auch diese Lumpen durch Waschen vorher gereinigt werden. Man hat hierzu eigene Waschvorrichtungen eingeführt, welche ähnlich den Siebmaschinen construirt sind, ja der in Fig. 6. dargestellte Apparat kann unmittelbar als Waschmaschine benutzt werden, indem man die Siebtrommel bis zur Achse in Wasser legt. Beschleunigt wird der Process sehr, wenn nicht blos die Welle sondern auch die Trommel sich bewegt, und zwar in einerlei Richtung, aber geringerer Geschwindigkeit, so dass etwa auf 75 Umdrehungen der Welle in der Minute, die Trommel deren nur 37 macht. Jedoch ist diese Wäsche ohne Anwendung von erhöhter Temperatur und die Unreinigkeiten auflösender Mittel immer nur unvollkommen und zeitraubend, daher man sie auch nur höchst selten in Anwendung findet, sondern es werden dieselben Apparate, deren man sich zur Erreichung der letztgenannten beiden Zwecke, Zerstörung der Farben und Schwächung der Faser, was nur durch Einwirkung ätzender Substanzen bei erhöhter Temperatur möglich ist, bedient, gleichzeitig zum Reinigen der feineren Lumpensorten angewendet.

Die Construction dieser Kochapparate ist verschieden, je nach der angewandten Heizmethode. Da man in Maschinenpapierfabriken schon zur Erwärmung der Trockencylinder einen Dampfentwickler braucht, so werden die Kochapparate in der Regel mit diesem in Verbindung gesetzt, und die Lumpen durch Dämpfe bis zum Kochen erhitzt; aber auch da, wo kein Dampfkessel vorhanden oder der vorhandene zu klein und nur die zur Heizung der Trockencylinder hinreichenden Dämpfe zu liefern im Stande ist, wird das Kochen durch eine einfache Combination eines kupfernen oder eisernen Kessels mit einem hölzernen Bottich durch Dämpfe bewirkt. Eine solche Einrichtung, welche auch in grösseren Wirthschaften zum Reinigen der Wäsche mit Vortheil angewendet werden kann, ist in Fig. 10. dargestellt: *a* ist ein kupferner Kessel mit breitem, auf der Einmauerung aufliegendem Rande, geraden, nach unten sich verjüngenden Wänden und eingedrücktem Boden, welcher genau die in dem Kuppelgewölbe der runden Feuerung gelassene Oeffnung schliesst. Der auf diese Art zwischen Mauer und Kessel bleibende Raum *b* communicirt mit der Feuerung durch einen 4″ breiten und 8″ hohen Kanal *c*, welchem gegenüber ein eben so breiter aber nur 6″ hoher Kanal *d* nach dem Schornstein führt, so dass die Flamme, ehe sie in diesen gelangt, den Kessel von allen Seiten zu umspielen genöthigt ist. Auf den Kesselrand wird ein hölzerner Bottich mit durchlöchertem Boden gestellt, der nach dem Eintragen der Lumpen mit einem gut schliessenden Deckel verschlossen werden kann. *)

Wo die Kochapparate mit dem Dampfkessel in Verbindung stehen, sind es hölzerne oder eiserne Kasten von $5\frac{1}{2}$—6 Fuss Durchmesser und $3\frac{1}{4}$—4 Fuss Höhe. Ungefähr 6 Zoll über dem Boden befindet sich ein falscher Boden mit vielen Löchern, auf welchem die Lumpen ruhen und unter welchem der Dampf in den Kasten eintritt. Die Kasten, namentlich die hölzernen, werden meistens mit einem nur lose aufliegenden Deckel verschlossen, wobei jedoch die Temperatur nicht über die des kochenden Wassers steigen kann, und da die Wirksamkeit des Wassers und der Laugen mit der Temperatur zunimmt, so verdienen die Kasten mit dampfdichtem Verschluss des Deckels, welcher bei eisernen durch Schrauben leicht herzustellen ist, unbedingt den Vorzug, denn sie erlauben die Anwendung einer höheren Spannung der Dämpfe und mit ihr eine Steigerung der Temperatur. **) —

---

*) Jahresbericht des Breslauer Gewerbe-Vereins vom 1. Mai 1840 bis 30. April 1841.

**) Fehlerhaft ist es, die Lumpen während des Kochens mit Steinen zu belasten, indem dadurch die Circulation der Laugen verhindert wird.

Die Zunahme der Temperatur der Dämpfe bei erhöhtem Drucke ist aus folgender Tabelle ersichtlich:

Druck des Dampfes in Atmosphären	Temperatur
1	80°
$1\frac{1}{2}$	90°
2	98°
$2\frac{1}{2}$	104°
3	109°
$3\frac{1}{2}$	113°
4	117°
$4\frac{1}{2}$	121°
5	124°

Eine viel Dampf sparende und ein sehr rasches Entleeren gestattende Aufstellung und Einrichtung des Kochapparates ist in Fig. 11. dargestellt. *A* ist ein elliptischer aus 2 Theilen zusammengeschraubter gusseiserner Kessel, dessen Höhe 7 bis 8 Fuss, und dessen grösster Durchmesser $4\frac{1}{2}$ bis 5 Fuss beträgt, die Wandstärke ist $\frac{7}{8}$ Zoll. Er ist oben und unten durch gut aufschliessende gusseiserne Platten geschlossen, von denen erstere mit einem Sicherheitsventil *a* versehen, mittelst Schnur und Rolle in die Höhe gehoben, und nach dem Betragen durch die Haken *b*, die in an den oberen Kesselrand angeschraubte Oehsen eingreifen, befestigt werden kann. Die untere Platte ist durch das Charnier *c* in fester Verbindung mit dem Kessel und um dieses beweglich; mittelst Haspel und Schnur, zu deren Befestigung der angeschraubte Haken *d* dient, ist ein Heraufziehen oder Herablassen der Platte leicht zu bewerkstelligen. Die Schliessung dieses Bodens vor dem Betragen wird durch gleiche Haken wie an der oberen Platte bewirkt. Es befindet sich endlich in der Mitte der Platte eine Oeffnung, die durch das mit einem Hahn versehene Rohr *e* verlängert ist. — Es ist dieser Apparat innerhalb des Röhrensystems angebracht, welches den Dampf vom Dampfentwickeler nach den Trockencylindern der Maschine führt, im Uebrigen aber wird dessen Locirung, ob derselbe hoch oder niedrig, im Freien oder im Innern der Gebäude aufzustellen ist, sich nach den vorhandenen Localitäten richten, so wird offenbar die Füllung mit grosser

Leichtigkeit ausgeführt werden, wenn er unmittelbar unter oder neben dem Bodenraume steht, in welchem sich die geschnittenen und zum Kochen bestimmten Lumpen befinden und man in diesem zugleich einen Wasserkasten zum Auflösen des Kalkes und der Soda oder Pottasche aufgestellt hat. — *f* ist das Hauptleitungsrohr, welches die Dämpfe unmittelbar zur Maschine führt und höher liegen muss als der höchste Wasserstand im Innern des Kochapparates, damit nicht aus diesem die zum Kochen bestimmte Flüssigkeit in dasselbe und von da in den Dampfkessel zurücktrete. Sobald der Apparat mit Lumpen und der geeigneten Flüssigkeit gefüllt, der obere Deckel befestigt ist, nöthigt man durch Schliessung des Hahnes *g* die Dämpfe ihren Weg durch das Rohr *h* zu nehmen, welches sie dicht über den untern Boden des Kessels in das Innere desselben eintreten lässt, wo sie sich zunächst in dem durchlöcherten Kupferohr *i* ausbreiten, welches längst der Wandung um den untern Theil des Kessels herumläuft, und aus dessen Oeffnungen ausströmend sie die Lumpen durchdringen und die darübergegossene Flüssigkeit ins Kochen versetzen. Die über der Flüssigkeit sich ansammelnden Dämpfe gelangen durch eine dicht unter dem oberen Deckel angebrachte Oeffnung in das auf- und absteigende Rohr *k*, in welchem bei *l* eine Siebscheibe angebracht ist zur Aufhaltung der etwa mechanisch mit fortgeführten Lumpen. Das Rohr *k* führt endlich die Dämpfe wiederum in das Hauptrohr *f* und von da zu den Trockencylindern der Maschine. Ein solcher Apparat von den angegebenen Dimensionen ist zur Aufnahme von 9—10 Ctr. Lumpen geeignet, und da die Dämpfe erst eine Spannung von ungefähr $1\frac{1}{4}$ Atmosphäre annehmen müssen, um den Druck der Lumpen und Flüssigkeit zu überwinden, wird man genöthigt sein, den Hahn *g* zum Theil geöffnet zu lassen, damit die Trockencylinder der Maschine nicht erkalten. — Die gewöhnlichen Hähne lassen nur eine unvollkommene Regulirung des durchströmenden Dampfes zu, daher bei diesen Dampfleitungen Schieberhähne den Vorzug verdienen. Die Construction eines solchen Schieberhahnes geht deutlich aus Fig. 12, 13, 14 hervor: *a* ist der Schieber, welcher sich innerhalb der gusseisernen Hülle in zwei Fugen luftdicht auf und abbewegen kann; mit diesem Schieber ist ein eisernes Stangenstück *b* verbunden, dessen oberer Theil in eine Schraube endet; diese Schraube geht in der mittelst des Handgriffes *c* drehbaren Mutter *d*, welche beweglich an das Eisenstück *e* befestigt ist, das ziemlich genau in den Hals des Hahnes passt und mit ihm durch die Schrauben *f* verbunden ist. Der Raum *g* ist zur dichteren Schliessung von Schraube und Mutter so wie Eisenstück und Hals mit Werg angefüllt. —

Was nun die Entleerung des Apparates nach vollendetem Kochen anbetrifft, so geht sie aus der Construction desselben von selbst hervor; durch den Hahn *e* wird zunächst die Flüssigkeit abgelassen und darauf der untere Deckel geöffnet, worauf denn die gekochten Hadern in einen darunter geschobenen Wagen fallen.*) —

Planche in dem bereits citirten Werke empfiehlt den von Bryan-Donkin angegebenen und von Firmin Didot frères ausgeführten Apparat zum Lumpenkochen und vor allen den von Planche und A. Rieder in Mulhouse angewendeten, ohne jedoch im Geringsten anzudeuten, welches ihre Vorzüge sind.

Es wurde im Anfange dieses Abschnittes hervorgehoben, dass das Kochen der Lumpen einen doppelten Zweck habe, nämlich sorgfältigere Reinigung und Angreifen der Faser bis zu einem gewissen Grade, daher werden dem Wasser alkalische Substanzen zugesetzt, die, wegen ihrer Fähigkeit organische Substanzen aufzulösen und zu zerstören, zur Erreichung jener beiden Zwecke gleich geeignet sind. Die Chemie bietet unter der Bezeichnung der Alkalien (Kali, Natron, Lithion und Ammoniak) und alkalischen Erden (Baryterde, Strontianerde, Kalkerde, Magnesia) der Technik 8 solcher Substanzen zur Auswahl dar, von denen Kali, Natron und Kalkerde, ihres ausgebreiteten Vorkommens wegen, vorzugsweise eine Anwendung im Grossen gestatten, und daher theils als kohlensaure Salze, theils in reiner Form (kaustisch) benutzt werden. — Das Kali und Natron, die Oxyde (Sauerstoffverbindungen) der Metalle Kalium und Natrium sind in Verbindung mit Kohlenräure die wesentlichen Bestandtheile der Pottasche und Soda. Wir sagen die wesentlichen, nicht die einzigen, wie dies aus der Darstellung ihres Vorkommens und ihrer Bildung sogleich näher einleuchtet.

---

*) Verf. dieses empfiehlt den beschriebenen Apparat heut noch eben so wie vor 5 Jahren, jedoch räth er an, ein besonderes Dampfleitungsrohr für denselben anzubringen, da die aus dem Apparat heraustretenden Dämpfe einen sehr unangenehmen Geruch besitzen, der sich leicht im Maschinensaale verbreitet.

Die Pottasche, von welcher man theils nach der Gegend ihres Ursprunges, theils nach dem Wege ihrer Versendung, Amerikanische, Russische, Deutsche, Mosel., Illyrische, Sächsische, Böhmische, Danziger, Heidelberger unterscheidet, wird aus der Asche von Pflanzen oder von ihnen herrührenden Substanzen — Weinhefe*) Weintestern, Runkelrübenmelasse**) — gewonnen. Die Verbindungen, welche die Asche enthält, sind nicht durchgehends dieselben, welche in den Pflanzen vorkommen; die hohe Temperatur hat bestehende zerstört und neue erzeugt. Die Basen (Kali und alle sich chemisch diesem ähnlich verhaltende Körper, welche in den Pflanzen mit organischen Säuren verbunden waren, finden sich in der Asche an Kohlensäure gebunden; es entsteht z. B. aus dem weinsauren und oxalsauren Kali beim Verbrennen der Pflanzen kohlensaures Kali. Die Zusammensetzung der Asche ist verschieden nach der Pflanzenspecies, aus welcher sie gewonnen, und nach der Zusammensetzung des Bodens, auf welchem die Pflanzen wuchsen: Strandgewächse enthalten vorzugsweise Natron, während die Pflanzen der Binnenländer an dessen Stelle Kali enthalten. Eben so ist die Menge der Asche sehr verschieden, je nach dem Saftreichthum der verbrannten Pflanzensubstanz; Kräuter z. B. geben mehr Asche als Sträucher, Sträucher mehr als

---

*) Die Hefe, welche man in einem gemeinschaftlichen Gefässe sammelt, nachdem der Wein gegohren hat und abgezogen ist, lässt man vollends absetzen, um sie von dem Rest des Weines zu trennen. Es bleibt ein zäher Schlamm, welcher zu etwa ¼ Ctr. in Säcke gebracht und abgepresst, darauf an der Sonne getrocknet und verbrannt eine vorzügliche Asche liefert, die unter dem Namen *cendres gravelées*, Weinhefenasche, Drusenasche, im Handel bekannt ist.

**) Die Fabrikation von Pottasche und Soda aus der Runkelrübenmelasse ist von Payen in dessen *Précis de Chimie industrielle* beschrieben. Die Melasse wird mit Wasser auf 11 Baumé verdünnt und mit Schwefelsäure bis zur schwachen Säuerung versetzt, bei 16° in grossen Kufen in Gährung gesetzt, indem auf 100 Theile Melasse 2½ Theile Hefe angewendet werden. Die gegohrene Flüssigkeit wird behufs Gewinnung des Alkohols destillirt, die Schlempe darauf bis zur Syrup-Konsistenz eingedampft und ruhig hingestellt, wodurch sich der Gyps (schwefelsaure Kalkerde) ausscheidet. Die klar gewordene braune Flüssigkeit wird in Flammenöfen geglüht und der Rückstand ausgelaugt. Die Lauge in flachen Pfannen eingedampft, setzt Chlorkalium ab und aus der Mutterlauge krystallisirt ein Doppelsatz von kohlensaurem Natron; die Mutterlauge wird zur Trockniss eingedampft und der Rückstand geglüht, er liefert gereinigte Pottasche. — Das Doppelsalz wird durch Umkrystallisiren und Zerfliessenlassen in seine Bestandtheile zerlegt und liefert natronhaltende Pottasche und kalihaltende Soda.

Räume, die Blätter mehr als der Stamm; Kartoffelstroh giebt 15 pCt. Asche, Nesseln 10,6 pCt., Farrenkraut 5 pCt., Platanenblätter 9,22 pCt., Hollunder 1,64 pCt., Heidelbeere 2,6 pCt., Eichenholz 0,2, Aeste 0,4, Rinde 6,0, Blätter 5,5 pCt., Tannenholz 0,2, Rinde 1,78, Nadeln 2,31 pCt.; Erscheinungen, die darin ihren Grund haben, dass die kohlensauren Verbindungen der Asche vorzugsweise aus den im Pflanzensafte aufgelösten Salzen herrühren.

In der Asche fast aller Pflanzen werden angetroffen; Chlorkalium und Chlornatrium, kohlensaures, schwefelsaures und kieselsaures Kali und Natron, oft auch mangansaures Kali (im Wasser lösliche Verbindungen), ferner kohlensaure und phosphorsaure Kalkerde und Talkerde, Manganoxyd, Eisenoxyd, Kieselsäure (in Wasser unlösliche Verbindungen). — Aus der Asche nun wird durch Auslaugen und Abdampfen zur Trockne eine von organischer Substanz braun gefärbte Salzmasse, rohe Pottasche (Ochras) gewonnen, welche zur Zerstörung der färbenden Substanz in Flammenöfen so lange calcinirt wird, bis sie vollkommen weiss oder bläulichweiss geworden ist. Dieses Glühen wurde ehedem in eisernen Töpfen (Potten) ausgeführt, woher der Name Pottasche. Es geht aus dieser Darstellung der Pottasche hervor, dass sie vorzugsweise aus den in Wasser löslichen Bestandtheilen der Asche besteht.

Die Quantität dieser löslichen Bestandtheile und somit auch die der daraus erhaltenen Pottasche ist aber sehr verschieden, je nach der Beschaffenheit der Hölzer, von welchen die Asche gewonnen wurde; so liefern 10000 Gewichtstheile der folgenden Pflanzen an Pottasche:

Ulmenholz	39	G.-Th.	Wicken	270	G.-Th.
Eichenholz	15	„	Brennnesseln	250	„
Eichenrinde	150	„	Wermuth	730	„
Buchenholz	15	„	Erdrauch	790	„
Hagebuchenholz	12,5	„	Farrenkraut	68	„
Pappelholz	7	„	Disteln	50	„
Lindenholz	50	„	Mohn	360	„
Weidenholz	30	„	Angelikakraut	960	„
Fichtenholz	4,5	„	Beifuss	325	„
Birkenholz	16	„	Attich	280	„
Buchsbaumholz	22,6	„	Erdäpfel	244	„
Nussbaumholz	23	„	Sonnenblume	147	„
Weinreben	55	„	Klee	8	„
Maisstengel	180	„	Weizenstroh	83	„
Bohnenstengel	200	„			

Unter den hier genannten Materialien sind es jedoch nur die Hölzer, und zwar vorzugsweise die schwereren, deren Asche im Grossen auf Pottasche verarbeitet wird.

Aber nicht nur die Menge des löslichen Theiles und der daraus erhaltenen Pottasche, sondern auch die Zusammensetzung derselben ist wiederum nach den verschiedenen Pflanzen höchst verschieden, so enthält in Procenten der

lösliche Aschentheil von	Kohlen-säure	Schwefel-säure	Salzsäure	Kiesel-säure	Kali und Natron
Lindenholz . . .	27,95	7,60	1,4	1,2	61,85
Birkenholz . . .	17,40	2,31	0,18	1,11	79,00
Tannenholz . . .	30,29	3,12	0,31	1.01	65,27
Fichtenholz . . .	22,25	14,45	0,59	1,32	61,40
Maulbeerholz . .	23,28	8,36	4,04	—	64,42
Nussbaumholz .	20,30	5,09	0,52	0,52	73,57
Hollunderholz .	24,34	6,50	0,41	0,18	68,77
Kartoffelstroh .	6,19	23,90	11.90	—	58,82

Es darf uns nun auch nicht wundern, dass in den verschiedenen käuflichen Pottaschen ein sehr verschiedener Gehalt an ihrem wesentlichen Bestandtheile, dem kohlensauren Kali angetroffen wird. Bs enthält nämlich an trocknem kohlensaurem Kali die Böhmische Pottasche 94,6 pCt., die Illirische I. 95,9 pCt., die Illirische II. 93,8 pCt., die Sächsische 61,2 pCt., die Heidelberger 68,0 pCt., die Toscanische 77,1 pCt., die Russische 72,7 pCt., die röthlich amerikanische 73,89 pCt., die amerikanische Perlasche 73,69 pCt., die Pottasche aus den Vogesen 42,8 pCt., die gereinigte Pottasche aus Runkelrübenmelasse 91,77 pCt.*)

---

*) Wir fügen hier einige vollständige von Pesier ausgeführte Pottaschen-Analysen bei:

Es enthalten in 100 Gewichtstheilen	Pottasche von Toscana	Russische Pottasche	Röthlich amerikanische Pottasche	Amerikanische Perlasche	Pottasche aus den Vogesen	gereinigte Pottasche aus Runkelrüben-melasse
Schwefelsaures Kali	13,47	14,11	15,32	14,38	38,84	1,197
Chlorkalium	0,95	2,09	8,15	3,64	9,16	4,160
Kohlensaures { Natron	74,10	69,61	68,04	71,38	38,63	76,440
Kohlensaures { Kali	3,00	3,09	5,85	2,31	4,17	16,330
Hygroscopisches Wasser	7,28	8,82	—	4,56	5,34	0,600
Unaufl. Substanz u. Verlust	1,20	2,28	2,64	2,37	3,80	1,149

Diese Unterschiede im Gehalt an kohlensaurem Kali sind so bedeutend, dass sie bei der Anwendung der Pottasche nothwendigerweise berücksichtigt werden müssen, denn das Festhalten einer bestimmten Menge würde entweder eine nutzlose Verschwendung der besseren Pottasche, wenn diese auf eine schlechtere Sorte folgt, oder im umgekehrten Falle eine unvollständige Erreichung des Zweckes zur Folge haben. Es ist daher unbedingt wichtig, dass auch der Papierfabrikant, welcher zum Kochen der Lumpen sich der Pottasche bedient, im Stande sei, die Güte derselben genau zu bestimmen. Gute Pottasche muss eine weisse oder bläulichweisse (von mangansaurem Kali herrührend) Salzmasse darstellen, welche nur wenige Kohlenstücke enthält; es ist jedoch die Färbung kein sicheres Kennzeichen ihrer Güte, denn diese ist theils von der Oertlichkeit, dem Klima, dem Boden, auf welchem die Hölzer wuchsen, theils davon abhängig, ob stärker oder schwächer calcinirt wurde, theils kann sie auch leicht zur Täuschung unerfahrener Käufer künstlich bewirkt werden. — Beim Auflösen im kochenden Wasser darf eine gute Pottasche nur einen geringen Rückstand von unlöslichen Stoffen lassen; betrügerische Beimengungen von Sand und andern derartigen Substanzen lassen sich hierbei leicht entdecken. Wie viel aber die Auflösung kohlensaures Kali enthält, kann nur auf chemischem Wege ermittelt werden, und es ist hier den Männern der Wissenschaft gelungen, die Methode dergestalt zu vereinfachen, dass auch der mit chemischen Arbeiten nicht vertraute Fabrikant sich derselben bedienen und ziemlich genaue Resultate erlangen kann. — Es wird nämlich der Gehalt an kohlensaurem Kali leicht gefunden aus der Menge einer Säure von bestimmter Sättigungscapacität, die zur Neutralisation einer bestimmten Menge Pottasche erforderlich ist. — Es ist diese Methode mit geringfügigen Abänderungen auch anwendbar zur Bestimmung des Gehaltes an kohlensaurem Kali in der Holzasche, des Kali's in der Kalilauge, des kohlensauren Natrons in der Soda und des Ammoniaks in der Ammoniakflüssigkeit und wird in chemischen Lehrbüchern unter der Rubrik Alkalimetrie gelehrt.*)

---

*) Man unterscheidet in Hinsicht ihrer chemischen Wirksamkeit 3 Klassen von Körpern: 1) indifferente Körper, 2) Säuren und Basen, 3) Salze. Die Säuren und Basen sind ausgezeichnet durch den Gegensatz, welcher zwischen

Die Säure, deren man sich zur Zersetzung des kohlensauren Kali's bedient, ist ausschliesslich Schwefelsäure, welche mit einer kräftigen Wirkung grosse Wohlfeilheit verbindet, allenthalben leicht zu haben ist und durch Nichtflüchtigkeit bei gewöhnlicher Temperatur hinreichende Sicherheit beim Abwägen oder Messen gewährt. — Zum richtigen Verständniss des Verfahrens bei Prüfung der Pottasche ist voranzuschicken:

1. Das kohlensaure Kali ($KO + CO^2$), wesentlicher Bestandtheil der Pottasche besteht aus

 100 Theilen Kohlensäure und 213,38 Kali, oder 100 Kali und 46,7 Kohlensäure;

---

ihnen stattfindet, in Folge dessen die Wirkung der einen durch die der andern mehr oder weniger vollständig aufgehoben wird. Die Säuren, deren Bezeichnung von dem sauren Geschmack herrührt, den die meisten von ihnen besitzen, färben blaue Pflanzenfarben roth; die Basen, im auflöslichen Zustande von laugenhaftem Geschmack, stellen die blaue Farbe wieder her; umgekehrt werden die gelben Pflanzenfarben durch Basen gebräunt, durch Säuren wieder hergestellt. Als Prototypen der Säuren können die Schwefelsäure, Chlorwasserstoffsäure (Salzsäure), Salpetersäure, Phosphorsäure, Oxalsäure genannt werden, während die Eigenschaften der Basen am ausgeprägtesten im Kali, Natron, Ammoniak auftreten. Diese drei nebst dem nur selten vorkommenden Lithion, bilden die Klasse der Alkalien, daher Alkalimetrie, eine Bezeichnung, die wir noch den Arabern verdanken, und die sich auf die Gewinnung der Pottasche und Soda bezieht, denn das arabische Wort *Kaljun* bedeutet die Asche verschiedener Pflanzen, namentlich der Salicornien (*al* arabischer Artikel). Im reinen Zustande lösen die Alkalien vegetabilische und thierische Substanzen auf, und haben daher, auf die Zunge gebracht, einen ätzenden, brennenden Geschmack, daher die Bezeichnung kaustisch vom griechischen $\varkappa\alpha\nu\sigma\tau\iota\varkappa\acute{o}\varsigma$, brennend, fressend. Mit Kohlensäure verbunden, haben sie diese Eigenschaft zum grössten Theil eingebüsst, daher man sie auch wohl in diesem Zustande als milde Alkalien bezeichnet. — Aus der Verbindung einer Säure und einer Basis entsteht ein Salz; eine Bezeichnung, welche von der fast immer vorhandenen Aehnlichkeit dieser Verbindungen mit dem gewöhnlichen Kochsalz hergenommen ist, welche aber, wie man sieht, sich auf eine sehr grosse Körperklasse bezieht. Man unterscheidet unter den Salzen neutral, sauer und basisch reagirende, je nachdem die Reaction auf Pflanzenfarben gänzlich verschwunden ist, wie im salpetersauren Kali (Salpeter) oder die Reaction der Säure (schwefelsaures Eisenoxydul, Eisen-Vitriol) oder der Basis (kohlensaures Kali) vorherrscht. Mit dieser Bezeichnung in einzelnen Fällen aber durchaus nicht nothwendig übereinstimmend, sind die Ausdrücke: neutrales, saures und basisches Salz, welche sich zunächst nicht auf die Reaction beziehen, sondern ein bestimmtes Quantitätsverhältniss zwischen der Säure und Basis voraussetzen, so sind die eben genannten drei Salze, trotz ihrer verschiedenen Reaction, sämmtlich neutrale Salze.

2. das kohlensaure Natron ($NaO + CO^2$) aus

100 Theilen Kohlensäure und 141,65 Natron, oder 100 Natron und 70,6 Kohlensäure;

3. die concentrirteste englische Schwefelsäure enthält

81,54 pCt. wasserfreie Säure und 18,46 pCt. Wasser;

4. schwefelsaures Kali ($KO + SO^3$) besteht aus

100 Theilen Schwefelsäure und 117,59 Theilen Kali;

5. das schwefelsaure Natron ($NaO + SO^3$) aus

100 Theilen Schwefelsäure und 77,83 Theilen Natron.

6. Endlich wird die Kohlensäure ans ihren Verbindungen durch Schwefelsäure vollständig ausgetrieben.

Aus 3. und 4. folgt nun, dass von der concentrirtesten englischen Schwefelsäure 100 Theile nur 95,88 Kali zur Neutralisation erfordern; fügt man dieser Säure bestimmte Quantitäten Wasser zu, so erhält man verdünnte Säuren, deren Sättigungscapacität jederzeit bekannt ist, und aus der verbrauchten Menge derselben wird man leicht die in einer abgewogenen Menge kalihaltiger Substanz befindliche Quantität reinen Kali's berechnen können. Mischten wir z. B. 100 Gran englischer Schwefelsäure mit so viel Wasser als nöthig ist, um ein in 100 Theile getheiltes Glasrohr (Alkalimeter) zu füllen, und wiegen 95,88 Gran der zu untersuchenden Substanz ab, so würde diese aus reinem Kali bestehen, wenn zu ihrer Neutralisation alle 100 Theile des Alkalimeters erforderlich wären, während jeder einzelne Grad 0,958 Gran Kali in der untersuchten Substanz oder 1 pCt. angiebt. Hat man aber ein kohlensaures Kali, also eine Pottasche, Asche u. s. w. zu untersuchen, so würde man nach 1. nicht 95,88 Gran, sondern 130,66 Gran abwiegen müssen, denn sind diese reines kohlensaures Kali, so würden, da ja darin 95,88 Gran Kali enthalten sind, wiederum jene 100 Theile Schwefelsäure zur Bildung von neutralem schwefelsaurem Kali hinreichen, und mithin wird jeder verbrauchte Grad wiederum 1 pCt. kohlensaures Kali anzeigen. — Wollte man dieselbe Probesäure zur Untersuchung von Natron und Soda anwenden, so würde man nach 3., 4. und 5. von der natronhaltenden Substanz 63,46 Gran und von der sodahaltenden nach 2. 108,26 Gran zu nehmen haben. Es ist dies im Wesentlichen die von Decroizilles und Gay-Lussac angewendete Methode. Das Decroizilles'sche Alkalimeter besteht aus einem circa 8 Linien weiten und 9 Zoll hohen Glasrohr, welches am oberen

Rande mit einem Ausguss und unten mit einem Fuss versehen ist. Das Rohr ist von oben nach unten in 100 gleiche Theile getheilt, von welchen jeder gleich 0,5 Kubiccentimeter oder gleich dem Raume von 0,5 Grammes Wasser ist. Die Probesäure besteht ferner aus 1 Theil der concentrirtesten englischen Schwefelsäure und 9 Theilen Wasser, so dass sie in 50 Kubiccentimeter ziemlich genau 5 Grammes Säure enthält. Hiermit wird vor der Untersuchung das Alkalimeter bis zur Zahl 0 angefüllt. Von der zu prüfenden Pottasche werden ebenfalls genau 5 Grammes abgewogen, in heissem, destillirten Wasser aufgelöst, falls ein ungelöster Rückstand verbleiben sollte, filtrirt, Filtrum und Rückstand gut ausgesüsst, die Lösung durch etwas Lackmus blau gefärbt und durch allmäliges Zusetzen der Säure neutralisirt. Ist die Neutralisation erfolgt, so beobachtet man den Stand der übrig gebliebenen Probesäure in dem Alkalimeter, und die dabei stehende Zahl giebt den Gehalt der Pottasche in alkalimetrischen Graden, welche anzeigen, wie viel Kilogramm Schwefelsäurehydrat nöthig sind, um 100 Kilogramm oder einen metrischen Centner Alkali zu neutralisiren. —

Da besonders französische und englische Fabrikanten den Gehalt ihrer Pottasche noch sehr häufig in Decroizilles'schen Graden angeben, so mag beifolgende Tabelle dazu dienen, die Grade des Alkalimeters auf Procente an kohlensaurem und reinem Kali zu reduciren.

T a b e l l e

zur Vergleichung der Decroizilles'schen Alkalimeter-Grade mit den Procenten von kohlensaurem und reinem Kali.

Grade des Alkalimeters.	Procente an kohlensaurem Kali.	Procente an reinem Kali.	Grade des Alkalimeters.	Procente an kohlensaurem Kali.	Procente an reinem Kali.	Grade des Alkalimeters.	Procente an kohlensaurem Kali.	Procente an reinem Kali.
1	1,41	0,96	10	14,10	9,61	19	26,79	18,26
2	2,82	1,92	11	15,51	10,57	20	28,20	19,22
3	4,23	2,88	12	16,92	11,54	21	29,61	20,18
4	5,64	3,85	13	18,33	12,50	22	31,02	21,14
5	7,05	4,81	14	19,74	13,46	23	32,43	22,10
6	8,46	5,77	15	21,15	14,42	24	33,94	23,06
7	9,87	6,73	16	22,56	15,38	25	35,35	24,02
8	11,28	7,69	17	23,97	16,34	26	36,66	25,00
9	12,69	8,65	18	25,38	17,30	27	38,07	25,96

Grade des Alkalimeters.	Procente an kohlensaurem Kali.	Procente an reinem Kali.	Grade des Alkalimeters.	Procente an kohlensaurem Kali.	Procente an reinem Kali.	Grade des Alkalimeters.	Procente an kohlensaurem Kali.	Procente an reinem Kali.
28	39,58	26,92	43	60.63	41.32	58	81,78	55,72
29	40,99	27,88	44	62.04	42.28	59	83,19	56,68
30	42,30	28,84	45	63.45	43.24	60	84,60	57.64
31	43,71	29,80	46	64.86	44.20	61	86,01	58,60
32	45,12	30,76	47	66.27	45,16	62	87,42	59.56
33	46,53	31,72	48	67,68	46,12	63	88.83	60,52
34	47,94	32,68	49	69,09	47,08	64	90,24	61,48
35	49,35	33,64	50	70,50	48,04	65	91,65	62,44
36	50.76	34,60	51	71,91	49,00	66	93,06	63.40
37	52,17	35,56	52	73.32	49,96	67	94,47	64,36
38	53,58	36,52	53	74,73	50,92	68	95,88	65.32
39	54.99	37,48	54	76,14	51,88	69	97,29	66.28
40	56.40	38,44	55	77,55	52.84	70	98,70	67,24
41	57,81	39,40	56	78,96	53.80	71	100,11	68,20
42	59,22	40,36	57	80,37	54,76	72	101,52	69,16

Gay-Lussac vervollkommnete die Decroizilles'sche Methode sehr wesentlich dadurch, dass er 1) genauere Zahlenwerthe für Säure und Alkali zu Grunde legte, 2) durch Einführung leicht zu handhabender Apparate die sorgfältigste Darstellung der Probesäure ungemein erleichterte, 3) durch eine einfache Vergrösserung oder Verminderung des Gewichts der zu prüfenden Substanz die alkalimetrischen Grade in Procente verwandelt. — Er stellt die Probesäure durch sorgfältiges Abwägen von 100 Gramm reiner Schwefelsäure von 1,8427 spec. Gew. (bei 15°) und 962,09 Gramm Wasser dar, welche nach geschehener Mischung und Abkühlung (auf 15°) genau den Raum von 1000 Kubiccentimetern oder 1 Litre einnehmen. Zur Ausführung einer Probe füllt man das Alkalimeter, welches wie das von Decroizilles in 100 halbe Kubiccentimeter getheilt ist, bis zum obersten Theilstrich, also dem Nullpunkt, mit Probesäure an. Da diese in 1000 Kubiccentimetern 100 Gramm Schwefelsäure enthält, so enthalten $\frac{100}{2} = 50$ Kubiccentimeter genau 5 Gramm, welche im Stande sind, 4,807[*]) Gramm reines, wasserfreies Kali zu neutralisiren. 4,807 Gramm werden denn auch von der auf Kali zu untersuchenden Substanz abgewogen, und

---

[*]) Nach den in neuerer Zeit genauer bestimmten Mischungsgewichten 4,798.

es ist nun klar, dass, wenn diese reines, wasserfreies Kali wäre, auch alle 100 Theile Probesäure zur Neutralisation verbraucht werden würden, und überhaupt jeder Theil verbrauchter Säure 1 Procent reines Kali in der untersuchten Substanz anzeigt.*)

Beide Methoden, sowohl die von Decroizilles als Gay-Lussac, haben den Uebelstand, dass sie reine Schwefelsäure erfordern, welche nicht Jedermann zur Hand ist und von Jedermann dargestellt werden kann, so dass es als eine sehr vortheilhafte Erweiterung des Princips zu betrachten ist, dass, nach Otto, jede beliebige Schwefelsäure zur Darstellung einer Probesäure benutzt werden kann. Das von ihm befolgte Verfahren ist einfach folgendes: Ohngefähr 2 Loth zerriebenes zweifach kohlensaures Natron, das von fremden Salzen vollkommen frei sein muss (aus der Apotheke zu beziehen), werden in einer Porcellanschale unter fortwährendem Umrühren so stark und so lange erhitzt, bis sie in einfach kohlensaures Salz verwandelt sind. Wenn eine über die Schale gelegte Glasplatte nicht mehr mit einem Thau von Wasser beschlägt, so ist die Verwandlung vollständig erfolgt. Von diesem trocknen kohlensauren Natron wiegt man 113 Gran ab, welche eben so viel Schwefelsäure zur Neutralisation erfordern, wie 100 Gran reines Kali, denn 113 Gran kohlensaures Natron enthalten nach 2. 66,19 Gran Natron, welche (5) 85,04 Schwefelsäure zur Bildung von schwefelsaurem Natron erheischen, während 85,04 Gran Schwefelsäure (4) zur Bildung von schwefelsaurem Kali 100 Gran Kali erfordern. — Man könnte statt 113 Gran kohlensaures Natron auch 147 Gran kohlensaures Kali nehmen, welche ebenfalls 100 Gran Kali enthalten, allein letzteres ist selten rein zu haben und wegen der Begierde, mit welcher es Wasser anzieht, schwer aufzubewahren und zu wiegen, daher jenes den Vorzug verdient. Diese 113 Gran kohlensaures Natron werden in etwa 6 Loth heissem Wasser aufgelöst und die Auflösung durch Zusatz von etwas Lackmustinktur blau gefärbt. Man füllt hierauf das Alkalimeter, d. h. die in 100 gleiche Theile getheilte, von oben nach unten von 0 bis 100 graduirte, etwa 14 Zoll lange und

---

*) Um mittelst der Gay-Lussac'schen Methode genaue Resultate zu erhalten, sind mehrere eigens dafür construirte Apparate erforderlich, deren Beschreibung wir indess hier unterlassen, da wir der Ansicht sind, dass der Fabrikant jedenfalls wohl thut, sich lieber der Graham'schen Methode bei Untersuchung von Potasche und Soda zu bedienen.

$\frac{5}{8}$ Zoll weite Glasröhre, bis 0 mit der verdünnten Schwefelsäure, welche aus 1 Theil der gewöhnlichen käuflichen englischen Schwefelsäure und etwa 12 Theilen Wasser gemischt worden ist*), und setzt von derselben in kleinen Portionen zu der heissen Auflösung des kohlensauren Natrons unter Umrühren mit einem Glasstabe genau nur so viel hinzu, dass die Farbe derselben eben hellroth wird und ein mit dem Glasstabe herausgenommener Tropfen das Lackmuspapier schwach roth färbt. In der verbrauchten Anzahl von Säuregraden ist natürlich so viel Schwefelsäure enthalten, als zur Sättigung von 100 Gran Kali erfordert wird (85,04 Gran Schwefelsäure). Um nun aus dieser Säure die Probesäure zu erhalten, von welcher gerade 100 Grade des Alkalimeters 100 Gran Kali, jeder Grad also 1 Gran sättigen soll, und welche daher bei Benutzung von 100 Gran einer Kali oder kohlensaures Kali enthaltenden Substanz zur Prüfung, Procente an Kali anzeigt, muss man die verbrauchten Grade dieser Säure mit so viel reinem Wasser verdünnen, dass sie 100 Grade ausmachen. Hat man z. B. von der Säure 90 Grade zum Neutralisiren der 113 Gran kohlensauren Natrons nöthig gehabt, so müssen 90 Vol. derselben mit 10 Vol. Wasser vermischt werden, um die Probesäure zu erhalten: man bekommt so 100 Vol. Probesäure, welche genau die zur Neutralisation von 100 Gran Kali erforderliche Menge Schwefelsäure enthalten.

Die Prüfung einer Pottasche findet nun in ähnlicher Weise wie die Darstellung der Probesäure statt. Man füllt nämlich das Alkalimeter bis 0 mit der Probesäure, wiegt darauf 100 Gran der Pottasche ab, giebt dieselbe in einen Mörser und zerreibt sie mit einigen Loth kochenden Wassers; löst sie sich vollständig auf, so giesst man den Inhalt des Mörsers in ein 8 bis 9 Zoll hohes Becherglas oder einen Glascylinder, spült den Mörser mit heissem Wasser nach und giesst, wenn es nöthig, noch so viel heisses Wasser in das Glas, dass die Menge desselben ohngefähr 4 bis 6 Loth beträgt. Löst sich die Pottasche nicht vollständig auf, so muss man filtriren und das Filter mit heissem Wasser aussüssen. Man färbt dann die

---

*) Man wird gut thun, sich gleich von vornherein eine etwas grössere Quantität dieser Säure anzufertigen, um desto länger mit einer und derselben Säure operiren zu können.

heisse Lösung durch Zugeben von etwas Lackmustinktur*) blau und setzt von der Probesäure aus dem Alkalimeter nach und nach und unter öfterem starken Umrühren mit einem Glasstabe so viel hinzu, bis an die Stelle der blauen und violetten Färbung eine hellrothe tritt und ein Tropfen der Flüssigkeit, auf Lackmuspapier gestrichen, einen, wenn auch schwach rothen Fleck hervorbringt. Die Anzahl Grade verbrauchter Säure entsprechen Procenten an Kali in der Pottasche.

Handelt es sich darum, den Gehalt von kohlensaurem Kali in Procenten auszudrücken, so konnte man, da 100 Gran Kali 147 Gran kohlensaures Kali geben, ursprünglich 147 Gran Pottasche abwiegen, wo dann die verbrauchten Grade Probesäure Procente an kohlensaurem Kali anzeigen, oder man findet aus den Procenten an Kali leicht die an kohlensaurem Kali durch die Proportion:

$$n \text{ (Grade verbr. Probes.)} : x \text{ (pCt. an kohlens. Kali)} = 100 : 147$$

$$x = \frac{147}{100} \cdot n = 1{,}47\,n,$$

man hat also nur die Procente an Kali mit 1,47 zu multipliciren, um die Procente an kohlensaurem Kali zu erhalten. Folgende Tabelle enthält die Resultate der für alle Fälle ausgeführten Multiplicationen:

T a b e l l e,

welche die dem Kali entsprechenden Mengen von kohlensaurem Kali angiebt.

Von Gay-Lussac.

Kali.	Kohlensaures Kali.	Kali.	Kohlensaures Kali.	Kali.	Kohlensaures Kali.
1.	1,47	7.	10,27	13.	19,07
2.	2,93	8.	11,73	14.	20,53
3.	4,40	9.	13,20	15.	22,00
4.	5,87	10.	14,67	16.	23,47
5.	7,33	11.	16,13	17.	24,93
6.	8,80	12.	17,60	18.	26,40

---

*) Zur Darstellung der Lackmustinktur übergiesst man 1 Loth Lackmus mit 8 Loth warmen Wassers, lässt ihn unter bisweiligem Umrühren 12 Stunden stehen, und giesst dann die klare blaue Flüssigkeit von dem Bodensatze ab. Zur Bereitung von Lackmuspapier wird feines, nicht sehr geblautes Briefpapier mehrere Mal mit dieser Tinktur bestrichen.

Kali	Kohlensaures Kali.	Kali.	Kohlensaures Kali.	Kali.	Kohlensaures Kali.
19.	27,87	36.	52,80	53.	77,74
20.	29,33	37.	54,27	54.	79,20
21.	30,80	38.	55,74	55.	80,67
22.	32,27	39.	57,20	56.	82,14
23.	33,73	40.	58,67	57.	83,60
24.	35,20	41.	60,14	58.	85,07
25.	36,67	42.	61,60	59.	86,54
26.	38,13	43.	63,07	60.	88,00
27.	39,60	44.	64,54	61.	89,47
28.	41,07	45.	66,00	62.	90,94
29.	42,53	46.	67,47	63.	92,40
30.	44,09	47.	68,94	64.	93,87
31.	45,47	48.	70,40	65.	95,34
32.	46,97	49.	71,87	66.	96,80
33.	48,40	50.	73,34	67.	98,27
34.	49,87	51.	74,80	68.	99,74
35.	51,34	52.	76,27		

Die Anfertigung der Probesäure aus Schwefelsäure ist, wie nicht geläugnet werden kann, auch nach der Grahamschen Methode etwas umständlich, daher haben Buchner und Wittstein neuerdings die Anwendung der Weinsteinsäure zu derartigen alkalimetrischen Untersuchungen vorgeschlagen. Die Weinsteinsäure hat nämlich vor der Schwefelsäure den Vorzug, dass sie fest ist, hinreichend rein im Handel vorkommt und also die nöthige Menge Säure jedes Mal leicht abgewogen werden kann. 100 Gramm Weinsteinsäure neutralisiren aber 62,77 Gr. Kali oder 92,11 Gr. kohlensaures Kali oder 41,55 Gr. Natron oder 70,88 Gr. kohlensaures Natron. Wendet man daher 10 Gr. Weinsteinsäure an, so würde man, je nachdem man auf Kali, Pottasche, Natron oder Soda untersucht, von der zu prüfenden Substanz, 6,27; 9,21; 4,15; oder 7,08 Gr. abzuwiegen haben. Löst man die 10 Gr. Weinsteinsäure in so viel Wssser auf, dass ein in 100 Theile getheiltes Alkalimeter gefüllt wird, so wird jeder verbrauchte Theil der Säure 1 pCt. der respectiven Substanzen anzeigen.

Die Anwendung der Weinsteinsäure hat jedoch nicht nur Vortheile, sondern auch Nachtheile, die ganz besonders darin bestehen, dass die Auflösung derselben zum Schimmeln geneigt ist; man muss daher bei jedem einzelnen Versuche die Säure in fester Form abwiegen, hat daher jedesmal eine Wägung mehr zu machen als bei Anwendung von Schwefelsäure, was abgesehen von dem dadurch verursachten Aufenthalt, aller der dabei möglichen Fehler wegen kein geringer Uebelstand ist. Bei Weitem mehr empfiehlt sich die von Mohr vorgeschlagene Anwendung von Kleesäure wovon p. 60 die Rede sein wird.

Will und Fresenius haben eine einfache, und da die Wage den Ausspruch giebt, in mancher Hinsicht noch genauere Methode angegeben, den Gehalt einer Pottasche oder Soda an kohlensaurem Kali oder Natron durch das Gewicht der entweichenden Kohlensäure zu bestimmen: von 147 G.-Th. abgewogenem, reinen kohlensauren Kali werden nämlich 47 G.-Th. Kohlensäure entweichen und mithin bei der Untersuchung einer, kohlensaures Kali enthaltenden Substanz, je 47 G.-Th. entwichener Kohlensäure auf 100 G.-Th. Kali oder 147 G.-Th. kohlensaures Kali schliessen lassen. Der Einfachheit halber geschieht die Bestimmung dieser Kohlensäure aus dem Gewichtsverlust, welchen die mit Säure und allem Zubehör abgewogene Vorrichtung durch das Entweichen derselben erleidet. Die aus der wässrigen Lösung sich entwickelnde Kohlensäure führt jedoch Wasserdämpfe mit fort, welche nicht wieder aufgefangen, nothwendiger Weise die Richtigkeit der Probe beeinträchtigen, da ja der Gewichtsverlust nicht allein von Kohlensäure, sondern auch von Wasser herrühren würde. Wie dieser Uebelstand in dem Apparate von Will und Fresenius auf eine sinnreiche Art vermieden und noch obendrein die nothwendige Erwärmung der Flüssigkeit durch denselben nebenbei und ohne Feuer besorgt wird, geht aus seiner Einrichtung von selbst hervor. *A* (Fig. 15) ist ein grösserer Kolben von 2—3 Unzen Gehalt, worin die Zersetzung vor sich geht, *B* ein etwas kleinerer für concentrirte englische Schwefelsäure. Beide sind zur Aufnahme der drei Röhren *a*, *c* und *d* mit doppelt durchbohrten Korken versehen. Die Röhre *a* gehört dem Kolben *A* allein an und taucht darin unter den Spiegel der Flüssigkeit; eben so gehört *d* dem Kolben *B* an, und reicht ebenfalls nur durch den Kork. Das Rohr *c* endlich mündet auf der einen Seite in dem leeren Halse von *A*, um nach einer zweimaligen Biegung mit dem andern Ende in die Schwefelsäure in *B* einzutauchen. Die Mündung von *a* ist während des Versuchs mit einem Wachspfropf verschlossen, so dass dem ganzen Apparat überhaupt keine andere Oeffnung als die Mündung von *d* bleibt. Man übergiesst nun in dem Kolben *A* die abgewogene Probe mit so viel Wasser, dass derselbe etwa zum dritten Theil angefüllt ist, und bringt den Apparat, nachdem man die Oeffnung *b* mit einem Wachspfropf geschlossen hat, auf der Wage ins Gleichgewicht. Die Zersetzung kann nunmehr vor sich gehen und wird dadurch in Gang gebracht, dass man mit dem Munde an dem Rohr *d* etwas Luft aussaugt. Diese tritt nicht allein aus *B*, sondern auch aus *A* aus, weil beide Kolben durch *c* in Verbindung stehen; man sieht daher Luftblasen von *A* her durch die Schwefelsäure streichen. So wie man den Mund von *d* entfernt, wird die äussere Luft sich mit der innern, verdünnten ins Gleichgewicht setzen, was in Bezug auf *A* nur dadurch geschehen kann, dass ein Theil der Schwefelsäure in *B* durch *c* hinübergedrückt wird. Die Kohlensäure, welche nun unter Aufbrausen und Erwärmung der Flüssigkeit in *A* entweicht, hat keinen andern Ausweg als durch das Rohr *e* in den Kolben *B* und durch die Schwefelsäure ins Freie. Eben diese Schwefelsäure verdichtet nun mit grosser Kraft allen Wasserdampf und hält ausserdem noch Alles zurück, was der Gasstrom durch Verspritzen aus *A* etwa zu entführen droht. Nach mehrmaliger Wiederholung dieses Vorganges ist die Zersetzung beendigt. Es bleibt nun ein Antheil Kohlensäure in dem Raume des Apparates, der vorher mit Luft erfüllt war, ein anderer Antheil bleibt in der mittlerweile kalt gewordenen Salzlösung zurück. Beide müssen vor dem Nachwiegen entfernt werden. Zu dem Ende bewirkt man durch Saugen an dem Rohr *d* wie anfangs das Uebertreten von so viel Schwefelsäure auf einmal, als nöthig ist, um eine starke Erwärmung in *A* hervorzubringen, wodurch die aufgelöste Kohlensäure entweicht und mit derjenigen, welche sonst noch im Apparat zurückgeblieben, entfernt werden kann. Es genügt nämlich, durch Hinwegnahme des Wachspfropfens *b* die Mündung von *a* zu öffnen und alsdann bei *d* eine Zeit lang Luft durch die Kolben zu saugen, bis diese alle Kohlensäure vor sich her ausgetrieben hat. Ist darauf die ganze Vorrichtung erkaltet und auf die Wage zurückgebracht worden, so ergiebt sich die Menge der entwichenen Kohlensäure aus der Grösse des Gewichtes, welches man zur Herstellung des Gleichgewichtes dem Apparate zulegen muss. — 100 Kohlensäure entsprechen nach 1. 213,38 Kali oder 313,38 kohlensaurem Kali; nimmt man daher 313,4 Gewichtstheile Pottasche zur Untersuchung, so wird jeder verschwundene Gewichtstheil

Kohlensäure 1 pCt. kohlensaures Kali anzeigen. Bei Anwendung des Grammengewichtes ist es leicht, die Quantitäten nach dem jedesmaligen Bedürfniss zu wählen, denn 3134 Milligrammen = 3,134 Grammen = 51,6 Gran ist noch eine hinreichend kleine Quantität, welche sogar in diesem Falle mit Vortheil verdoppelt werden kann, um den beim Abwiegen etwa begangenen Fehler verhältnissmässig kleiner zu machen; man wiege also 627 Centigramme = 6,27 Gramm ab, wo dann je 2 Centigramm 1 pCt. kohlensaures Kali anzeigen. Bei Anwendung des Medicinal-Gewichtes würde man am besten thun, 62,7 Gran abzuwiegen, wo dann jede 0,2 Gran Gewichtsverlust 1 pCt. kohlensaures Kali anzeigen. Für jede andere zur Untersuchung angewandte Menge würden folgende Formeln zur Bestimmung des Procentgehaltes dienen: ist a das Gewicht der Substanz, c das Gewicht der entschwundenen Kohlensäure, so giebt

$$31,9 : 100 = c : x^*)$$
$$x = 3,13\, c$$

die absolute Menge kohlensauren Kali's in der zur Untersuchung angewandten Substanz und die Proportion

$$a : x = 100 : y$$
$$y = \frac{100}{a} \cdot x = \frac{313}{a} \cdot c$$

den Procentgehalt von kohlensaurem Kali.

Die grosse Vollkommenheit, welche die Glasbläserei in neuester Zeit erreicht hat, hat es möglich gemacht, die Kolben A und B Fig. 15 in einem Apparate zu vereinigen und dadurch das Gewicht desselben bedeutend zu vermindern. Aus Fig. 16, 17 und 18 sind die successiven Vervollkommnungen des Will und Fresenius'schen Apparats ersichtlich. Der etwa 2 Unzen fassende Kolben A Fig. 16 ist bei b zu einem dünnen Hals ausgezogen, der sich nach oben zu dem becherartigen Gefässe B erweitert. An der Seitenwand des Kolbens A befindet sich ein Tubulus, in welchem mittelst eines Korkes die feine Glasröhre a befestigt ist. In den Hals b passt genau das eingeriebene Glasrohr $c\,d$, welches bei e und f zwei Seitenöffnungen hat und zwischen diesen bei g zugeblasen ist. Ausserdem ist in die untere Oeffnung dieses Rohres das feine Röhrchen h

---

*) Es enthalten nämlich nach (1) 100 G.-Th. kohlensaures Kali 31,9 Kohlensäure.

eingesetzt, welches bis über die Flüssigkeitsschicht in *B* hinaufreichen muss. Bei Anwendung dieses Apparates bringt man die zu untersuchende Pottasche durch den Tubulus in das Gefäss *A*, übergiesst sie mit so viel Wasser, dass die untere Mündung des Rohres *A* bedeckt wird und verschliesst die obere Mündung mit einem Pfropf aus Wachs. Man setzt darauf das Rohr *cd* fest in den Hals *b*, giesst Schwefelsäure in das Gefäss *B* bis nahe an *h* und verschliesst die obere Oeffnung von *B* mittelst eines Kautschuckrohres, welches theils um das Glasrohr *cd*, theils um den oberen Rand von *B* mittelst Seidenfaden festgebunden wird. Hierauf bestimmt man genau das Gewicht des Apparates nebst Inhalt. Wird nun das Rohr *cd* etwas gelüftet, so fliesst Schwefelsäure in das Gefäss *A* ab und veranlasst die Zersetzung der Pottasche; die frei werdende Kohlensäure kann nur durch das Röhrchen *h* entweichen, tritt durch *e* in die Schwefelsäure, der sie ihr Wasser abgiebt und gelangt getrocknet durch *f* und *d* ins Freie. Nach erfolgter Zersetzung wird *a* geöffnet, bei *d* so lange Luft gesogen als der Geschmack noch die Gegenwart von Kohlensäure anzeigt und endlich nach vollständiger Abkühlung der Apparat wiederum gewogen.

Noch einfacher ist der Apparat Fig. 17, zu dessen Erklärung wenig Worte hinreichen: *A* ist wiederum der Zersetzungs-, *B* der Schwefelsäure-Apparat; beide communiciren durch die Röhren *a* und *b*, welche in die auf- und abwärts gebogenen Röhrchen *cd* und *ef* auslaufen. Soll die Zersetzung beginnen, so wird der Apparat so gebogen, dass durch das Rohr *b* Schwefelsäure nach *A* gelangen kann, diese bildet nun selbst in dem Röhrchen *ef* einen Verschluss und die Kohlensäure kann wiederum nur durch *cd* und die Schwefelsäure entweichen.

Endlich lässt der Apparat Fig. 18 an Einfachheit und bequemer Handhabung nichts zu wünschen übrig. Die Gefässe *A* und *B* communiciren hier durch den Hahn *a*, mittelst dem man Schwefelsäure aus dem oberen Gefäss in das untere ablassen kann und durch das Rohr *bcd*, welches mit der Mündung *d* bis in die Schwefelsäure reicht und zur Entweichung der Kohlensäure dient.

Die bisher beschriebenen Apparate sind sämmtlich darauf eingerichtet, dass die zur Zersetzung der Substanz und zum Trocknen der entweichenden Kohlensäure angewendete Säure ein und dieselbe (Schwefelsäure) sei; allein es kann oft wünschenswerth sein, die Zersetzung durch eine andere Säure, Weinsteinsäure, Oxalsäure u. s. w. zu bewirken, während zum Trocknen der Kohlensäure vorzugsweise die Schwefelsäure geeignet bleibt. Für diese Fälle ist der in Fig. 19 abgebildete Apparat construirt. *A* ist wiederum der Zersetzungskolben, welcher mit dem Recipienten *B* zur Aufnahme der zersetzenden Säure durch den Hahn *a* und die Zuflussröhre *b c* communicirt. Das Ende der letzteren ist aufwärts gebogen, damit selbst bei geöffnetem Hahn keine Entweichung der Kohlensäure durch dieselbe stattfinden kann. Die Kohlensäure hat, nachdem das Röhrchen *d* wieder mit Wachs verschlossen ist, den einzigen Ausweg durch das Rohr *ef*, dessen oberer Theil von dem kleinen Recipienten *C* umgeben ist, welcher durch das Rohr *g* mit der Kugel *D* in Verbindung steht. In diese wird vor Beginn der Zersetzung Schwefelsäure gegossen, welche sofort in den Recipienten *C* überfliesst und diesen etwa zur Hälfte ausfüllen kann. Die sich nun entwickelnde Kohlensäure sammelt sich demnach zunächst in *C* über der Schwefelsäure an, drängt letztere nach und nach nach *D* zurück bis die Mündung des Rohres *g* frei wird, worauf sie, in der Schwefelsäure aufsteigend, durch das Rohr *h* entweicht. *)

Beide hier auseinandergesetzten alkalimetrischen Proben sind nicht als strenge Analysen zu betrachten, sondern nur als Messungen, welche die Grösse der Wirkung einer Pottasche auf Säuren mit Genauigkeit zu erkennen geben. Um nur eine Fehlerquelle zu erwähnen, wenn beide Alkalien neben einander vorkommen, wie den angeführten Analysen zufolge dies ja sehr häufig der Fall ist, so wird dies von den Alkalimetern beider Art weder der Menge nach ermittelt, noch überhaupt angezeigt. **)

---

*) Sämmtliche hier beschriebenen Apparate sind in Berlin stets vorräthig zu haben bei I. C. F. Luhme, Kurstrasse No. 51.

**) Für den Papierfabrikanten ist es von keinem grossen Belang, ob seine Pottasche etwas Natron oder seine Soda Kali enthält, allein bei anderen Industriezweigen kann dies allerdings von Wichtigkeit sein. Für diese hat Pesier eine sehr sinnreiche Methode angegeben, den Natrongehalt einer Pottasche in Procenten zu bestimmen. Er benutzt die Eigenschaft einer gesättigten Auflösung von schwefelsaurem Kali durch den Zusatz von schwefelsaurem Natron eine Zunahme an Dichtigkeit zu erfahren und nachdem er die kohlensauren Salze in schwefelsaure verwandelt, liest er an einem eigens zu diesem Zweck construirten Aräometer die Natronprocente ab. — (Dingler's polytechn.

Was aber die leichtere Anwendbarkeit der einen oder anderen Methode anbetrifft, so gewährt zwar das Zumessen der Säure nach Gay-Lussac allerdings den Vortheil, dass kleine Gewichtsmengen Säure in einem verhältnissmässig grossen Raum enthalten und an einer langen Scala abgelesen werden, allein die hieraus entspringende Genauigkeit erleidet durch die fremden Salze mit flüchtigen Säuren entweder starken Abbruch oder es werden zu deren Beseitigung dem Praktiker Verrichtungen zugemuthet, welche grosse Vertrautheit mit der praktischen Chemie voraussetzen, und auf welche näher einzugehen uns allzusehr von unserm Gegenstande entfernen würde. Auch ist die richtige Erfassung des Sättigungspunktes nach der Farbenänderung des Lackmus keineswegs leicht und setzt einige Uebung voraus. Dasselbe gilt von der Anfertigung der Probesäure in noch höherem Grade, indem Alles von der Genauigkeit derselben abhängt. Es dürfte daher für den Fabrikanten die letztere Methode sich brauchbarer erweisen, als erstere. Bei dieser kann ein nicht unbedeutender Fehler daraus entspringen, dass die in der Pottasche befindlichen kaustischen Alkalien, welche ja zur Güte derselben wesentlich beitragen, durch die entweichende Kohlensäure nicht angegeben werden; um diesen jedoch zu vermeiden, reicht es hin, die Probe feucht mit $\frac{1}{4} - \frac{1}{3}$ ihres Gewichtes kohlensaurem Ammoniak*) zu mengen und bei starker Hitze einzutrocknen, wodurch alles Aetzkali kohlensauer wird.**)

Das kohlensaure Kali zieht sehr begierig Feuchtigkeit aus

Journal, Bd. CXXIII, p. 135.) Handelt es sich nicht um puantitative Bestimmung, sondern nur um den Nachweis, ob Natron in der Pottasche vorhanden ist oder nicht, so ist hierfür das metaantimonsaure Kali ein sehr empfindliches Reagens. (*Annales de chimie et de physique*, XXIII. p. 385.)

*) Man kann dieses Salz aus einer Apotheke beziehen oder es sich sehr leicht durch Hineinleiten von Kohlensäure in Ammoniakflüssigkeit bereiten. Die Kohlensäure durch Uebergiessen von Kreide mit Schwefelsäure oder besser, Salzsäure.

**) Wie wichtig es übrigens ist, dieses Erhitzen mit kohlensaurem Ammoniak bei jeder Pottaschenprüfung vorzunehmen, geht daraus hervor, dass z. B. die amerikanische Steinasche (ätzende, rothe amerikanische Pottasche) an 42 pCt. Kalihydrat neben 40 pCt. kohlensaurem Kali enthält. Man macht nämlich in Amerika die Pottasche mittelst Kalk absichtlich ätzend, damit sie bei den empirischen Proben, die sehr viele Consumenten noch immer allein anwenden, also gegen Geschmack, Gefühl u. s. w., sich stärker verhalte, als sie wirklich ist.

der Luft an und zerfliesst, daher auch die Pottasche in gut verschlossenen Fässern aufzubewahren ist. Es ist jedoch unvermeidlich, dass aus einem angebrochenen Fasse die zur Hervorbringung einer bestimmten Wirkung berechnete Menge täglich
mehr Wasser und verhältnissmässig weniger kohlensaures Kali
enthält. Dieser Umstand, verbunden mit der ausgebreiteteren
Darstellung der künstlichen Soda und der dadurch veranlassten
grösseren Billigkeit derselben, haben auch in der Papierfabrikation die Anwendung der Pottasche sehr vermindert und bewirkt, dass viel mehr das kohlensaure Natron in Gestalt der
Soda zu gleichem Zwecke verwendet wird.

Die Soda.

Sämmtliche in der Technik angewandte Pottasche hat ein
und denselben Ursprung, nämlich die Asche der Pflanzen; anders verhält es sich mit der Soda, welche theils fertig gebildet
in der Natur vorkommt, theils aus der Asche von Strandgewäch-
sen gewonnen, theils aus Kochsalz auf verschiedene Weise erzeugt wird. Fanden sich daher schon bei der Pottasche im
Gehalte an kohlensaurem Kali solche Differenzen vor, dass sie
die Berücksichtigung des Technikers verdienten, so ist dies in
einem noch weit höheren Grade bei den verschiedenen Soda-
sorten mit dem Gehalt an kohlensaurem Natron der Fall. —
Fertig gebildet findet sich die Soda als eine mineralische Masse,
die bei dem Eintrocknen der sogenannten Natronseen im Som-
mer zurückbleibt. So in Aegypten im Westen des Delta und
in der Nähe von Fezzan; es besteht dieselbe vorzugsweise aus
anderthalbkohlensaurem Natron und hat von den Mineralogen
den Namen Trona erhalten. Das bei Mexiko vorkommende Salz
führt den Namen Urao. In Ungarn findet sich die natürliche
Soda im Bicharer Comitat, bei Maria-Theresiazel, ferner in Klein-
Kumanien bei Shegedin u. a. O. Das Salz, daselbst Szekso
genannt, wittert als schneeweisse Kruste aus dem Boden, welche
man in der Frühe vor Sonnenaufgang als eine, durch mitge-
fegte Erde unreine graue Masse zusammenkehrt. Durch Auslaugen, Eindampfen und Glühen wird sie so viel als möglich
von fremden Bestandtheilen befreit. Die Gewinnung und der
Verbrauch dieser Soda sind verhältnissmässig sehr unbedeutend;
schon weniger ist dies der Fall bei der aus Pflanzenasche gewonnenen. Wie schon erwähnt, enthalten die Strandgewächse

in ihrem Safte pflanzensaure Salze, in denen das Natron die Stelle des Kali's eingenommen hat, und es ist leicht aus dem Chlornatrium- (Kochsalz-) Gehalt des Seewassers die Quelle dieses Natrongehalts zu finden. So wie bei der Darstellung der Pottasche, werden nun durch Verbrennen der getrockneten Kräuter die pflanzensauren Salze in kohlensaure umgewandelt. Das Verbrennen geschieht in etwa 3 Fuss tiefen Graben und wird mehrere Tage hindurch fortgesetzt, so dass sich eine solche Gluth erzeugt, dass die Asche zu einer halbverschlackten Masse zusammenbackt, die ausgebrochen als natürlich rohe Soda versendet wird. Man unterscheidet hiervon mehrere Arten: Die Barilla, die Asche der Salsola soda, welche in Spanien durch jährliches Aussäen förmlich angebaut wird. Sie ist die werthvollste und war früher im Handel sehr geschätzt; sie bildet feste, derbe, schlackige, dunkelaschgraue Stücke von 25 bis 30 pCt. reinem kohlensauren Natron. — Salicornia enthält 14 bis 15 pCt. kohlensaures Natron nnd wird an den französischen Küsten des Mittelmeeres (bei Narbonne) aus der ebenfalls zu diesem Zwecke angebauten Salicornia annua gewonnen. — Den Namen Blanquette führt eine Soda von 3 bis 8 pCt., welche zwischen Frotignan und Aiguemorte aus allen daselbst wachsenden Strandpflanzen, wie Salicornia europaea, Salsola tragus und kali, Atriplex portulacoïdes, Statice limonium, erzeugt wird. — Varec und Kelp sind Aschen von Seetang an den Nordseeküsten, die erstere in der Normandie, letztere in Schottland, Irland und den Orkney's gewonnen. Sie treten eigentlich aus der Reihe der Sodaarten bereits heraus, da sie nur an 2 pCt. kohlensaures Natron enthalten; ihr Gehalt an Chlornatrium lässt sie in der Seifensiederei, wie der an Jodkalium zur Joddarstellung Anwendung finden.*) — Dass in neuerer Zeit aus der Runkelrüben-

---

*) Eine sehr sorgfältige Analyse des schottischen und irländischen Kelp hat W. Braun neuerdings geliefert, welche wir hier mittheilen, nur um zu zeigen, wie complicirt diese künstlichen Sodasorten zusammengesetzt sind. Es enthält der Kelp

an löslichen Bestandtheilen:		an unlöslichen Bestandtheilen:	
Schwefelsaures Kali	4,527	Kohlensaurer Kalk	2,591
Schwefelsaures Natron	3,600	Phosphorsaurer Kalk	10,556
Schwefelsaurer Kalk	0,279	Schwefelcalcium	1,093
Schwefelsaure Kalkerde	0,924	Kieselsaurer Kalk	3,824
	Summa 9,330		Summa 18,064

melasse Soda dargestellt werde, haben wir bereits pag. 35 erwähnt.*) — Die Hauptquelle aber endlich der in der Technik eine so ausgedehnte Anwendung findenden Sode ist uns von Leblanc zur Zeit der französischen Revolution in der künstlichen Bereitung derselben eröffnet worden. Es wird hierzu das schwefelsaure Natron (Glaubersalz) benutzt, welches theils als Nebenprodukt bei der Salzsäurefabrikation gewonnen, theils besonders hierzu dargestellt wird. Durch Glühen dieses Salzes mit Kohle wird es nämlich zuerst in Schwefelnatrium verwandelt, indem der Sauerstoff sowohl der Säure als des Natron's mit dem Kohlenstoff zu Kohlensäure sich verbindet und entweicht; das Schwefelnatrium darauf mit kohlensaurer Kalkerde (kohlensaurem Calciumoxyd, Kalkstein, Kreide) erhitzt, giebt Schwefelcalcium und kohlensaures Natron. Beide Processe werden in einem und demselben Ofen ohne Unterbrechung ausgeführt, und da die Trennung des kohlensauren Natrons von dem allerdings schwer auflöslichen Schwefelcalcium dadurch erschwert wird, dass beim Behandeln der zusammengeschmolzenen Masse mit Wasser der letztere Process rückgängig wird, indem sich wiederum Schwefelnatrium und kohlensaure Kalk-

an löslichen Bestandtheilen:		an unlöslichen Bestandtheilen:	
Transport	9,330	Transport	18,064
Schwefligsaures Natron	0,784	Kohlensaure Kalkerde	6,554
Unterschwefligsaures Natron	0,220	Sand	1,575
Schwefelnatrium	1,651	Thonerde	0,142
Phosphorsaures Natron	0,540	Kohle	0,920
Kohlensaures Natron	5,306	Wasserstoff	0,144
Chlorkalium	26,491	Stickstoff	1,152
Chlornatrium	19,334	Sauerstoff	0,658
Chlorcalcium	0,229	Summa	29,209
Jodmagnesium	0,316		
Brommagnesium	Spur		
Wasser	6,800		
Summa	71,000		

*) Die Soda aus Runkelrübenmelasse besteht nach Pesier in Procenten aus:

Schwefelsaures Kali		0,896
Chlorkalium		10,400
Kohlensaures {	Kali	7,410
	Natron	59,000
Hygroscopisches Wasser		21,400
Unauflösliche Substanz und Verlust		0,804
		100,000

erde bilden, wendet man von Hause aus doppelt so viel Kalk an, als zur Bildung des kohlensauren Natrons nöthig ist, wodurch neben diesem eine in Wasser unauflösliche Verbindung von Calciumoxyd mit Schwefelcalcium erzeugt wird. — Die aus dem Ofen gezogene sogenannte rohe Soda, welche das Ansehen von zusammengeballter, halbverschlackter Asche hat und eine graue, mit Kohlenstücken untermengte mehr oder weniger feste Masse bildet, besteht also vorzugsweise aus kohlensaurem Natron und Calciumoxyd — Schwefelcalcium; jedoch einmal ist es wegen der Beschaffenheit des (Flammen-) Ofens, in welchem die Schmelzung vorgenommen wird, unvermeidlich, dass geringe Antheile der Schwefelmetalle oxydirt werden, so dass aus dem Schwefelnatrium schwefelsaures, schwefligsaures und unterschwefligsaures Natron, aus dem Schwefelcalcium schwefelsaure Kalkerde entsteht, welche später zur Wiedererzeugung von schwefelsaurem Natron Veranlassung giebt, indem sie, mit kohlensaurem Natron in Berührung, in kohlensaure Kalkerde übergeht. — Ferner enthält das zur Sodafabrikation angewandte schwefelsaure Natron meist noch etwas unzersetztes Kochsalz (Chlornatrium), und endlich wird theils durch geringe Abweichungen von dem richtigen Verhältniss der Mischung schwefelsaures Natron oder kohlensaure Kalkerde im Ueberschuss vorhanden sein, theils durch zu hohe Temperatur beim Schmelzen freies Natron und freie Kalkerde gebildet werden, so dass also diese rohe Soda ein Gemisch von kohlensaurem, schwefelsaurem, schwefligsaurem, unterschwefligsaurem Natron, Aetznatron, Schwefelnatrium, Chlornatrium, Schwefelcalciumkalk, kohlensaurer Kalkerde und Kalkerde ist. Der Gehalt an kohlensaurem Natron beträgt 32 bis 33 pCt., allein die Anzahl fremder Salze lassen nur eine sehr beschränkte unmittelbare Anwendung dieser rohen Soda zu, und es wird daher aus dem grössten Theile derselben schon an Ort und Stelle ein reineres kohlensaures Natron, die krystallisirte und kalcinirte Soda (Sodasalz) bereitet. Es wird nämlich zunächst durch Behandeln mit Wasser eine Trennung der löslichen Salze von den unlöslichen Bestandtheilen (kohlensaure Kalkerde, Kalkerde-Schwefelcalcium) bewirkt, darauf die Auflösung durch Abdampfen concentrirt, bis sich kleine Krystalle von kohlensaurem Kali auszuscheiden beginnen, bei welchem Concentrationszustande man sie dann durch fortgesetztes Erwärmen und Nachfüllen neuer Lauge erhält.

Die Krystalle werden fortwährend mit Schaumlöffeln herausgeschöpft, zum Abtropfen hingestellt und nochmals durch Umkrystallisiren gereinigt, wodurch man die krystallisirte Soda, ein nur durch ein wenig schwefelsaures Natron verunreinigtes kohlensaures Natron erhält, welches aber mit 62,8 pCt. Wasser verbunden ist. Die grosse Gleichheit in der Zusammensetzung dieser Soda macht sie besonders allen den Fabrikanten empfehlenswerth, die nicht die Fähigkeit oder den Willen haben, die Soda eines neu angebrochenen Fasses zu prüfen, wie dies bei der wasserfreien immer geschehen sollte, da diese bedeutende Differenzen im Gehalte an kohlensaurem Natron zeigt.*) Es wird nämlich die calcinirte Soda oder das Sodasalz aus der Mutterlauge gewonnen, aus welcher die kleinen Krystalle von kohlensaurem Natron entfernt wurden. Diese Lauge enthält, wie aus den angegebenen Bestandtheilen der rohen Soda einleuchtet, vorzugsweise Aetznatron, Schwefelnatrium, schwefligsaures und unterschwefligsaures Natron; wird nun dieselbe eingedampft mit Sägespähnen oder Steinkohlengrus gemengt, so entweicht der Schwefel des Schwefelnatriums, und kohlensaures Natron, dessen Kohlensäure aus den Gasen der Flamme herrührt, wird gebildet; das Aetznatron nimmt ebenfalls direkt Kohlensäure auf, und das schwefelsaure, schwefligsaure und unterschwefligsaure Natron werden endlich durch die zugesetzte Kohle oder verkohlten Sägespähne zu Schwefelnatrium reducirt, welches die zuerst angegebene Umformung erleidet; so dass man hier also wiederum eine Salzmasse erhält, die vorzugsweise kohlensaures Natron enthält. Dass man übrigens diese calcinirte Soda auch unmittelbar aus der Auflösung der rohen Soda erhalten kann, versteht sich von selbst; denn das kohlensaure Natron derselben erleidet hierbei keine Veränderung. Wird dagegen jene Auflösung nur einfach abgedampft, und ohne vorhergehende Behandlung mit Sägespähnen oder Kohle im Flammenofen als calcinirte Soda verkauft, wie dies häufig der Fall ist, so wird dieses Produkt allerdings sehr schlecht ausfallen, da ja die angegebene Veränderung der fremden Salze unter

---

*) Die krystallisirte Soda verändert sich ebenfalls bei längerer Aufbewahrung in offenen Gefässen, indem sie verwittert, wobei sie Wasser verliert; da aber diese Veränderung sehr gering ist und dadurch keine Verminderung, sondern vielmehr eine Vergrösserung des Sodagehaltes bewirkt wird, so kann man von ihr ohne Nachtheil für die Fabrikation abstrahiren.

lassen wurde. Je nach der ursprünglichen Beschaffenheit der Laugen und der geschickten Ausführung des Calcinationsprocesses, wird auch der Gehalt der calcinirten Soda an kohlensaurem Natron sehr verschieden ausfallen, wie dies auch aus folgenden Analysen, die vorzugsweise die Ermittelung dieses Gehaltes zum Zweck hatten, hervorgeht:

Sodaarten.	Procent kohlensaures Natron.	Procent Wasser.	Aetznatron.	Schwefelnatrium.	Natron	
					Schwefligsaures	Unterschwefligsaures
Gelbe calcinirte niederl. . .	83,5	24	wenig	keins	viel	viel
Weisse desgl.	42,8	4	keins	desgl.	desgl.	desgl.
Dieusé-Soda, schön weiss . .	78,9	4	2,14	desgl.	desgl.	desgl.
Casseler, weiss	84,5		3,0—5,2	desgl.	etwas	etwas
Englische.	76,8	unbestimmt	2,7—4,7	wenig	desgl.	viel
Weisse calcinirte von Büchner und Willsius in Darmstadt . . . . , . .	91,6		desgl.	desgl.	wenig	desgl.
Soda von Debreczin . . .	89,2	15,6	desgl.	desgl.	desgl.	desgl.
Weisse calcin. von Wesenfeld u. Comp. in Barmen	99,9	8	desgl.	desgl.	desgl.	desgl.

Es ist klar, dass gleiche Gewichte dieser verschiedenen Sodaarten sehr ungleiche Wirkungen hervorbringen werden, und dass also zur Erhaltung gleicher Wirkungen verschiedene Gewichte angewendet werden müssen; da aber das äussere Ansehen wie bei der Pottasche so auch bei der calcinirten Soda ein sehr trügliches Ksnnzeichen ihrer Güte ist, so muss es auch hier dem Fabrikanten von Wichtigkeit sein, sich auf chemischem Wege von dem wahren Gehalt seiner Soda an Natron oder kohlensaurem Natron überzeugen zu können. — Das Verfahren ist genau dasselbe und wird in denselben Apparaten vorgenommen, wie die Prüfung Kali oder kohlensaures Kali haltender Substanzen; ja man kann sich sogar derselben Probesäure bedienen, nur muss man dann die zur Untersuchung zu nehmende Menge nach 5. und 6. abändern. Aus diesen ergab sich, dass während 100 Theile Schwefelsäure 117,59 Theile Kali zur Bildung von neutralem schwefelsauren Kali erfordern, von Natron nur 77,83 Theile znr Bildung des neutralen schwefelsauren Salzes hinreichen; es wird daher die von kalihaltiger Substanz genommene Quantität (100 Gran) sich zu der von der natronhaltenden zu **nehmenden** (*x*) verhalten müssen wie **117,72 : 77,83**, also

$$117,72 : 77,83 = 100 : x$$
$$x = 66.$$

Wiegt man also **66** Gran Soda zur Prüfung ab, so giebt wiederum jedes zur Neutralisation verbrauchte Volumen Schwefelsäure 1 pCt. Natron an, und da (2) 100 Theile Natron 170,6 Gewichtstheile kohlensaures Natron geben, so hat man

$$100 : 171 = n \text{ (pCt. von Natron)} : x \text{ (pCt. von kohlensaurem Natron)}$$
$$x = 1,71\,n,$$

man hat also die gefundenen Procente an Natron mit 1,71 zu multipliciren, um die Procente an kohlensaurem Natron zu erhalten. Die folgende von Otto berechnete Tabelle macht diese Multiplication entbehrlich.

Tabelle,

welche die dem Natron entsprechenden Mengen von kohlensaurem Natron angiebt.

Natron.	Kohlensaures Natron.	Natron.	Kohlensaures Natron.	Natron.	Kohlensaures Natron.	Natron.	Kohlensaures Natron.
1	1,70	16	27,31	31	52,91	46	78,52
2	3,41	17	29,02	32	54,62	47	80,22
3	5,12	18	30,72	33	56,33	48	81,93
4	6,83	19	33,43	34	58,04	49	83,64
5	8,53	20	34,14	35	59,74	50	85,35
6	10,24	21	35,84	36	61,45	51	87,05
7	11,95	22	37,55	37	63,16	52	88,76
8	13,65	23	39,26	38	64,86	53	90,47
9	15,36	24	40,97	39	66,57	54	92,18
10	17,07	25	42,67	40	68,28	55	93,88
11	18,77	26	44,38	41	69,98	56	95,59
12	20,48	27	46,09	42	71,69	57	97,30
13	22,19	28	47,97	43	73,40	58	99,00
14	23,91	29	49,50	44	75,11	59	100,71
15	25,60	30	51,21	45	76,81		

Wird in einer Fabrik ausschlieslich Soda angewendet, so wird man gut thun, sich eine besondere Natron-Probesäure anzufertigen, wobei die Zusammensetzung des kohlensauren Natrons den Ausgangspunkt bildet. 100 Theile Natron geben 171 Gewichtstheile kohlensaures Natron. Man wiegt daher 171 Gran von dem auf die p. 43 angegebene Weise dargestellten reinen kohlensauren Natron ab, und untersucht, wie viel Alkalimetergrade von der mit etwa dem achtfachen Wasser verdünnten Schwefelsäure zur Neutralisation erforderlich sind; die verbrauchten Alkalimetergrade n enthalten dann genau so viel Schwefelsäure, um mit 100 Gran Natron schwefelsaures Natron zu bilden, und setzt man daher zu je n Grade Säure noch $100 - n$ Grade Wasser, so wird jeder Grad dieser verdünnten Säure 1 Gran Natron anzeigen. Man wiegt daher bei einer vorzunehmenden Prüfung einer Natron oder kohlensaures Natron haltenden Substanz wiederum 100 Gran ab, füllt das Alkalimeter mit der gehörig verdünnten Säure bis 0 und neutralisirt unter den früher angegebenen Vorsichtsmassregeln: jeder verbrauchte Alkalimetergrad wird dann unmittelbar 1 pCt. Natron in der untersuchten Substanz anzeigen, dessen entsprechender Procentgehalt an kohlensaurem Natron auf der eben angeführten Tabelle ersichtlich ist.

Bereits p. 47 wurde erwähnt, dass Mohr[*]) die Anwendung von Oxalsäure zu den alkalimetrischen Versuchen empfohlen hat, und er konnte das in der That mit vollem Rechte. Die Oxalsäure ist nicht flüchtig, und ihre Lösung hält sich, ohne zu schimmeln, unbestimmt lange; sie ist stark sauer und ihre Wirkung auf das Lackmuspapier fast so intensiv, wie die der Schwefelsäure selbst. Die krystallisirte Oxalsäure enthält auf ein Mischungsgewicht wasserfreier Säure ($C^2 O^3$) 3 Mischungsgewichte Wasser, ihr Mischungsgewicht ist mithin 450,24 ($C^2 O^3$) $+ 337,44$ ($3 K^2 O$) $= 787,68$. Sie ist an der Luft unveränderlich, verwittert nicht, zerfliesst nicht; die feuchte Oxalsäure trocknet an der Luft zu dieser Verbindung aus, die in der Wärme getrocknete zieht bis dahin Wasser an. Diese konstante Zusammensetzung macht es ungemein leicht, sich eine Probesäure darzustellen: 202,109 Gewichtstheile Oxalsäure neutralisiren 100 Gewichtstheile Natron, oder 787,68 Gewichtstheile Oxalsäure 389,729 Gewichtstheile Natron. Will man daher wie oben 100 Gran Soda zur Untersuchung anwenden, so muss die Auf-

---

[*]) Annalen der Chemie und Pharmacie, Bd. LXXXVI, p. 129.

lösung so concentrirt sein, dass in 100 Theilen 202,11 Gran Oxalsäure enthalten sind. Jeder verbrauchte Theil zeigt alsdann 1 pCt. Natron an. Dasselbe ist der Fall, wenn man 39 Gran Soda zur Untersuchung nimmt und die Auflösung der Oxalsäure in 100 Theilen 79 Gran Säure enthält. Das Verfahren ist im Uebrigen ganz dasselbe, wie bei Anwendung von Schwefelsäure.

Das reine krystallisirte kohlensaure Natron enthält, wie oben bemerkt, 62,76 pCt. Wasser, und es entsprechen daher bei Prüfung einer krystallisirten Soda 37,24 pCt. kohlensaures Natron 100 pCt. krystallisirtem kohlensauren Natron. Um daher dem Fabrikanten, der sich vorzugsweise der krystallisirten Soda bedient, bei deren Prüfung sogleich die Quantität fremder Beimischungen in die Augen fallen zu lassen und es ihm zu erleichtern, die entsprechenden Mengen von calcinirter und krystallisirter Soda, deren Gehalt an kohlensaurem Natron ermittelt worden ist, zu bestimmen, fügen wir hier noch folgende, ebenfalls von Otto berechnete Tabelle bei.

T a b e l l e,

welche die dem wasserfreien kohlensauren Natron entsprechenden Mengen von krystallisirtem kohlensauren Natron anzeigt.

Wasserfreies kohlensaures Natron.	Krystall. kohlensaures Natron.	Wasserfreies kohlensaures Natron.	Krystall. kohlensaures Natron.	Wasserfreies kohlensaures Natron.	Krystall. kohlensaures Natron.	Wasserfreies kohlensaures Natron.	Krystall. kohlensaures Natron.
1	2,68	17	45,65	33	88,62	49	131,60
2	5.37	18	48,33	34	91,31	50	134.29
3	8,05	19	51,02	35	94,00	51	136,97
4	10,74	20	53,72	36	96,68	52	139,66
5	13,43	21	56,40	37	99,37	53	142,34
6	16,11	22	59,09	38	102,05	54	145,03
7	18,80	23	61,77	39	104,74	55	147,72
8	21,48	24	64,46	40	107,43	56	150,40
9	24,17	25	67,15	41	110,11	57	153,09
10	26,86	26	69,83	42	112,80	58	155,77
11	29,54	27	72,52	43	115,48	59	158,46
12	32,22	28	75,20	44	118,17	60	161,15
13	34,90	29	77,89	45	120,86	61	163,83
14	37,59	30	80,58	46	123,54	62	166,52
15	40,28	31	83,25	47	126,23	63	169,20
16	42,96	32	85,94	48	128,91	64	171,89

Wasserfreies kohlensaures Natron.	Krystall. kohlensaures Natron.	Wasserfreies kohlensaures Natron.	Krystall. kohlensaures Natron.	Wasserfreies kohlensaures Natron.	Krystall. kohlensaures Natron.	Wasserfreies kohlensaures Natron.	Krystall. kohlensaures Natron.
65	174,58	74	198,75	83	222,93	92	247,10
66	177,26	75	201,44	84	225,61	93	249,79
67	179,95	76	204,12	85	228,30	94	252,47
68	182,63	77	206,81	86	230,98	95	255,16
69	185,32	78	209,50	87	233,67	96	257,84
70	188,01	79	212,18	88	236,36	97	260,53
71	190,69	80	214,87	89	239,64	98	263,22
72	193,38	81	217,55	90	241,73	99	265,90
73	196,07	82	220,24	91	244,11	100	268,59

Dass man endlich auch die Prüfung einer Soda mittelst der von Fresenius und Will angegebenen Methode vornehmen kann, versteht sich von selbst. Aus (2) ersieht man, dass 100 Gewichtstheile Kohlensäure 241,65 Gewichtstheilen kohlensaurem Natron entsprechen; wiegt man daher 24,1 Gran zur Prüfung ab, so zeigt jedes verschwundene 0,1 Gran Kohlensäure 1 pCt. kohlensaures Natron an; man kann hier füglich die Quantität verdreifachen und 72,4 Gran wählen, wo dann jede 0,3 Gran Kohlensäure 1 pCt. reines kohlensaures Natron anzeigen. Wird diese Methode zur Prüfung von calcinirter Soda angewendet, so muss wiederum daran erinnert werden, dass diese auch kaustisches Natron enthalten kann und daher die Probe vor der Untersuchung mit $\frac{1}{3}$—$\frac{1}{2}$ ihres Gewichtes kohlensaurem Ammoniak zu erhitzen ist.

Bei der Prüfung von calcinirter und namentlich roher Soda ist überdiess auf einen Umstand aufmerksam zu machen, der bei jeder zur Prüfung angewandten Methode in Betracht zu ziehen ist, nämlich, dass diese Soda sehr häufig Schwefelnatrium (NaS) und schwefligsaures Natron ($NaO + SO^2$) enthält. Bisweilen, jedoch nur in sehr nachlässig dargestellter Soda findet sich selbst auch unterschwefligsaures Natron ($NaO + S^2O^2$). Diese Verbindungen werden aber durch Schwefelsäure ebenfalls zerlegt, so dass bei Anwendung von Probesäure nicht alle verbrauchte Säure auf Zersetzung des kohlensauren Natrons gerechnet werden kann, andererseits aber bei Anwendung der Methode von Will und Fresenius nicht nur Kohlensäure, sondern auch schweflige Säure und Schwefelwasserstoff entweicht und dadurch das Resultat fehlerhaft wird. Es ist in diesem Falle nothwendig, die Probe mit etwas chlorsaurem Kali zu mischen und in einem Platintiegel bis zur Dunkelrothgluth zu erhitzen. Das chlorsaure Kali geht alsdann in Chlorkalium über, indem es seinen Sauerstoff an jene genannten Verbindungen abtritt und sie in schwefelsaure Salze verwandelt ohne Kohlensäure auszutreiben. — Payen hat zu gleichem Zweck das chromsaure Kali vorgeschlagen.

Eben so wie bei der Pottasche wird auch häufig bei der Soda die Güte derselben im Handel in Decroizilles'schen Alkalimetergraden angegeben, daher wir hier ebenfalls schliesslich eine Reductionstabelle folgen lassen:

Tabelle

zur Vergleichung der Decroizilles'schen Alkalimeter-Grade mit den Procenten von kohlensaurem und reinem Natron.

Grade des Alkalimeters.	Procente an kohlensaurem Natron.	Procente an reinem Natron.	Grade des Alkalimeters.	Procente an kohlensaurem Natron.	Procente an reinem Natron.	Grade des Alkalimeters.	Procente an kohlensaurem Netron.	Procente an reinem Natron.
1	1,09	0,63	24	26,06	15,27	47	51,04	29,91
2	2,17	1,27	25	27,15	15,91	48	52,12	30,54
3	3,26	1,91	26	28,24	16,54	49	53,05	31,18
4	4,34	2,54	27	29,32	17,18	50	54,30	31,81
5	5,43	3,18	28	30,40	17,82	51	55,39	32,45
6	6,52	3,82	29	31,49	18,46	52	56,48	33,08
7	7,60	4,45	30	32,58	19,09	53	57,56	33,72
8	8,69	5,09	31	33,66	19,73	54	58,64	34,35
9	9,77	5,73	32	34,75	20,36	55	59,73	34,99
10	10,86	6,36	33	35,84	21,00	56	60,80	35,63
11	11,94	6,99	34	36,92	21,63	57	61,90	36,27
12	13,04	7,63	35	38,01	22,27	58	62,70	36,90
13	14,12	8,27	36	39,10	22,90	59	63,91	37,54
14	15,20	8,91	37	40,18	23,54	60	65,16	38,17
15	16,29	9,45	38	41,26	24,17	61	66,24	38,81
16	17,37	10,18	39	42,35	24,82	62	67,32	39,44
17	18,46	10,82	40	43,44	25,49	63	68,42	40,08
18	19,55	11,45	41	44,53	26,13	64	69,50	40,71
19	20,63	12,09	42	45,60	26,76	65	70,59	41,35
20	21,72	12,72	43	46,69	27,39	66	71,68	41,98
21	22,80	13,36	44	47,78	28,03	67	72,76	42,62
22	23,89	13,99	45	48,87	28,65	68	73,84	43,25
23	24,98	14,63	46	49,96	29,27	69	74,77	43,89

Grade des Alkalimeters.	Procente an kohlensaurem Natron.	Procente an reinem Natron.	Grade des Alkalimeters.	Procente an kohlensaurem Natron.	Procente an reinem Natron.	Grade des Alkalimeters.	Procente an kohlensaurem Natron.	Procente an reinem Natron.
70	76,02	44,53	78	84,71	49,51	86	93,39	54,72
71	77,11	45,17	79	85,80	50,35	87	94,48	55,35
72	78,20	45,70	80	86,88	50,90	88	95,77	55,99
73	79,28	46,34	81	87,97	51,54	89	96,66	56,62
74	80,36	46,97	82	89,06	52,17	90	97,74	57,26
75	81,45	47,91	83	90,14	52,81	91	98,83	57,80
76	82,52	48,24	84	91,22	53,45	92	99,92	58,43
77	83,62	48,88	85	92,31	54,08			

Der Kalk.

Die dritte beim Kochen der Lumpen in Anwendung kommende Substanz ist der Kalk; es ist dieser das Oxyd des Metalles Calcium, die Basis eines Salzes, welches ausserordentlich verbreitet in der Natur vorkommt und im Unorganischen wie Organischen eine sehr wichtige Rolle spielt, nämlich des kohlensauren Calciumoxydes, des wesentlichen Bestandtheiles des Kalkspates, des Aragonits, des Marmors, der Kreide, des Kalksteins, des Kalkmergels, der Auster- und Muschelschalen, Eierschalen, Korallen u. s. w. Durch starkes Erhitzen (Brennen des Kalkes) wird eine Trennung der Kohlensäure von der Basis veranlasst, und mehr oder weniger reine Kalkerde gewonnen. Kalkspath und Aragonit, zwei verschiedene Krystallgestalten des kohlensauren Calciumoxydes, geben beim Erhitzen fast chemischreine Kalkerde, während die krystallinische Verbindung im Marmor und die erdige in der Kreide schon merkliche Beimengungen von Eisenoxyd und Thon enthalten, die im Kalkstein theils noch bedeutender werden, theils einen Zuwachs von kohlensaurer Talkerde (Magnesia, Magnesiumoxyd) erhalten; während der Mergel, neben sehr bedeutenden Mengen der genannten Stoffe, auch noch Sand als Hauptbestandtheil enthält. Die reine Kalkerde ist weiss, leicht zerreiblich, schmeckt laugenhaft, ätzend, zerstört organische Gebilde. Mit Wasser befeuchtet, zerfällt sie unter starker Erwärmung zu einem weissen Pulver von Kalkerdehydrat, gelöschtem Kalke, welcher mit mehr als zum Löschen nöthigem Wasser vermischt die Kalkmilch, und mit noch mehr Wasser bis zu gänzlicher Auflösung das Kalkwasser giebt. In allen diesen Formen zieht die Kalkerde begierig Kohlensäure an und nimmt dieselbe sowohl aus der Luft auf, als auch besonders, wenn sie mit Auflösungen kohlensaurer Salze, z. B. kohlensauren Kali's oder Natrons, in Berührung kommt. Diese beiden Eigenschaften, die grosse Verwandtschaft zur Kohlensäure, so wie die ätzende Wirkung auf organische Gebilde, sind es, worauf die Anwendung der Kalkerde in der Papierfabrikation sich gründet, und da sie um so kräftiger auftreten, je reiner sie ist, so kann, wo eine Wahl frei steht, dieselbe nicht zweifelhaft sein, sondern es wird die aus Marmor erhaltene Kalkerde (Kalkspath und Aragonit haben ein zu beschränktes Vorkommen, um bei technischen Fragen Berücksichtigung zu verdienen) den Vorzug vor der aus Kreide, diese den Vorzug vor der aus Kalkstein und diese endlich den Vorzug vor der aus Kalkmergel verdienen. In der Regel ist jedoch dem Fabrikanten diese Wahl nicht frei gegeben, sondern er ist genöthigt den Kalk anzuwenden wie ihn die geognostischen Verhältnisse seiner Gegend darbieten und durch grössere Quantitäten zu ersetzen, was ihm an Güte abgeht. Um die Güte eines Kalkes, d. h. seinen Gehalt an Calciumoxyd, genau zu ermitteln, könnte man eine abgewogene Menge in Salzsäure auflösen, die Auflösung mit Ammoniak neutralisiren und durch oxalsaures Ammoniak die Kalkerde ausfällen, welche erhitzt und gewogen, dann das Gewicht durch 1,7765 dividirt, den Gehalt an Calciumoxyd giebt. Man würde auch hier die letzte Abwiegung durch Darstellung einer Probeauflösung von Oxalsäure oder oxalsaurem Ammoniak vermeiden können, allein für den speciellen Zweck, den wir hier vor Augen haben, das Kochen der Lumpen ist eine solche genaue Prüfung des Kalkes überhaupt nicht erforderlich. Es genügt, dass der Kalk möglichst frisch gebrannt angewendet werde, indem er beim längeren Aufbewahren Kohlensäure und Wasser aus der Luft anzieht, wodurch seine Wirksamkeit ausserordentlich geschwächt wird, daher auch dieser Vorgang als „Absterben des Kalkes" bezeichnet wird. Man erkennt die Frische eines Kalkes dadurch, dass beim Uebergiessen desselben mit irgend einer Säure gar kein oder nur ein schwaches Aufbrausen von entweichender Kohlensäure stattfindet.

Gehen wir nun, nachdem wir die dabei in Anwendung kommenden Substanzen näher kennen gelernt haben, zu dem Process des Kochens selbst über, so ist das Verfahren dabei sehr verschieden, je nach der Beschaffenheit der Hadern und der zum Kochen dienenden Apparate. — In vielen Fabriken werden nur die gefärbten und sehr groben Lumpen gekocht, während man in Frankreich und England auch die feineren diesem Processe unterwirft und Fabriken, welche sich die Anfertigung sehr feiner und weisser Papiere zur Aufgabe gestellt haben, werden sich stets für Letzteres zu entscheiden haben, da unbedingt ein Kochen, selbst mit schwachen Laugen, eine gründlichere Reinigung bewirkt als ein noch so sorgfältiges Auswaschen im Holländer. — Bei den folgenden Quantitätsangaben haben wir den oben näher beschriebenen Kochapparat vor Augen gehabt, und sie werden sich daher vermindern, wo mit höherer, vermehren, wo mit geringerer Dampfspannung gekocht wird. Bei den feinsten leinenen Lumpen (Nr. 1, 2, und bei Anfertigung von Mittelpapieren auch Nr. 3) genügt ein dreistündiges Kochen mit einer Auflösung von Pottasche oder Soda, in welcher auf den Centner Hadern 2 Pfund krystallisirte Soda gerechnet worden sind. Beim Kochen dieser Lumpen wird die krystallisirte Soda wegen ihrer Reinheit stets der calcinirten vorzuziehen sein, da letztere durch ihre erdigen oder sandigen Beimengungen, so wie durch ihren häufigen Gehalt an Eisen und Manganoxyd zu Unreinlichkeiten und Färbungen Veranlassung giebt. Bei den stärkeren und mehr Schmutz enthaltenden Hadern ist auch eine stärker wirkende Lauge erforderlich, welche man nicht blos durch Vermehrung der angewendeten Quantitäten Soda oder Pottasche erhält, sondern ganz besonders dadurch, dass man das kohlensaure Natron oder Kali der Soda und Pottasche kaustisch macht, d. h. von der Kohlensäure befreit. Es geschieht dies einfach dadurch, dass man die Auflösungen jener Verbindungen mit frisch bereiteter Kalkmilch vermischt; es bildet sich alsdann im Wasser unauflösliche kohlensaure Kalkerde, welche sich nach einiger Zeit ruhigen Stehens zu Boden setzt, und kaustisches Natron oder Kali bleiben in Auflösung. Es bestehen aber

100 kohlensaures Natron aus 41,38 Kohlensäure + 58,62 Natron,
100 kohlensaure Kalkerde - 43,85 - - + 56,15 Kalkerde,

daher man in Folge der Proportion

$$43{,}85 : 56{,}15 = 41{,}38 : x$$
$$x = \frac{56{,}15 \cdot 41{,}38}{43{,}85} = 52{,}98$$

100 G.-Th. kohlensaures Natron auf 52,98 G.-Th. Kalkerde zu verwenden hat, oder da die krystallisirte Soda nur 37,24 pCt. kohlensaures Natron enthält, auf 100 Gewichtstheile von dieser 19,71 Gewichtstheile Kalkerde. Da jedoch der Kalk, wie schon erwähnt, nie chemisch rein ist, auch wenn er nicht ganz frisch gebrannt angewendet wird, wiederum zum Theil kohlensauer geworden ist, und überdiess ein Ueberschuss von Kalkerde wegen ihrer gleichfalls ätzenden Wirkung nicht schädlich ist, so wird man wohl thun, eine etwas grössere Quantität Kalkerde, als nach der Rechnung erforderlich ist, zum Kausticiren der Laugen anzuwenden. So werden z. B. bei mittelfeinen Hadern, etwa bei Nr. 3, 5 und 6, 6—10 Pfund krystallisirte Soda mit 3—5 Pfund Kalk versetzt, auf 3 Centner Lumpen, nach dreistündigem Kochen dieselben hinlänglich rein und zur weitern Verarbeitung geeignet machen. — Der Process des Kausticirens wird in einem hölzernen Kasten vorgenommen, der oberhalb der Kochgefässe aufgestellt und 2—3 Zoll über dem Boden mit einer durch einen Holzstöpsel zu schliessenden Oeffnung versehen ist. Es wird der abgewogene und darauf gelöschte Kalk in diesem Kasten mit Wasser zu einer Kalkmilch angerührt, alsdann die Sodaauflösung zugesetzt, umgerührt und nach einigen Minuten ruhigen Stehenlassens, während dessen sich die kohlensaure Kalkerde zu Boden schlägt, die Flüssigkeit auf die Lumpen gelassen.*) — Die reine Kalkerde ist ebenfalls fast unauflöslich im Wasser, indem ein Gewichtstheil derselben 800 Gewichtstheile Wasser zur Lösung erfordert, daher man es in seiner Gewalt hat, durch längeres Stehenlassen der Flüssigkeit einen zu grossen Ueberschuss an Kalkerde zu vermeiden.

Man kann sich auch des Verfahrens bedienen, welches gewöhnlich bei der Darstellung der Seifensiederlaugen Anwendung findet, dass man nämlich die Soda- oder Pottaschen-Auflösung so lange durch einen Kalkäscher (ein mit gelöschtem Kalk gefülltes Fass) gehen lässt, bis Säuren darin kein Aufbrausen mehr

---

*) Wo es leicht thunlich, ist es vortheilhaft die Zersetzung der Soda durch den Kalk bei höherer Temperatur vorzunehmen, also die Flüssigkeiten bis 80° zu erwärmen, weil alsdann der kohlensaure Kalk leichter zu Boden fällt.

erzeugen. Immer aber ist anzurathen, dass man die kaustischen Laugen vor jedesmaligem Gebrauche frisch anfertigt, da auch das Kali oder Natron begierig Kohlensäure aus der Luft anziehen. Es muss daher jedesmal die für den speciellen Fall ein für allemal bestimmte Quantität Pottasche oder Soda abgewogen, oder wenn dies nicht geschieht, die Stärke der erhaltenen Laugen auf die oben angegebene Weise chemisch ermittelt werden, denn die hin und wieder wohl noch gebräuchlichen empirischen Proben, die Geschmacksprobe (nur bei schwächeren Laugen anwendbar), die Fingerprobe, ob sich die Lauge mehr oder minder fettig anfühlt, die Eiprobe, ob ein Ei auf der Lauge schwimmt oder sinkt und wie tief es beim Schwimmen eintaucht, können selbst dem Geübtesten nur sehr unsichere Resultate gewähren. Eben so ist der Gebrauch der Senkspindeln, sowohl der eigens dazu gefertigten, der sogenannten Alkalimeter (Laugenmesser) als des Baumé'schen und jedes andern Aräometers zu verwerfen oder nur bei comparativen Versuchen zu gestatten, denn bei der Anfertigung der Procentenscala jener Alkalimeter bedient man sich, wie nicht anders möglich, eines reinen Kalihydrat's und destillirten Wassers, während in den zu technischen Zwecken bereiteten rohen Laugen noch, wie oben ausführlich auseinander gesetzt, verschiedene fremde Salze enthalten sind, die ebenfalls auf die Dichtigkeit derselben einen Einfluss ausüben, so dass eme Lauge, in welcher das Instrument 20 pCt. Alkali andeutet, keinesweges 20 pCt. Kali oder Natron enthält, sondern nur einschliesslich der fremden Materien, es aber ungewiss bleibt, wieviel auf letztere kommt. Mit demselben Mangel sind auch die Aräometer (Dichtigkeitsmesser) behaftet, sowohl diejenigen, welche das specifische Gewicht der Flüssigkeit unmittelbar angeben, als das von Baumé, bei welchem dies nicht der Fall ist.

Dieses letztere Aräometer hat zwei durch den Versuch bestimmte Punkte, den Null-Punkt, bis zu welchem es in Wasser einsinkt, und einen zweiten, bis zu welchem es in einer Kochsalzauflösung eintaucht, die 15 pCt. Kochsalz enthält. Die Entfernung dieser beiden Punkte von einander ist in 15 Theile getheilt und dann durch Hinzufügen gleich grosser Theile die Scala gewöhnlich bis 78 fortgesetzt. Die Baumé'schen Grade sind mithin ganz willkürlich gewählt und geben keinesweges unmittelbar das specifische Gewicht an, welches jedoch aus ihnen berechnet werden kann. — Das Baumé'sche Aräometer wird so vielfältig, auch namentlich bei Prüfung der Säuren angewendet, dass es für Viele wünschenswerth sein dürfte, aus folgender Tabelle die den Baumé'schen Aräometergraden entsprechenden specifischen Gewichte mit Leichtigkeit ersehen zu können:

Tabelle

zur Reduction der Baumé'schen Aräometergrade auf spec. Gewicht,
nach Maroseau.

Grad	Spec. Gew.	Grad.	Spec. Gew.	Grad.	Spec. Gew.	Grad.	Spec. Gew.	Grad.	Spec. Gew.
1	1,008	16	1,125	31	1,274	46	1,468	61	1,732
2	1,015	17	1,134	32	1,285	47	1,483	62	1,753
3	1,022	18	1,143	33	1,296	48	1,498	63	1,775
4	1,029	19	1,152	34	1,308	49	1,514	64	1,797
5	1,036	20	1,161	35	1,320	50	1,530	65	1,819
6	1,043	21	1,170	36	1,332	51	1,546	66	1,842
7	1,051	22	1,180	37	1,345	52	1,563	67	1,866
8	1,059	23	1,190	38	1,358	53	1,580	68	1,891
9	1,067	24	1,200	39	1,371	54	1,598	69	1,916
10	1,075	25	1,210	40	1,384	55	1,616	70	1,942
11	1,083	26	1,220	41	1,397	56	1,634	71	1,968
12	1,091	27	1,230	42	1,410	57	1,653	72	1,995
13	1,099	28	1,241	43	1,424	58	1,672	73	2,023
14	1,107	29	1,252	44	1,438	59	1,691	74	2,052
15	1,116	30	1,263	45	1,453	60	1,711	75	2,081

Mittelst dieser Tabelle und den späteren über den dem specifischen Gewicht entsprechenden Gehalt einer Flüssigkeit an Alkali oder Säure, wird man in sehr vielen Fällen durch die Angaben des Baumé'schen Aräometers einer sorgfältigen chemischen Analyse überhoben. So lässt bei reinen Auflösungen das specifische Gewicht, mithin auch der Baumé'sche Aräometergrad allerdings einen Schluss auf den Procentgehalt an Kali oder Natron zu, da jede Auflösung von bestimmtem Gehalt auch ihr bestimmtes specifisches Gewicht besitzt, welches um so grösser ist, je reicher die Auflösung an Alkali ist. Dalton verdanken wir in dieser Beziehung folgende beiden Tabellen, welche dem Fabrikanten, der sich noch immer der Senkspindel bedient, bei Anwendung reiner Pottasche oder Soda-Sorten von Nutzen sein können.

Tabelle

über den Gehalt der Kalilauge an Kali bei verschiedenem spec. Gewichte.

Spec. Gewicht.	Kali p. C.	Spec. Gewicht.	Kali p. C.
1,68	51,2	1,32	26,3
1,60	46,7	1,28	23,4
1,52	42,9	1,23	19,5
1,47	39,6	1,19	16,2
1,44	36,8	1,15	13,0
1,42	34,4	1,11	9,5
1,39	32,4	1,06	4,7
1,36	29,4		

Tabelle

über den Gehalt der Natronlauge an Natron bei verschiedenem specifischen Gewichte.

Spec. Gewicht.	Natron p. C.	Spec. Gewicht.	Natron p. C.
2,00	77,8	1,40	29,0
1,85	63,6	1,36	26,0
1,72	53,8	1,32	23,0
1,63	46,6	1,29	19,0
1,56	41,2	1,23	16,0
1,50	36,8	1,18	13,0
1,47	34,0	1,12	9,0
1,44	31,0	1,06	4,7

Es wurde erwähnt, dass reine Kalkerde gleich den Alkalien auflösend und zerstörend auf organische Substanzen einwirke, daher sie denn auch statt dieser zum Kochen und Reinigen der Lumpen benutzt werden kann. Ihre Unauflöslichkeit in Wasser jedoch, der zufolge auch ihre Vertheilung in demselben nie die Gleichförmigkeit haben kann, wie die Auflösungen von Kali oder Natron, und ihre Wirkungen nicht mit gleicher Sicherheit vorher zu bestimmen sind, wie bei diesen, so wie der Umstand, dass die leicht auflöslichen Alkalien sich bei der spätern Behandlung im Holländer leichter und vollständiger auswaschen lassen, geben jedenfalls der Anwendung der kaustischen Na-

tron- oder Kali-Laugen den Vorzug vor der von reiner Kalkerde, und der Gebrauch dieser ist nur auf die Fälle zu beschränken, wo bedeutende Festigkeit der Hadern oder Färbung derselben eine zu grosse Menge Soda oder Pottasche erfordern,
und dadurch die Kosten dieses Processes allzusehr erhöht werden würden.

Ein dreistündiges Kochen mit 15 bis 25 Pfund Kalk auf
1 Centner Lumpen wird bei mittelstarken und schwach gefärbten Hadern, z. B. bei Nr. 6, 7, 11, 14 und 16 genügen die Faser anzugreifen oder die Farbe zu zerstören, wo hingegen bei
den stärksten Hadern und dunkleren Färbungen (Nr. 8, 9, 10,
13) eine zwei- auch dreimalige Wiederholung desselben Processes erforderlich ist. Ueberhaupt empfehlenswerth ist es, lieber 2mal 3 Stunden mit der halben, als 1mal 6 Stunden mit
der ganzen Zuthat zu kochen. —

Man trifft nicht zwei Fabriken, die unter ganz gleichen
Verhältnissen arbeiten; nicht blos die Verschiedenheit der Apparate, sondern auch verschiedene Bezugsquellen der Soda und
Pottasche, verschiedenes Vorkommen des Kalkes, ja selbst verschiedene Beschaffenheit des Wassers können Abweichungen
von den hier angegebenen Quantitäts-Verhältnissen nothwendig
machen, daher wir dieselben auch keinesweges als Gesetze hingestellt haben wollen, sondern nur als Anhaltspunkte, von denen
ausgehend, mit Berücksichtigung des über die Theorie der beim
Kochen vorzunehmenden Processe Gesagten, Jeder die für ihn
passenden Verhältnisse leicht ermitteln wird.*)

---

*) Geschieht das Kochen in Apparaten, die keine erhöhte Spannung der
Dämpfe zulassen, so sind die nöthigen Quantitäten von Soda und Kalk weit
bedeutender, wie dies aus den Angaben Piette's (die Fabrikation des Papieres etc., Cöln 1838.) hervorgeht, denn im Folgenden ersieht man dessen Lum-
peneintheilung und die zum Kochen verwandten Quantitäten Soda und Kalk:
1. ganz feine, 5 Pfd. Soda auf 100 Pfd. Lumpen,
2. feine, 1 Pfd. Soda, 15 Pfd. Kalk (sorgfältig abgeklärt) auf 100 Pfd. Lumpen, 6stündiges Kochen,†)
3. halbfeine, 1 Pfd. Soda, 20 Pfd. Kalk auf 100 Pfd. Lumpen, 2mal 3stün-
   diges Kochen. ††)
4. graue, 25 Pfd. Kalk auf 100 Pfd. Lumpen, 4mal 3stündiges Kochen.
5. fein gefärbte, 1½ Pfd. Soda, 15 Pfd. Kalk auf 100 Pfd. Lumpen, 3mal
   3stündiges Kochen,
6. grobe gefärbte, 20 Pfd. Kalk auf 100 Pfd. Lumpen, 4mal 3stündiges Kochen.
   †) Entschieden zu viel Kalk.
   ††) Die Soda dürfte hier ganz entbehrt werden können, da der Kalk in so bedeutendem
   Ueberschuss vorhanden ist.

Durch hinreichend starke alkalische Laugen werden fast alle zum Färben von Leinen und Baumwolle angewandten mineralischen und vegetabilischen Farbstoffe mehr oder weniger vollkommen zerstört, nur die mit Krapp gefärbten Zeuge widerstehen dieser Wirkung und erhalten im Gegentheil durch die Behandlung mit Alkalien, namentlich mit Natron, einen erhöhten Farbenglanz (Aviviren); daher thut man wohl, die vorzugsweise roth gefärbten, meist baumwollenen Lumpen von den übrigen zu sondern und entweder unmittelbar zur Darstellung rother Papiere zu verwenden oder sie ohne vorangegangenes Kochen als Halbzeug durch Chlor zu bleichen.

Man ist endlich vielfach der Ansicht, dass durch ein sehr schnelles Abkühlen der Lumpen sich Fett und Farbestoffe denselben wieder mittheilen, doch wird diese Ansicht weder durch die Theorie noch durch die Erfahrung unterstützt, denn das Entziehen der Farben durch kaustische Laugen besteht in den seltensten Fällen in einer Auflösung des Farbstoffs, sondern in einer Zersetzung desselben, so wie die den Lumpen anhängenden Fetttheile durch Verseifung ebenfalls eine völlige Umgestaltung erleiden und nach dem Kochen als Stearin-, Margarin- und Oelsäure in Verbindung mit Natron in der Flüssigkeit enthalten sind. Jedenfalls werden aber die schmutzige Jauche, mit welcher die Lumpen nach dem Kochen imprägnirt sind, so wie die unveränderten Kalktheile und durch Kochen erzeugten unauflöslichen Kalkverbindungen beim nachherigen Behandeln im Halbzeugholländer leichter entfernt werden, wenn man die Flüssigkeit, sobald das Kochen hinreichende Zeit gedauert und man den Dampfzuleitungshahn abgesperrt hat, noch kochendheiss durch den Hahn entfernt, dann abermals den Hahn öffnet und noch eine halbe Stunde Dampf durch die gekochten Hadern streichen lässt und darauf den Kessel erst entleert.

V. Das Bleichen des Halbzeuges.

Die durch das Kochen in alkalischen Laugen möglichst von Schmutz und Farbe befreiten oder in ihrer Festigkeit geschwächten Lumpen werden je nach ihrer Stärke und Reinheit durch anderthalb- bis drittehalbstündiges Behandeln im Halbzeugholländer gleichzeitig unter stetem Ab- und Zufluss von Wasser gewaschen und zerrissen. Bei der Umwandlung des Halbzeuges in Ganzzeug werden wir genöthigt sein, ausführlich über die Construction der Holländer und deren neueren Verbesserungen zu sprechen, daher wir uns hier sogleich zu dem Bleichprocess wenden, indem wir nur erwähnen, dass der Halbzeugholländer den Zusammenhang der einzelnen Fasern der Lumpen aufheben, diese aber nicht zerschneiden soll; die Schienen der Walze und des Grundwerkes sollen wie Finger, welche zerreissen, nicht wie Scheeren, welche schneiden, wirken, und die Hadern gewissermassen in Charpie, nicht in kleine Stückchen verwandeln. Es leuchtet von selbst ein, dass die vegetabilische Faser in diesem gewissermassen aufbereiteten Zustande leichter und vollständiger gebleicht werden wird, als wenn man die Lumpen unmittelbar dem Bleichprocess unterwerfen wollte, daher auch dieses Verfahren, bei welchem die gekochten Lumpen vor der Bleiche in einem besondern Apparate (s. pag. 30) gewaschen werden müssen, immer seltener angetroffen wird und gänzliche Verwerfung verdient.

Das Bleichen geschieht ausschliesslich mit Chlor, jedoch unter Befolgung sehr verschiedener Verfahrungsarten.

Das Chlor ist in reinster Form ein gelblichgrünes Gas von eigenthümlichem, erstickendem Geruch und Geschmack; es bewirkt eingeathmet einen sehr grossen Reiz in der Luftröhre, erregt Husten, Schnupfen, Brustbeklemmung, und kann in grösserer Menge augenblicklich tödten (durch Einathmen von Alkohol- oder Aetherdampf und von Ammoniakgas werden diese Zufälle bedeutend gemildert). Sein specifisches Gewicht ist 2,4, es ist also über noch einmal so schwer als atmosphärische Luft. Es zeichnet sich durch seine kräftige chemische Thätigkeit vor den meisten andern Körpern aus und tritt mit sämmtlichen sogenannten einfachen Körpern in chemische Verbindung. Mit dem Sauerstoff sind drei verschiedene Verbindungen bisher mit Bestimmtheit bekannt, die Ueberchlorsäure, Chlorsäure und unterchlorige Säure, die sich sämmtlich durch die Leichtigkeit auszeichnen, mit der sie sowohl im freien Zustande wie in ihren Salzen den Sauerstoff an andere Körper abgeben. Mit Wasserstoff bildet es eine sehr starke Säure, die unter dem Namen Salzsäure allgemein bekannt ist; die Verwandtschaft des Chlors zum Wasserstoff ist sehr bedeutend, so dass es den meisten Wasserstoff haltenden Verbindungen denselben entzieht. Das Wasser ist bekanntlich eine Verbindung von Wasserstoff und Sauerstoff, welche nur schwer zersetzt wird; leitet man aber

Chlorgas in dasselbe, so wird Chlorwasserstoffsäure gebildet, indem der aus dem zersetzten Wasser frei werdende Sauerstoff sich mit einem andern Antheil Chlor zu unterchloriger Säure verbindet, so dass das sogenannte Chlorwasser keine einfache Auflösung von Chlor in Wasser ist, sondern ausser freiem Chlor noch Salzsäure und unterchlorige Säure enthält. Mit den meisten Metallen verbindet es sich begierig zu salzartigen Körpern, unter welchen Verbindungen namentlich die mit den Metallen der Alkalien und Erden (Kalium, Natrium, Calcium u.s.w.) durch ihre vollkommene Neutralität sich auszeichnen. —

Diese kurze Charakteristik des Chlor's setzt uns in den Stand, die Anwendbarkeit desselben als Bleichmittel zu erklären, und für jeden bestimmten Fall die beste Verfahrungsart zu wählen. Das Bleichen oder Entfärben eines Körpers wird nämlich bewirkt werden können entweder durch Umhüllung des gefärbten Körpers mit einer farblosen oder weissen Substanz (Wirksamkeit der Bleichererden), oder durch Entziehung und gänzliche Fortführung des farbigen Stoffs (Wirkungsart der thierischen Kohle), oder durch Zerstörung des Farbstoffs, oder endlich indem man diesem Gelegenheit giebt, eine farblose Verbindung einzugehen. Die letzten beiden Wirkungsarten sind dem Chlor eigen und treten gleichzeitig bei der Anwendung des Chlorwassers auf, denn dieses enthält, wie erwähnt, freies Chlor, welches, in Folge seiner Verwandtschaft zum Wasserstoff, solchen allen damit in Berührung kommenden organischen Stoffen, zu denen ja auch die meisten Farbstoffe, Indigo, Krapp, so wie die verschiedenen gelben und grünen Saftfarben gehören, entzieht, ihre Zusammensetzung also wesentlich verändert und die Farbe zerstört. Andrerseits tritt die unterchlorige Säure des Chlorwassers Sauerstoff an eben jene Stoffe ab, und veranlasst die Bildung farbloser Verbindungen. Das durch die Zersetzung der unterchlorigen Säure aber frei werdende Chlor bewirkt die Zersetzung einer neuen Quantität Wasser unter abermaliger Bildung von Chlorwasserstoffsäure und unterchloriger Säure, woraus man sieht, dass in dem Grade, als das Chlorwaser bleichend wirkt, es auch immer reichhaltiger an Chlorwasserstoffsäure wird, welche durch ihre allgemein auflösende Kraft gegen organische Substanz die Festigkeit derselben in hohem Grade beeinträchtigt.

Das Chlorwasser ist die Form, in welcher das Chlor zuerst

von Berthollet zum Bleichen baumwollener und leinener Gewebe angewendet wurde und welche durch die nachtheilige Wirkung der dabei gebildeten Salzsäure die Chlorbleiche in Misscredit brachte. Beim Bleichen von Papierstoff, wo eine Schwächung der vegetabilischen Faser oft sogar erwünscht ist, würde hierin kein Grund liegen, die Anwendung des Chlorwassers zu verwerfen, allein gleichwohl wird es auch hier am unvortheilhaftesten sein, sich des Chlorwassers zum Bleichen des Halbzeuges zu bedienen, wegen des Verlustes an Chlor, welcher bei Befolgung einer der andern Methoden leicht, wenigstens zum grössten Theil vermieden wird. Denn das Chlorwasser, welches unbedingt von dem dasselbe anwendenden Fabrikanten selbst angefertigt werden müsste, da es durch den Transport ausserordentlich verlieren und unverhältnissmässig vertheuert werden würde, lässt in Berührung mit der atmosphärischen Luft unausgesetzt Chlorgas entweichen, wodurch sowohl die Arbeiter sehr belästigt werden, als auch beim Aufbewahren und Bleichen ein bedeutender Verlust an freiem Chlor bedingt wird und es entschieden vortheilhaft ist, das Chlor bei der Entwicklung nicht erst in Wasser, sondern unmittelbar zu dem Halbzeuge zu leiten. Dieses letztere Verfahren, dass man das Chlorgas unmittelbar auf den Halbzeug wirken lässt, wird nun in der That sehr häufig, stellenweis sogar ausschliesslich angewendet, und verdient daher hier etwas genauer auseinandergesetzt zu werden.

Zur Darstellung des Chlor's bietet die Wissenschaft zwei im Grossen anwendbare Methoden, zwischen denen dem Fabrikanten die Wahl bleibt, je nachdem grössere Billigkeit der dabei angewandten Substanzen oder leichtere Beschaffung der einen oder der andern den Vorzug giebt. — Man bereitet nämlich das Chlor entweder aus Braunstein und Salzsäure oder aus Schwefelsäure, Braunstein und Kochzalz. Der Process ist bei Anwendung der erstgenannten beiden Körper am einfachsten; der wesentliche Bestandtheil des Braunsteins, von den Mineralogen Pyrolusit, Graubraunsteinerz und Weichmanganerz genannt, welcher in beträchtlicher Menge bei Ilefeld und Ilmenau gefunden wird, ist Manganüberoxyd (Super- oder Hyperoxyd), d. h. ein Oxyd, welches Sauerstoff abgeben muss, ehe es sich mit einer Säure zum Salz verbinden kann. Und zwar besteht das Mengansuperoxyd aus 344,684 Gewichtstheilen Mangan und

200 Gewichtstheilen Sauerstoff, wovon es unter dem Einflusse einer stärkeren Säure 100 Gewichtstheile abgiebt und in das basische Manganoxydul übergeht. Wird dieses Mangansuperoxyd mit Salzsäure in Berührung gebracht, so bildet der Wasserstoff der letzteren mit dem Sauerstoff des ersteren Wasser, und das frei werdende Mangan ist nun im Stande, die Hälfte des frei werdenden Chlor's aufzunehmen, so dass die andere Hälfte desselben sich in Gasform entwickelt Es lässt sich dieser Process auf folgende Weise darstellen:

<table>
<tr><td></td><td>Vor</td><td>dem Process.</td><td>Nach</td><td></td></tr>
<tr><td>544,684 Mangan-
superoxyd</td><td>= {</td><td>200 Sauerstoff
344,684 Mangan</td><td>200   Sauerstoff
24,96 Wasserstoff</td><td>} = 224,96 Wasser</td></tr>
<tr><td>911,52 Chlor-
wasserstoffsäure</td><td>= {</td><td>24,96 Wasserstoff
443,28 Chlor
443,28 Chlor</td><td>344,684 Mangan
443,28 Chlor
443,28 Chlor.</td><td>} = 787,964 Mangan-
Chlorür.</td></tr>
</table>

Das heisst, lässt man 911,52 Gewichtstheile Chlorwasserstoffsäure auf 544,684 Gewichtstheile Mangansuperoxyd wirken, so erhält man 224,96 Gewichtstheile Wasser, 787,964 Manganchlorür und 443,28 Gewichtstheile Chlor. Hiermit ist zugleich das Quantitätsverhältniss angegeben, welches zwischen den beiden aufeinander wirkenden Körpern stattfinden muss, damit jeder von ihnen eine vollständige Zersetzung erleide, allein dies ist nicht dasselbe Verhältniss zwischen den zur Chlorbereitung anzuwendenden Ouantitäten Braunstein und Salzsäure. Um dies zu beweisen, ist zu erwähnen, dass die reine Chlorwasserstoffsäure ein gasförmiger Körper ist, der erst durch einen Druck von 40 Atmosphären in den flüssigen Zustand übergeht. Die Salzsäure aber ist eine Auflösung dieses Gases in Wasser, deren Gehalt an freier Chlorwasserstoffsäure zwischen 40,777 und 0,408 pCt. variiren kann, woraus sich schon von selbst ergiebt, dass einmal die Quantität Salzsäure viel grösser sein muss, als die in obigem Schema angegebene Quantität Chlorwasserstoffsäure, um mit derselben Quantität Mangansuperoxyd gleiche Wirkung hervorzubringen, dann aber auch, dass diese Quantität sich mit dem Gehalt der Salzsäure an wasserfreier Chlorwasserstoffsäure ändern muss, und es daher wiederum von Wichtigkeit für den Fabrikanten ist, diesen Gehalt möglichst genau bestimmen zu können.

Diese Bestimmung ist nun aber auf verschiedene Weise leicht mit ziemlicher Genauigkeit auszuführen. Zunächst kann man sich zur Bestimmung der Stärke nicht nur der Salzsäure, sondern einer jeden Säure, wiederum des bereits früher beschriebenen Apparates von **Will** und **Fresenius** bedienen, indem man die Stärke einer Säure durch das Gewicht Kohlensäure angiebt, welche eine abgewogene Menge derselben auszutreiben vermag. — Man wendet hierzu am besten an der Luft getrocknetes saures kohlensaures Natron an, weil dieses Salz unter allen ähnlichen am meisten Kohlensäure enthält. Nachdem man die zu prüfende Säure in dem Kolben A abgewogen und mit Wasser verdünnt hat, füllt man ein kurzes, unten zugeblasenes, fingerhutförmiges Glasröhrchen mit saurem kohlensauren Natron (im Ueberschuss) und hängt dieses an einem Seidenfaden, den man zwischen Kork und Kolbenhals klemmt, so in dem Kolben auf, dass Säure und Salz vorläufig nicht mit einander in Berührung kommen. In B ist wie gewöhnlich concentrirte Schwefelsäure. In diesem Zustande wird der Apparat mit der Tara ins Gleichgewicht gebracht, worauf man durch rasches Lösen und Wiedereinsetzen des Korkes die besagte Röhre in die Säure fallen lässt. Durch Umschütteln kann die Zersetzung beschleunigt werden. Ist diese vorüber, so taucht man den Kolben A in heisses Wasser und saugt wie gewöhnlich so lange Luft durch den Apparat, bis alle Kohlensäure ausgetrieben ist, worauf man denselben trocknet und abermals wiegt. Aus dem Gewichtsverlust und der bekannten Zusammensetzung des sauren kohlensauren Natrons und des neu entstandenen Salzes lässt sich dann leicht die Quantität reiner Säure in der abgewogenen Menge berechnen.

Es enthält nämlich das saure kohlensaure Natron auf 550,24 Gewichtstheile Kohlensäure 389,729 Natron, worin 289,729 Natrium; 289,729 Gewichtstheile Natrium erfordern aber 443,28 Gewichtstheile Chlor zur Bildung von Chlornatrium, welche ihrerseits 455,76 Chlorwasserstoffsäure entsprechen, also jede verschwundene 550,24 Gran oder 55,024 Gran oder 5,5024 Gran zeigen 455,76 Gran oder 45,576 Gran oder 4,5576 Gran Chlorwasserstoffsäure in der zur Prüfung angewandten Menge Chlorwasserstoffsäure an.

Es ist diese Methode besonders bei sehr verdünnten Säuren zu empfehlen, bei denen die, der verschiedenen Stärke entsprechenden Unterschiede im specifischen Gewicht so gering sind, dass sie auf das Aräometer nur sehr undeutlich wirken, und bei diesen überdiess durch fremde Beimischungen, wie Extractivstoff, Salze, Alkohol u. s. w., die Angaben jenes Instrumentes in hohem Grade unzuverlässig werden. Bei den concentrirteren Säuren ist diess bei weitem weniger der Fall, und die leichte Ausführbarkeit der Probe wird daher bei ihnen die Anwendung des Aräometers zur Bestimmung der Stärke der Säure durch das specifische Gewicht schwer verdrängen lassen.

In welcher Abhängigkeit specifisches Gewicht und Gehalt von wasserfreier Chlorwasserstoffsäure stehen, ist aus beifolgender Tabelle ersichtlich, in welcher zugleich für jede Menge Chlorwasserstoffsäure die darin befindliche Menge Chlor angegeben ist, da es ja bei der Darstellung des Chlors vorzüglich darauf ankommt, zu wissen, wie viel man von diesem aus einer bestimmten Menge Salzsäure gewinnen kann.

Tabelle

über den Gehalt an Säure und Chlor in der flüssigen Salzsäure bei verschienen specifischen Gewichten, von **Ure**.

Temperatur 15° C.

Spec. Gewicht.	Chlorgehalt.	Salzsaures Gas.	Spec. Gewicht.	Chlorgehalt.	Salzsaures Gas.
1,2000	39,675	40,777	1,1557	30,550	31,398
1,1982	39,278	40,369	1,1537	30,153	30,990
1,1964	38,882	39,961	1,1515	29,757	30,582
1,1946	38,485	39,554	1,1494	29,361	30,174
1,1928	38,089	39,146	1,1473	28,964	29,767
1,1910	37,692	38,738	1,1452	28,567	29,359
1,1893	37,296	38,330	1,1431	28,171	28,951
1,1875	36,900	37,923	1,1410	27,772	28,544
1,1857	36,503	37,516	1,1389	27,376	28,136
1,1846	36,107	37,108	1,1369	26,979	27,728
1,1822	35,707	36,700	1,1349	26,583	27,321
1,1802	35,310	36,292	1,1328	26,186	26,913
1,1782	34,913	35,884	1,1308	25,789	26,505
1,1762	34,517	35,476	1,1287	25,392	26,098
1,1741	34,121	35,068	1,1267	24,996	25,690
1,1721	33,724	34,660	1,1247	24,599	25,282
1,1701	33,328	34,252	1,1226	24,202	24,874
1,1681	32,931	33,845	1,1206	23,805	24,466
1,1661	32,535	33,437	1,1185	23,408	24,058
1,1641	32,136	33,029	1,1164	23,012	23,650
1,1620	31,746	32,621	1,1143	22,615	23,242
1,1599	31,343	32,213	1,1123	22,218	22,834
1,1578	30,946	31,805	1,1102	21,822	22,426

Spec. Gewicht.	Chlorgehalt.	Salzsaures Gas.	Spec. Gewicht.	Chlorgehalt.	Salzsaures Gas.
1,1082	21,425	22,019	1,0537	10,712	11,010
1,1061	21,028	21,611	1,0517	10,316	10,602
1,1041	20,632	21,203	1,0497	9,919	10,194
1,1020	20,235	20,796	1,0477	9,522	9,786
1,1000	19,837	20,388	1,0457	9,126	9,379
1,0980	19,440	19,980	1,0437	8,729	8,971
1,0960	19,044	19,572	1,0417	8,332	8,563
1,0939	18,647	19,165	1,0397	7,935	8,155
1,0919	18,250	18,757	1,0377	7,538	7,747
1,0899	17,854	18,349	1,0357	7,141	7,340
1,0879	17,457	17,941	1,0337	6,745	6,932
1,0859	17,060	17,534	1,0318	6,348	6,524
1,0838	16,664	17,126	1,0298	5,951	6,116
1,0818	16,267	16,718	1,0279	5,554	5,709
1,0798	15,870	16,310	1,0259	5,158	5,301
1,0778	15,474	15,902	1,0239	4,762	4,893
1,0758	15,077	15,494	1,0220	4,365	4,486
1,0738	14,680	15,087	1,0200	3,968	4,078
1,0718	14,284	14,679	1,0180	3,571	3,670
1,0697	13,887	14,271	1,0160	3,174	3,262
1,0677	13,490	13,863	1,0140	2,778	2,854
1,0657	13,094	13,456	1,0120	2,381	2,447
1,0637	12,697	13,049	1,0108	2,143	1,631
1,0617	12,300	12,641	1,0100	1,984	1,039
1,0597	11,903	12,233	1,0060	1,191	1,124
1,0577	11,506	11,825	1,0040	0,795	0,816
1,0557	11,109	11,418	1,0020	0,397	0,408

Hat man nur ein Baumé'sches Aräometer zur Hand, so wird man natürlich aus dessen Angaben mittelst der p. 69 mitgetheilten Tabelle das specifische Gewicht zu bestimmen haben, ehe man von vorstehender Tabelle Gebrauch macht. Nachdem man mittelst dieser die jedesmalige Stärke der Säure bestimmt hat, lässt sich leicht die Quantität Säure berechnen, die auf 544,684 Gewichtstheile Mangansuperoxyd anzuwenden ist. Gesetzt das specifische Gewicht einer Salzsäure sei 1,170, so enthält dieselbe in 100 Gewichtstheilen 34,252 salzsaures Gas, und aus der Proportion

$$34{,}252 : 100 = 911{,}52 : x$$
$$x = 2661{,}21$$

findet man diejenige Quantität Salzsäure, worin 911,20 Chlorwasserstoffsäure enthalten sind, so dass also für diesen Fall

ziemlich genau auf 1 Theil Braunstein 5 Theile Salzsäure anzuwenden wären. Gewöhnlich werden 3 Theile mittelstarker
Salzsäure auf 1 Theil Braunstein vorgeschrieben*), und wo man
sich darauf beschränkt, nur die Säure auf ihren Gehalt zu prüfen, nicht aber den Braunstein, mag man immerhin dieses Verhältniss festhalten. Denn der Braunstein ist auch nicht reines
Mangansuperoxyd, sondern theils durch Eisenoxyd, Kieselsäure
und kohlensaure Kalkerde verunreinigt, theils absichtlich oder
in Folge seines Vorkommens mit andern minder sauerstoff-
reichen Manganerzen vermischt, wie z. B. mit Schwarzmangan-
erz oder Manganit (Manganoxydhydrat), welches an dem braunen
Strich auf unglasirtes Porzellan, so wie daran erkannt wird,
dass beim Erhitzen in einer an dem einen Ende zug chmol-
zenen Glasröhre sich Wassertropfen in dem kälteren Theile der
Röhre condensiren, oder mit Wad ein kupfer-, blei- und eisen-
oxydhaltiges Manganit.**) Die besten Braunsteinsorten enthalten
nur 89 bis 95 pCt. reines Mangansuperoxyd, so dass auch hier
wieder das Gewicht des angewandten Braunsteins je nach seiner Beschaffenheit mehr oder minder vermehrt werden muss,
um 544,684 Gewichtstheile wirksames Mangansuperoxyd zu erhalten. Bei Anwendung der hier in Rede stehenden Methode
der Chlorbereitung würde man unterlassen können, die Quantität Braunstein genau zu bestimmen, sondern sich durch einen
bedeutenden Ueberschuss von diesem vor Verlust an Salzsäure
durch unvollständige Zersetzung derselben sicher stellen, indem
das nach Beendigung der Operation unzersetzt gebliebene Mangansuperoxyd leicht durch Decantiren von dem leicht löslichen
Manganchlorür getrennt und bei der nächsten Chlordarstellung
benutzt werden kann. Allein einmal ist die Wiederbenutzung

---

*) **Planche** in dem mehrfach citirten Werke schreibt 1 Gewichtstheil
Braunstein von 70 — 75 pCt. und 2 Gewichtstheile Salzsäure von 22° B. vor.
Wir ziehen das Verhältniss 3 : 1 und eine schwächere Säure vor, da eine so
starke Säure zu viel Chlorwasserstoffsäure entwickelt.

) **Dr. Elsner (Polytechnisches Journal von **Dingler**, Bd. CXII, p. 461)
hat sogar Chlorcalcium, von einer Beimischung von verdorbenem Chlorkalk
herrührend, im Braunstein gefunden, worauf allerdings um so mehr aufmerksam zu machen ist, als oft Chlorkalkfabrikanten auch im Besitz von Braun-
steingruben sind. Man wird auf eine solche Beimischung immer schliessen
können, wenn der Braunstein, mit an Salzsäure freier Schwefelsäure behandelt, Chlor entwickelt.

des im Ueberschuss angewandten Braunsteins bei der zweiten bald näher zu bescbreibenden Methode der Chlorbereitung mit grösseren Umständlichkeiten verknüpft, dann aber ist es ganz besonders beim Ankauf dieses Materials von Wichtigkeit, seine zwischen sehr weiten Gränzen schwankende Güte genau zu bestimmen.

Es giebt kaum eine zweite in der Technik Anwendung findende Substanz, für welche so viele Prüfungsmethoden vorhanden sind, als für den Braunstein, allein nur wenige entsprechen ihrem Zweck, einen hinreichenden Grad von Genauigkeit mit leichter Ausführbarkeit zu verbinden. Indem wir daher hier die verschiedenen Prüfungs-Methoden je nach ihrer practischen Anwendbarkeit mehr oder weniger ausführlich anzugeben in Begriff sind, wollen wir dem Fabrikanten die Wahl dadurch érleichtern, dass wir ihm von vornherein die Methoden von Will und Fresenius, Graham, Fuchs und Fickentscher, sowie die von Müller, als die allein practisch brauchbaren bezeichnen.*)

1. Methode nach Gay-Lussac. Dieselbe gründet sich darauf, dass Mangansuperoxyd bei erhöhter Temperatur mit Schwefelsäure behandelt, die Hälfte seines Sauerstoffs abgiebt und in schwefelsaures Manganoxydul übergeht. Der hierbei stattfindende Process wird durch folgendes Schema erläutert:

$$\begin{array}{lll}
& \text{Vor} \qquad \text{der Zersetzung} & \text{Nach} \\[4pt]
\text{Mangansuperoxyd} = Mn\,O^2 = & \left\{\begin{array}{l} O \\ Mn\,O \end{array}\right. & \left.\begin{array}{l} O \\ Mn\,O \\ S\,O^3 \end{array}\right\} = Mn\,O + S\,O^3 \\
\text{Schwefelsäure} = \quad S\,O^3 &
\end{array}$$

woraus hervorgeht, dass je 1 M. G. des entwickelten Sauerstoffs einem M. G. Mangansuperoxyd in dem untersuchten Braunstein entspricht.

---

*) Verfasser dieses hat sich mit der Untersuchung des Braunsteins sehr speciell beschäftigt, die meisten der hier angeführten Methoden selbst geprüft und sich ein Urtheil über dieselben angeeignet; daher möge man es ihm nachsehen, wenn er diesen Gegenstand hier mit einer Ausführlichkeit behandelt hat, die vielleicht die natürlichen Gränzen eines einem speciellen Industriezweige gewidmeten Buches überschreitet. Allein während der Techniker jeden Dienst, den ihm die Wissenschaft erweist, um so dankbarer annehmen wird, wenn er sieht, welcher Aufwand von Kräften nothwendig war, um ein scheinbar einfaches Resultat zu erreichen, so dürfte die Zusammenstellung sämmtlicher bisher angewandter Untersuchungsmethoden des Braunsteins auch in weiteren Kreisen ein Interesse für vorliegendes Buch erwecken.

Das Verfahren ist folgendes: man bringt eine abgewogene Menge des zu untersuchenden Braunsteins in eine kleine Retorte, übergiesst dieselbe mit concentrirter Schwefelsäure und erwärmt, nachdem ein Gasleitungsrohr angefügt worden, bis zur völligen Auflösung. Das entwickelnde Gas wird in einer graduirten Glocke über Wasser aufgefangen und nach erfolgten Correctionen wegen Temperatur, Barometerstand und Tension des Wasserdampfes gemessen. —

Uebelstände und Fehlerquellen. a) Enthält der Braunstein kohlensaure Salze, so entwickelt sich mit dem Sauerstoff zugleich Kohlensäure; dieser Uebelstand ist indess leicht zu vermeiden, wenn man das Gas statt über Wasser über einer Auflösung von kaustischem Kali auffängt, welche die Kohlensäure zurückhält.

b) Ein kleiner Rest Sauerstoff bleibt stets als schwefelsaures Manganoxyd-Oxydul ($Mn^3 O^4 + SO^3$) zurück und erheischt eine besondere Bestimmung.

c) Die Correctionen wegen Temperatur, Barometerstand und Tension des Wasserdampfes erfordern so genaue Thermometer, Barometer und Hygrometer und Kenntniss mit diesen Instrumenten zu operiren, wie sie wohl selten bei Fabrikanten angetroffen werden, daher für solche diese Methode durchaus nicht zu empfehlen ist.

2. Methode, beschrieben von H. Rose in dessen analytischer Chemie Bd. 2. p. 83. Dieselbe gründet sich darauf, dass Mangansuperoxyd in der Glühhitze unter Abgabe des dritten Theiles seines Sauerstoffgehaltes in Manganoxyd-Oxydul übergeht; es werden nämlich unter diesen Umständen

$$3 \, Mn \, O^2 = (Mn \, O + Mn^2 \, O^3) + 2 \, O$$

oder erhaltene 2 M. G. Sauerstoff entsprechen 3. M. G. Superoxyd in dem untersuchten Braunstein.

Das Verfahren ist folgendes: Eine genau gewogene fein gepulverte Probe des zu untersuchenden Braunsteins wird bei einer 80° nicht übersteigenden Hitze so lange erwärmt, als er noch an Gewicht verliert. **Der hierbei stattfindende Gewichtsverlust rührt von im Braunstein enthaltener Feuchtigkeit her, deren Mengenverhältniss hierbei zugleich ermittelt wird.**

Der nun trockene Braunstein wird mit verdünnter Salpetersäure behandelt, filtrirt, ausgewaschen, abermals getrocknet und gewogen, der sich hierbei ergebende Gewichtsverlust zeigt den Gehalt des Braunsteins an kohlensauren Erden an.

Eine gewogene Menge dieses gereinigten Braunsteins wird in eine kleine gewogene Retorte gethan, die mit einer gewogenen, mit Chlorcalcium gefüllten Röhre verbunden ist und geglüht. Nach dem Glühen zeigt die Gewichtszunahme der Chlorcaliumröhre die Menge des entwichenen Wassers an welches mit Manganoxyd verbunden als Manganoxydrat im Braunstein enthalten war, und zwar entsprechen je 100 Theile entwichenen Wassers 879,59 Theilen Manganoxydhydrat im untersuchten Braunstein.

Endlich zeigt die Retorte nach dem Glühen einen Gewichtsverlust, welcher theils von dem ausgetriebenen Wasser des Manganoxydhydrats, theils von dem aus dem Mangansuperoxyd entwickelten Sauerstoff herrührt und es wird demnach die Menge des entwickelten Sauerstoffs gefunden, indem man von dem Gewichtsverlust der Retorte die Gewichtszunahme der Chlorcaliumröhre in Abzug bringt. 100 Theile Sauerstoff entsprechen aber 817,026 Theilen Mangansuperoxyd im untersuchten Braunstein.

Uebelstände und Fehlerquellen. a) Der grösste Uebelstand dieser an sich guten Methode sind die vielen Abwägungen, deren mindestens zehn vorzunehmen sind.

b) Diese vielen Abwägungen können natürlich, wenn nicht mit grosser Genauigkeit ausgeführt, eine Quelle zahlreicher Fehler werden, zumal ein geringer Gewichtsverlust an Wasser oder Sauerstoff, wie aus obigen Zahlen hervorgeht, einen verhältnissmässig sehr bedeutenden Ausfall zur Folge hat.

c) Endlich ist es nicht möglich, durch Glühen in der Retorte das Superoxyd des Mangans vollständig in Oxydoxydul zu verwandeln. Man schüttet daher das in der Retorte erhitzte Oxyd in einen Platintiegel und glüht es so lange, bis es nach wiederholten Wägungen keinen Gewichtsverlust zeigt und sich vollständig in Oxydoxydul verwandelt hat. Will man das Glühen über der Lampe mit doppeltem Luftzuge bewirken, so muss man nur mit kleinen Mengen arbeiten, und auch dann gehört ein sehr anhaltendes Glühen dazu, um die Verwandlung vollständig zu bewirken. Bei grösseren Quantitäten muss man sich des Kohlenfeuers bedienen. Man sieht, hier sind eine Menge Operationen vorzunehmen, die nur von Männern von Fach mit Sicherheit auszuführen sind.

3. Methode von Berzelius, beschrieben in der 4. Auflage seines Lehrbuches der Chemie. Dieselbe gründet sich darauf, dass in Gegenwart von oxydirbaren Substanzen und namentlich auch von Oxalsäure das Mangansuperoxyd schon bei mässiger Temperaturerhöhung durch verdünnte Schwefelsäure oder Oxalsäure zersetzt wird, wobei der frei werdende Sauerstoff sich mit Oxalsäure *) zu Kohlensäure verbindet, die man in Barytwasser auffängt, während schwefelsaures oder oxalsaures Manganoxydul in Auflösung zurückbleibt.

Das Schema des Prozesses ist 1) für Schwefelsäure und Oxalsäure:

$$\text{Vor} \quad \text{der Zersetzung.} \quad \text{Nach}$$

$$MnO^2 = \begin{cases} C^2O^3 \\ O \\ MnO \\ SO^3 \end{cases} \qquad \left.\begin{matrix} C^2O^3 \\ O \end{matrix}\right\} = 2CO^2 \\ \left.\begin{matrix} MnO \\ SO^3 \end{matrix}\right\} = MnO + SO^3$$

2) Für Oxalsäure allein: **)

$$\text{Vor} \quad \text{der Zersetzung.} \quad \text{Nach}$$

$$\begin{matrix} 2C^2O^3 = \begin{cases} C^2O^3 \\ O^4O^3 \end{cases} \\ MnO^2 = \begin{cases} MnO \\ O \end{cases} \end{matrix} \qquad \left.\begin{matrix} C^2O^3 \\ \\ MnO \end{matrix}\right\} = MnO + C^2O^3 \\ \left.\begin{matrix} C^2O^3 \\ O \end{matrix}\right\} = 2CO^2$$

---

*) Die Oxalsäure ist eine aus Kohlenstoff und Sauerstoff bestehende Säure, welche theils fertig gebildet ziemlich häufig im organischen Reiche angetroffen wird, theils künstlich durch Einwirkung von Salpetersäure auf Zucker und verschiedene andere Stoffe dargestellt werden kann. — Ihre chemische Formel ist C^2O^3 oder sie enthält 150,24 G.-Th. Kohlenstoff und 300 G.-Th. Sauerstoff und geht durch Aufnahme von noch 100 G.-Th. O in $C^2O^4 = 2CO^2$ d. h. in Kohlensäure über. Die Oxalsäure scheint im wasserfreien Zustande nicht bestehen zu können, wenigstens ist es bis jetzt noch nicht gelungen, sie wasserfrei darzustellen; die im Handel vorkommende krystallisirte Oxalsäure enthält 42,6 pCt. Wasser.

**) Es sei hier bemerkt, dass Oxalsäure einen bei weitem höhern Preis besitzt, als Schwefelsäure, und da überdies die letztere noch kräftiger wirkt als erstere, so dürfte es wohl gerathen sein, stets das Gemenge von Schwefelsäure und Oxalsäure anzuwenden. Statt der reinen Oxalsäure ist es übrigens erlaubt, auch irgend ein neutrales oxalsaures Salz zu wählen und ist von diesen Salzen das oxalsaure Kali dasjenige, welches man sich am leichtesten verschaffen kann. Man hat nämlich zu dessen Darstellung nur nöthig, das im

$2\,CO^2$ verbinden sich aber mit $2\,BaO$ (Baryterde) zu $2\,(BaO + CO^2)$, woraus hervorgeht, dass von der erhaltenen kohlensauren Baryterde je zwei Mischungsgewichte einem Mischungsgewichte Mangansuperoxyd im Braunstein entsprechen.

Das Verfahren ist folgendes: Nachdem die kohlensauren Salze mittelst Salpetersäure entfernt sind, wird 1 Theil Braunstein in einem kleinen Kolben mit 4—5 Theilen in Wasser aufgelöster Oxalsäure allein oder mit einem Gemisch von 2 Theilen Oxalsäure und 2 Theilen Schwefelsäure, welche letztere vorher mit einem gleichen Gewicht Wasser verdünnt worden ist, übergossen, der Kolben hierauf mit einem Kork verschlossen, in dem ein Gasleitungsrohr befestigt ist, welches in ein Gefäss mit Barytwasser eintaucht, und das Ganze alsdann im Sandbade mässig und so lange erwärmt, als noch Kohlensäure sich entwickelt.

534,63 Gewichtstheile kohlensaure Baryterde entsprechen 100 Gewichtstheilen Mangansuperoxyd.

Uebelstände und Fehlerquellen. a) Ein grosser Uebelstand dieser Methode ist die Langwierigkeit ihrer Ausführung. Abgesehen davon, dass die Entfernung der kohlensauren Salze der eigentlichen Prüfung vorhergehen muss, erheischt das Filtriren, Auswaschen und Trocknen der kohlensauren Baryterde eine sehr bedeutende Zeit, so dass das Resultat erst nach einigen Tagen erhalten wird.

b) So einfache Operationen für einen Chemiker auch das Filtriren, Auswaschen, Trocknen, Verbrennen des Filtrums, Glühen der kohlensauren Baryterde im tarirten Platintiegel und Abwiegen sind, so kann doch jede einzelne, von ungeübten Händen und mit unvollkommenen Apparaten und Vorrichtungen ausgeführt, eine Quelle bedeutender Fehler werden.

c) Auch die Anfertigung und Anwendung des Barytwassers wird für viele Fabrikanten mit Schwierigkeiten verknüpft sein. Als Bereitungsmethode des Baryterdehydrats und Baryt-

---

Handel billig zu habende saure oxalsaure Kali, bekannt unter dem Namen Kleesalz, in Wasser zu lösen, mit kohlensaurem Kali zu neutralisiren und zur Krystallisation abzudampfen. Das hierbei erhaltene neutrale oxalsaure Kali enthält ein Mischungsgewicht Wasser und ist die Formel desselben $KO + C^2O^3 + H^2O$, mithin sein Mischungsgewicht 1151,576; das ist denn auch die Gewichtsmenge, die für 784,564 Gewichtstheile Oxalsäure anzuwenden ist.

wassers ist die von Mohr angegebene besonders zu empfehlen. Man wendet hierbei einen gewöhnlichen hessischen Tiegel an, dessen Innenseite mit einem Gemenge von Wasser und fein geriebenem Schwerspath (natürlicher schwefelsaurer Baryterde) ausgestrichen und wieder getrocknet worden ist. In diesen wird ein inniges Gemenge von gleichen Gewichtstheilen fein gepulverter salpetersaurer Baryterde und Schwerspath geschüttet, dieses .Gemenge mit einer Schicht gepulverten Schwerspaths bedeckt, der Tiegel mit einem Deckel lose verschlossen und darauf so lange erhitzt, bis die salpetersaure Baryterde vollständig zersetzt ist, was ohne das geringste Aufblähen stattfindet. Aus der erkalteten Masse wird die Baryterde durch Kochen mit Wasser ausgezogen, wobei der pulverförmige Schwerspath zurückbleibt, den man zu neuen Operationen aufbewahrt. Aus der kochendheiss filtrirten Auflösung schiessen beim Erkalten Krystalle von Baryterdehydrat an, welche man durch Decantiren von der Flüssigkeit trennt, zwischen Fliesspapier trocknet und in wohlverschlossenen Gefässen aufbewahrt. Es lösen sich diese Krystalle in dem vierfachen ihres Gewichtes Wasser auf. Die Flüssigkeit, aus welcher keine Krystalle mehr anschiessen, ist eine concentrirte Auflösung von Baryterdehydrat. Das Barytwasser sowohl als die Krystalle von Baryterdehydrat müssen aufs Sorgfältigste vor dem Zutritt der atmosphärischen Luft geschützt werden, weil sie beide sehr begierig Kohlensäure aus der Luft anziehen und in unauflösliche kohlensaure Baryterde übergehen. Diese kohlensaure Baryterde bildet bei dem Barytwasser zunächst eine dünne Haut auf der Oberfläche, welche aber in dem Grade, als sie zunimmt, als ein weisser Niederschlag zu Boden fällt, und es ist nun einleuchtend, dass nur ein vollkommen klares Barytwasser zum Auffangen der Kohlensäure bei Untersuchung eines Braunsteins angewendet werden darf. —

4. Methode von Berthier und Thomson, verbessert von Will und Fresenius. Dieselbe gründet sich wie die vorhergehende auf die Umwandlung der Oxalsäure in Kohlensäure, nur dass man sich nicht erst die Mühe nimmt, diese letztere in einer Auflösung von Barytwasser aufzufangen und als kohlensaure Baryterde zu bestimmen, sondern dass man dieselbe frei entweichen lässt und sie aus dem Gewichtsverlust bestimmt. Das Schema ist mithin das frühere:

$$
\begin{array}{l}
\text{Oxalsäure} \\
\text{Mangansuperoxyd} \\
\text{Schwefelsäure}
\end{array}
\begin{array}{l}
\text{Vor} \quad\text{der Zersetzung.}\quad \text{Nach} \\
\end{array}
$$

$$
\begin{array}{lll}
\text{Oxalsäure} & = & C^2O^3 \quad C^2O^3 \\
\text{Mangansuperoxyd} & = & \begin{cases} O \quad\quad O \\ MnO \quad MnO \end{cases} \\
\text{Schwefelsäure} & = & SO^3 \quad SO^3
\end{array}
\left.\begin{array}{}\\ \\ \\ \\ \end{array}\right\}
\begin{array}{l} = 2CO^3 \\[1em] = MnO + SO^3 \end{array}
$$

Zwei Mischungsgewichte Kohlensäure entsprechen also einem Mischungsgewichte Mangansuperoxyd, oder je ein Gewichtsverlust von 550,24 zeigt 544,684 Gewichtstheile Mangansuperoxyd im untersuchten Braunstein an. —

Das Verfahren hat, da man sich dieser Methode vielfach bedient hat und noch bedient, mannigfache Abänderungen erlitten, von denen die wichtigsten hier erwähnt werden sollen. — Nachdem mittelst verdünnter Schwefelsäure die kohlensauren Salze entfernt sind, verfährt Mohr auf folgende Weise: Man wiegt 3 Gramm feingeriebenen Braunstein ab, schüttet denselben in ein Medicinglas, giesst etwas Wasser und concentrirte Schwefelsäure darauf und stellt auf dieselbe Wagschale daneben in einer Schachtel etwa 9 Gramm krystallisirter Kleesäure, und bringt die Wage ins Gleichgewicht. Hierauf wird die Oxalsäure in das Glas geschüttet und das Ganze umgeschüttelt, bis alle Kohlensäure entwichen ist, d. h. bis keine Gasentwickelung mehr stattfindet, und dann wiederum gewogen. —

Diese Methode ist etwas roh, insofern keine Vorsicht angewendet wird, die Entweichung von Wasserdämpfen gleichzeitig mit der Kohlensäure zu verhindern, daher auch der Braunstein immer besser scheinen wird, als er wirklich ist. Diesem Uebelstande, der gleichzeitigen Entwickelung von Wasserdämpfen, kann auf mehrfache Weise abgeholfen werden.

1) Man nimmt die Zersetzung in einem Stehkolben a (Fig. 20) vor, der durch einen Kork c verschlossen ist, der ein mit Chlorcalcium gefülltes Rohr b trägt. Durch dieses Chlorcalciumrohr geht ein Glasrohr d, welches fast bis auf den Boden des Gefässes a reicht und oben offen ist. Dasselbe wird während der Operation mit einem Wachspfropf verschlossen; ausserdem münden noch oben und unten in das Chlorcalciumrohr die kurzen Röhrenstücke e und f. Die sich mit der Kohlensäure gleichzeitig entwickelnden Wasserdämpfe werden nun von dem geschmolzenen Chlorcalcium in der Röhre b zurückgehalten, und nur die Kohlensäure entweicht durch das Rohr f. Nach Beendigung des Processes öffnet man das Rohr d und zieht mit dem

Munde an dem Rohre *f* die Luft aus dem Apparate, so lange dieselbe noch einen entschieden sauren Geschmack hat. Hierbei wird die in dem Kolben zurückbleibende Kohlensäure ausgesogen und durch das Rohr *d* durch atmosphärische Luft ersetzt. Der vor Beginn des Zersetzungsprocesses gewogene Apparat wird nach Beendigung desselben abermals gewogen, und der Verlust kann nur durch Kohlensäure bedingt sein.

2) Die leichteste Handhabung und die grösste Bequemlichkeit in der Ausführung der Untersuchung gewährt endlich der bereits beschriebene Apparat von Will und Fresenius und dessen Verbesserungen (Fig. 15—19). In den Zersetzungskolben *A* bringt man die Braunsteinprobe und Oxalsäure, während *B* wiederum mit Schwefelsäure angefüllt wird, um die sich entwickelnde Kohlensäure vollständig zu trocknen. Nachdem der Apparat mit Inhalt auf der Wage genau ins Gleichgewicht gebracht worden, wird durch gelindes Erwärmen auf dem Sandbade die Entwickelung der Kohlensäure eingeleitet und unterhalten. Sobald die Entwickelung vorüber ist, giebt der Gewichtsverlust des Apparats die Menge der gebildeten und entwichenen Kohlensäure an.

Uebelstände und Fehlerquellen. a) Es ist schon wiederholt hervorgehoben worden, dass das Mangansuperoxyd im Braunstein fast stets von einer grösseren oder geringeren Menge kohlensaurer Salze begleitet wird, welche bei Anwendung dieser Methode unbedingt vorher entfernt werden müssen, da ihre Kohlensäure ebenfalls ausgetrieben, den Gewichtsverlust vermehren und mithin veranlassen würde, dass der Braunstein besser erscheint als er ist. Die Entfernung der Kohlensäure aus den kohlensauren Salzen geschieht gewöhnlich mittelst Salpetersäure; diess ist jedoch mit vielem Zeitaufwand verknüpft, denn der mit Salpetersäure behandelte Braunstein muss darauf filtrirt, ausgewaschen und getrocknet werden, bevor man eine Probe zur Bestimmung des Mangansuperoxyd abwiegen kann. Kürzer kommt man entschieden zum Ziele, wenn man sich eines der beiden in Fig. 17 und 18 beschriebenen Apparate bedient, bei welchen ein Hinzufügen von Säure sowohl in das Gefäss *A* als *B* mit grosser Leichtigkeit möglich ist. Man schüttet also zunächst in das Gefäss *A* nur die abgewogene Braunsteinprobe, welche man mit etwas Wasser übergiesst, und bringt in das Gefäss *B* Schwefelsäure. Nachdem der Apparat gewogen, lässt man aus B etwas Säure nach A überströmen; die Kohlensäure wird dadurch ausgetrieben und entweicht. Nachdem auf wiederholtes Hinzulassen von Säure zum Braunstein keine Kohlensäure-Entwickelung mehr stattfindet, öffnet man das Rohr a, saugt bei d Luft, so lange sie noch sauer schmeckt, und wiegt abermals. Der Gewichtsverlust rührt von der entwichenen Kohlensäure aus den kohlensauren Salzen her. Nun erst bringt man die gehörigen Quantitäten Oxalsäure und Schwefelsäure in das Gefäss A, wiegt das Ganze nochmals und leitet alsdann durch successive Erwärmung die Zersetzung des Braunsteins ein. Handelt es sich, wie in den meisten Fällen, nicht um eine quantitative Bestimmung der Kohlensäure in den kohlensauren Salzen, so bleibt das Verfahren ungeändert, nur dass man alsdann der ersten und zweiten Abwiegung überhoben ist. Immerhin ist einleuchtend, dass diese Methode durch die Gegenwart von kohlensauren Salzen einen bedeutenden Abbruch an der Einfachheit erleidet, welche sie im ersten Augenblick zu haben scheint.

b) Will man das Schema des bei dieser Methode stattfindenden Processes in die Zahlen übersetzen, welche das Verhältniss der anzuwendenden Quantitäten der einzelnen Substanzen ausdrücken, so hat man bei der Schwefelsäure und Oxalsäure auf ihren steten Wassergehalt Rücksicht zu nehmen. — Das Mischungsgewicht der Oxalsäure $C^2 O^3$ ist 450,24, das des Mangansuperoxyds $Mn O^2$ ist 544,684, das der Schwefelsäure $S O^3$ ist 500,75. Die krystallisirte Oxalsäure enthält, wie p. 85 erwähnt, 42,84 pCt. Wasser, man hat daher auf 544,684 Braunstein 787,68 Oxalsäure anzuwenden. Ebenso enthält eine Schwefelsäure von **66 Grad Baumé**, wie sie im Handel gewöhnlich vorkommt, mindestens 22 pCt. Wasser, daher statt 500,75 Gewichtstheile deren 641,98 anzuwenden sind. Das Schema wird mithin, in Zahlen ausgedrückt, folgendes:

<table>
<tr><td></td><td align="center">Vor</td><td align="center">der Zersetzung.</td><td align="center">Nach</td></tr>
<tr><td>787,68 Oxal-
säure</td><td>=</td><td>{337,44 Wasser
{450,24 Oxalsäure</td><td></td></tr>
<tr><td>544,684 Man-
gansup.oxyd</td><td>=</td><td>{100,00 Sauerstoff
{444,684 Manganoxydul</td><td>450,24 Oxalsäure } = 550,24 Koh-
100,00 Sauerstoff } = lensäure.
444,684 Manganoxydul) 945,434
} = schwefels.</td></tr>
<tr><td>641,98
Schweflsäur.</td><td>=</td><td>{500,75 Schwefelsäure
{141,23 Wasser</td><td>500,75 Schwefelsäure) Manganoxydul
337,44 Wasser } = 478,67 Was-
141,23 Wasser) ser.</td></tr>
</table>

Es würde nun entschieden ausserordentlich unbequem und mit der Unbequemlichkeit auch eine Quelle zahlreicher Fehler verknüpft sein, wenn man zur Probe nicht eine bestimmte, sondern eine beliebige Quantität Braunstein abwiegen wollte, denn man hätte alsdann für irgend eine beliebige Quantität Braunstein $= n$, folgende Rechnungen auszuführen:

$544,684 : 787,68 = n : x$ (Menge der Oxalsäure),

$544,684 : 641,98 = n : y$ (Menge der Schwefelsäure),

$544,684 : 550,24 = n : z$ (Menge der Kohlensäure, die entwickelt werden soll),

$z : 100 = a$ (die erhaltene Menge der Kohlensäure) $: m$ (dem Procentgehalt des Braunsteins an Mangansuperoxyd).

Wird n constant genommen, d. h. wiegt man stets dieselbe Quantität Braunstein zur Probe ab, so lassen sich x, y, z ein für alle Mal berechnen, und es bleibt dann für den jedesmaligen Fall nur die letzte Proportion aufzulösen, welches einfach dadurch geschieht, dass man a mit $\frac{100}{z}$ multiplicirt. — Auch diese Rechnung lässt sich endlich vermeiden, wenn man stets eine solche Quantität Braunstein zur Probe abwiegt, dass, wenn derselbe reines Mangansuperoxyd wäre, sich gerade 100 Gewichtstheile Kohlensäure entwickeln müssten; alsdann würde nämlich jeder Gewichtstheil erhaltener Kohlensäure unmittelbar 1 pCt. Mangansuperoxyd im angewandten Braunstein anzeigen. Die hierzu erforderlichen Mengenverhältnisse sind aber

142,58 Oxalsäure,

98,99 Braunstein,

116,49 Schwefelsäure.

Es sind mithin, abgesehen von der Bestimmung der kohlensauren Salze, jedesmal 3 Abwiegungen der Substanzen nöthig, wozu dann noch die Abwiegung des gefüllten Apparates vor und nach der Zersetzung kommt, wodurch diese Methode entschieden etwas umständlich wird, wenn auch die Abwiegungen der Oxalsäure und Schwefelsäure keine grosse Genauigkeit erheischen, da es bei diesen nur darauf ankommt, dass eine hinreichende Quantität dieser Säuren vorhanden ist.*)

---

*) Es verdient nach dem p. 84 Gesagten hier kaum erwähnt zu werden, dass an Stelle der freien Oxalsäure wiederum das neutrale oxalsaure Kali angewendet werden kann; dieses Salz ist allerdings viel billiger, allein da 1151,576 Gewichtstheile neutrales oxalsaures Kali nur so viel leisten, als

c) **Was die Wahl** der Gewichtseinheit anbetrifft, die man obigen Zahlen zu Grunde zu legen hat, so wird man am besten thun, das Grangewicht hierzu zu nehmen, und mithin 99 Gran Braunstein, 142 Gran Oxalsäure und 116 Gran Schwefelsäure abzuwiegen haben. Man erhält hierdurch allerdings ein ziemlich bedeutendes Gewicht der auf einander wirkenden Substanzen, allein es ist wesentlich, dass die Masse dieser nicht allzu gering sei im Verhältniss zum Gewichte des Apparates, da sonst zu genaue Wagen dazu gehören, um geringe Unterschiede im Procentgehalt des zu untersuchenden Braunsteins mit Sicherheit zu erkennen. — Es ist dies überhaupt der grösste Fehler dieser Methode, dass man so grosse Gewichte auf die Wage zu bringen hat; selbst bei Anwendung der äusserst fein gearbeiteten Apparate Fig. 17 und 18 erhält man ein Gewicht von über 4 Unzen. Ein solches Gewicht muthet man einer fein gearbeiteten Wage nicht gern zu, und doch gehört schon ein nicht unbedeutender Grad von Genauigkeit der Wage dazu, bei einer Belastung von 8 Unzen noch bei 1 Gran, also bei $\frac{1}{3840}$, einen deutlichen Ausschlag zu geben.

d) Sobald man Oxalsäure und Schwefelsäure zu dem Braunstein geschüttet und gegossen, ist es nöthig, die Abwägung so schnell als möglich vorzunehmen, denn da die Zersetzung schon bei gewöhnlicher Temperatur anhebt, so kann durch ein säumiges Abwiegen ein nicht unerheblicher Verlust an Kohlensäure veranlasst und der Procentgehalt bedeutend geringer gefunden werden, als er wirklich ist.

e) Andererseits kann aber auch bei Anwendung dieser Methode der Gehalt des Braunsteins an Mangansuperoxyd leicht zu hoch gefunden werden. Es ist nämlich nicht möglich, ohne Temperaturerhöhung die letzten Antheile des Braunsteins zu zersetzen, man muss aber hierbei sehr vorsichtig sein, dass die Temperatur nicht zu hoch steige und dass überhaupt der ganze Process nicht zu schnell verlaufe. In beiden Fällen wird die als Sperrflüssigkeit gebrauchte Schwefelsäure in dem Gefässe

---

787,68 Gewichtstheile krystallisirte Oxalsäure, und der Kostenpunkt bei derartigen Untersuchungen am wenigsten in Betracht kommt, so ist die Anwendung der letzteren der des Salzes vorzuziehen, da durch dieses das ohnebin hohe Gewicht des Apparates und der Mischung nur unnöthiger Weise erhöht wird.

B ebenfalls sehr warm und lässt Wasserdämpfe unabsorbirt entweichen, wodurch dann ein zu günstiges Resultat erhalten wird.[*])

5. **Methode, beschrieben von H. Schwarz** in dessen Schrift: „Ueber die Maassanalysen". Dieselbe gründet sich darauf, dass schweflige Säure reducirend auf Mangansuperoxyd wirkt und auf Kosten der Hälfte seines Sauerstoffs zunächst in Unterschwefelsäure ($S^2 O^5$) und schliesslich in Schwefelsäure verwandelt wird, welche sich mit dem durch Reduction entstandenen Manganoxydul zu einem Salze verbindet. Aus der Auflösung dieses Salzes wird die Schwefelsäure durch Chlorbarium gefällt und wie in Methode 2 als schwefelsaure Baryterde bestimmt. —

Schema des Processes.

$$\underset{\text{Vor}}{} \quad \text{der Aufeinanderwirkung.} \quad \underset{\text{Nach}}{}$$

$$\begin{array}{l}\text{Schweflige Säure} = SO^2 \\ \text{Mangansuperoxyd } MnO^2 = \end{array} \left.\begin{array}{l} SO^2 \\ \begin{cases} O \\ MnO \end{cases} \quad O \end{array}\right\} = \left.\begin{array}{l} SO^3 \\ MnO \end{array}\right\} = MnO + SO^3$$

woraus hervorgeht, dass je 1 Mischungsgewicht Schwefelsäure oder schwefelsaure Baryterde 1 Mischungsgewicht Mangansuperoxyd im untersuchten Braunstein anzeigt.

Verfahren: Man löst die abgewogene Braunsteinprobe mit Hülfe von Wärme in einer wässrigen Lösung von schwefliger Säure auf, die jedoch von Schwefelsäure möglichst frei sein muss; nach erfolgter Auflösung des Braunsteins wird dieselbe unter Zusatz von Salzsäure bis zum Kochen erhitzt, um die Unterschwefelsäure vollständig in Schwefelsäure zu verwandeln. Hierauf wird die Flüssigkeit von der unzersetzt gebliebenen Gangart abgegossen und durch Chlorbariumauflösung gefällt, der Niederschlag filtrirt, getrocknet und gewogen.

---

[*]) Wer im Besitz der nöthigen Apparate ist und mit Thermometer, Barometer und Hygrometer umzugehen versteht, kann natürlich die Kohlensäure auch in Gasform auffangen und dem Maasse nach bestimmen. Es würde alsdann die Zersetzung in einem Kolben vorzunehmen sein, der mit einem Chlorcalciumrohre verbunden ist, und das Auffangen der Kohlensäure über Quecksilber stattfinden müssen. Es böte dieser Gang der Untersuchung den Vortheil dar, dass man nicht nöthig hätte, die Apparate mit zu wiegen und man eine grössere Menge Braunstein zur Probe nehmen könnte; allein die bereits bei der ersten Methode erwähnten Correctionen sind so umständlich und geben so leicht zu Fehlern Veranlassung, dass die Bestimmung einer Gasart dem Maasse nach für technische Zwecke überhaupt nicht empfohlen werden kann.

Uebelstände und Fehlerquellen. Es sind deren bei dieser Methode so viele, dass sie wohl kaum eine Anwendung finden dürfte, allein der Vollständigkeit wegen mögen sie kurz erwähnt werden.

a) Die wässrige schweflige Säure ist ein Präparat, welches auch selbst in verschlossenen Gefässen keine lange Aufbewahrung zulässt, ohne sich zum grossen Theil in Schwefelsäure zu verwandeln; es darf daher dieselbe nur kurze Zeit vor ihrer Anwendung bereitet sein. Dies ist hier um so nothwendiger, als die Entfernung der Schwefelsäure vor Anwendung der Lösung durch Chlorbarium mit einigen Schwierigkeiten verknüpft ist, denn ein zu geringer wie ein zu grosser Zusatz von diesem ist gleich nachtheilig für das Resultat der Untersuchung. Ein zu geringer Zusatz von Chlorbarium giebt ein zu grosses Resultat, da alsdann die Flüssigkeit schon ursprünglich Schwefelsäure enthielt; ein zu grosser Zusatz giebt einen zu geringen Gehalt an Superoxyd, da alsdann die zunächst gebildete Schwefelsäure augenblicklich als schwefelsaure Baryterde niederfällt.

Am Vortheilhaftesten dürfte daher das Verfahren bei dieser Methode so eingerichtet werden, dass man die abgewogene Braunsteinprobe in warmem Wasser suspendirt und so lange schweflige Säure hindurch leitet, als noch unzersetzter Braunstein sich durch seine schwarze Farbe zu erkennen giebt. Uebrigens auch hierbei wird Unterschwefelsäure gebildet, und ist daher das Kochen mit Salzsäure unerlässlich. Die Menge der gebildeten Unterschwefelsäure ist sehr variirend und darf daher das Kochen nicht zu früh unterbrochen werden, da bei einem geringen Gehalt an Unterschwefelsäure die Umwandlung derselben zu Schwefelsäure erst nach längerem Kochen erfolgt.

b) Uebelstände und Fehlerquellen, die in dem Filtriren, Auswaschen, Trocknen und Wiegen der schwefelsauren Baryterde ihren Grund haben und die den bei Methode 3 unter a) und b) angegebenen gleichen. —

6. Methode, beschrieben von H. Schwarz in dessen Schrift: „Ueber die Maassanalysen". Dieselbe beruht darauf, dass Mangansuperoxyd mit Schwefelbarium erhitzt, die Hälfte seines Sauerstoffs an dieses abgiebt, wodurch der Schwefel in Schwefelsäure, das Baryum in Baryterde verwandelt wird, welche sich beide zu schwefelsaurer Baryterde verbinden, während das Mangansuperoxyd in Manganoxydul übergeht. Aus der unauflös-

lichen schwefelsauren Baryterde wird der Gehalt des Braunsteins an Superoxyd berechnet.

Schema des Processes.

$$
\begin{array}{lll}
& \text{Vorher.} & \text{Nachher.} \\
BS = \left\{\begin{array}{l} B \\ S \end{array}\right. & \left.\begin{array}{l} B \\ O \end{array}\right\} = BO \left.\right\} \\
4\,MnO^2 = \left\{\begin{array}{l} O \\ O^3 \\ 4\,MnO \end{array}\right. & \left.\begin{array}{l} S \\ O^3 \end{array}\right\} = SO^3 \left.\right\} = BO + SO^3 \\
& & 4\,MnO
\end{array}
$$

woraus hervorgeht, dass 1 Mischungsgewicht gefundene schwefelsaure Baryterde 4 Mischungsgewichten Mangansuperoxyd im untersuchten Braunstein entspricht.

Verfahren. Das Gemenge des Braunsteins mit dem Schwefelbarium wird in einem gut verschlossenen Tiegel stark geglüht, darauf das rückständige Schwefelbarium mit Wasser und das entstandene Manganoxydul mit Salzsäure ausgezogen. Von dem rückständigen schwefelsauren Baryt muss noch die durch einen besonderen Versuch bestimmte Gangart abgezogen werden. Es bildet sich auch etwas Schwefelmangan, was sich durch die Entwickelung von Schwefelwasserstoff beim Uebergiessen mit Salzsäure nachweisen lässt. Es lässt sich daraus schliessen, dass auch ein Theil des Manganoxyduls zur Oxydation des Schwefelbariums beigetragen hat. Auch der Luftzutritt, und in Folge desselben eine neue Bildung von schwefelsaurem Baryt, möchte nicht zu vermeiden sein.

Diese Methode ist so complicirt und fehlerbehaftet, dass wir nicht nöthig haben, näher auf Uebelstände und Fehlerquellen einzugehen. —

7. **Methode, beschrieben von H. Schwarz** in dessen Schrift: „Ueber die Maassanalysen". Dieselbe beruht darauf, dass Schwefel, mit Mangansuperoxyd geglüht, sich sowohl mit dem Mangan zu Schwefelmangan, als mit dem Sauerstoff zu schwefliger Säure verbindet, welche letztere über Quecksilber aufgefangen und gemessen werden kann.

Schema des Processes.

$$
\begin{array}{lll}
& \text{Vorher.} & \text{Nachher.} \\
2S = \left\{\begin{array}{l} S \\ S \end{array}\right. & \left.\begin{array}{l} S \\ O^3 \end{array}\right\} = SO^3 \\
MnO^2 = \left\{\begin{array}{l} O^3 \\ Mn \end{array}\right. & \left.\begin{array}{l} S \\ Mn \end{array}\right\} = MnS
\end{array}
$$

1 Mischungsgewicht schweflige Säure entspricht mithin 1 Mischungsgewicht Mangansuperoxyd im untersuchten Braunstein.

Es ist dies eine ganz unbrauchbare Methode, wegen der Auflösung der schwefligen Säure in dem mit ausgetriebenen Wasser, wegen Verbrennung des Schwefels in der Luft des Apparates, und endlich wegen der nebenbei gehenden Bildung von Schwefelsäure.

8. **Methode von Kuhlmann.** Dieselbe gründet sich darauf, dass Salmiak (Chlorammonium), mit Mangansuperoxyd erhitzt, Chlormangan bildet, während Ammoniak, Wasser und Stickstoff abdestilliren; letzterer wird aufgefangen und aus seiner Menge die des Mangansuperoxydes berechnet.

Schema des Processes.

$$\text{Salmiak} = 3N^2H^3Cl^2 = \begin{cases} 3Cl^2 & 3Cl^2 \\ 6H^2 & 3Mn \end{cases} = MnCl^2 \text{ Manganchlorid} \\ \begin{cases} 2H^4 & 6H^2 \\ 2N^2 & 6O \end{cases} = 6H^2O \text{ Wasser} \\ \begin{cases} 2N & 2H^4 \\ 3Mn & 2N^2 \end{cases} = 2H^4N^2 \text{ Ammoniak} \\ 3MnO^2 = \begin{cases} 6O & 2N \text{ Stickstoff.} \end{cases}$$

2 Mischungsgewichte Stickstoff entsprechen also 3 Mischungsgewichten Mangansuperoxyd. — Die Methode ist durchaus unbrauchbar. —

9. **Methode von Duflos.** Dieselbe beruht darauf, dass schweflige Säure in Gegenwart von Wasser durch Chlorgas in Schwefelsäure verwandelt wird.

Schema des Processes.

$$H^2O = \begin{cases} SO^2 & SO^2 \\ O & O \end{cases} = SO^3 \\ \begin{cases} H^2 & H^2 \\ Cl^2 & Cl^2 \end{cases} = H^2Cl^2$$

Verfahren. Es wird die Probe des zu untersuchenden Braunsteins in einem kleinen Kolben mit Salzsäure erwärmt und das sich entwickelnde Chlor in eine Auflösung von Chlorbarium geleitet, die möglichst vollkommen mit schwefligsaurem Gas gesättigt ist; es entsteht sofort Chlorwasserstoffsäure und Schwefelsäure, von denen letztere als schwefelsaure Baryterde zu Boden fällt. Sobald die Zersetzung des Braunsteins beendet ist, erwärmt man die Chlorbariumlösung bis zum Kochen, theils um die überschüssige schweflige Säure zu verjagen, die bei längerem Stehen sich noch zum Theil in Schwefelsäure verwandeln würde, theils um die schwefelsaure Baryterde leichter filtriren zu können. Hierauf wird filtrirt, getrocknet, gewogen, und da 1 Mischungsgewicht Mangansuperoxyd 2 Mischungsgewichte Cl zu entwickeln vermag, so folgt, dass je 1 Mischungsgewicht schwefelsaure Baryterde 1 Mischungsgewicht Mangansuperoxyd im untersuchten Braunstein entspricht.

Uebelstände uud Fehlerquellen. Bevor die Prüfung des Braunsteins mit der Leichtigkeit und Genauigkeit ausgeführt werden konnte, wie solche die Methoden 4 und 19 gestatten, gehörte die hier beschriebene unstreitig zu den besten. Allein gegenwärtig sind folgende Uebelstände ihrer allgemeinen Anwendung hinderlich.

a) Die Bereitung der schwefligen Säure aus Schwefelsäure und Kohle oder Kupfer ist an sich mit keinen Schwierigkeiten verknüpft, allein wie schon erwähnt geht dieselbe bei längerem Anfbewahren sehr leicht in Schwefelsäure über, und wenn das hier auch weniger nachtheilig ist, als bei Anwendung der Methode 5, da sich hier die erzeugte Schwefelsäure sogleich als schwefelsaure Baryterde zu Boden schlägt, von welcher die klare Flüssigkeit abgegossen werden muss, bevor man das Chlor hindurchleitet, so wird doch bei längerem Stehen durch diese Oxydation der Gehalt an schwefligsaurem Gase so ververringert, dass man Gefahr läuft, dass ein Theil Chlor unverändert theils absorbirt wird, theils entwoicht. Daher ist es stets wünschenswerth, zur Prüfung des Braunsteins ein frisch dargestelltes Präparat anzuwenden, wodurch andrerseits diese Methode sehr umständlich wird. Ob schweflige Säure in hinreichender Menge vorhanden gewesen, ersieht man daraus, dass die Chlorbariumauflösung nach der Einwirkung des Chlors noch stark nach schwefliger Säure riecht.

b) Beim Filtriren der schwefelsauren Baryterde sind einige Vorsichtsmassregeln zu beobachten, ohne welche dieselbe leicht durchs Filtrum geht. Wie schon erwähnt, ist es zunächst gut, die Flüssigkeit, aus welcher sich die schwefelsaure Baryterde abgeschieden, zu erwärmen; hierauf filtrirt man nicht eher, als bis der Niederschlag sich vollkommen gesenkt hat und die überstehende Flüssigkeit vollkommen klar geworden ist. Man giesst erst diese klare Flüssigkeit durch das Filtrum und übergiesst, wenn die rückständige schwefelsaure Baryterde noch mit einer 2 bis 3 Linien hohen Schicht von der Flüssigkeit bedeckt ist, dieselbe mit mehreren Loth heissen Wassers, rührt das Ganze gut um, lässt die schwefelsaure Baryterde sich wieder absetzen, und wiederholt diese Behandlung noch zwei bis drei Mal. Ohne diese, allerdings mit grossem Zeitaufwand verbundene Vorsicht läuft man Gefahr, dass die schwefelsaure Baryterde zum Theil mit durch's Filtrum geht, wodurch nicht nur die zum Filtriren nöthige Zeit verdoppelt und verdreifacht wird, sondern auch sehr leicht ein Verlust an schwefelsaurer Baryterde herbeigeführt wird. —

10. Methode von Graham. Dieselbe beruht darauf, dass Chlor mit schwefelsaurem Eisenoxydul in Berührung gebracht, diesem einen Theil seines Eisens entzieht, wodurch das Salz in schwefelsaures Eisenoxyd verwandelt wird, während das ausgeschiedene Eisen mit dem Chlor zu Eisenchlorid sich verbindet. Die Umwandlung des Eisensalzes ist mittelst rothem Cyaneisenkalium leicht zu entdecken und aus der Quantität desselben die Quantität des vorhandenen Chlors zu berechnen.

Schema des Processes:

$$6\,(\mathrm{FeO} + \mathrm{SO}^3) = \begin{cases} 6\,\mathrm{SO}^3 \\ 2\,\mathrm{Fe}^2 \\ 2\,\mathrm{O}^3 \\ \mathrm{Fe}^2 \\ 3\,\mathrm{Cl}^2 \end{cases} \quad \begin{matrix} \left.\begin{matrix} 6\,\mathrm{SO}^3 \\ \left.\begin{matrix} 2\,\mathrm{Fe}^2 \\ 2\,\mathrm{O}^3 \end{matrix}\right\} = 2\,\mathrm{Fe}^2\mathrm{O}^3 \end{matrix}\right\} = 2\,(\mathrm{Fe}^2\mathrm{O}^3 + 3\,\mathrm{SO}^3) \\ \left.\begin{matrix} \mathrm{Fe}^2 \\ 3\,\mathrm{Cl}^2 \end{matrix}\right\} = \mathrm{Fe}^2\mathrm{Cl}^3 \end{matrix}$$

Woraus hervorgeht, dass 1329,84 G.-Th. Chlor $= 3$ Cl zu deren Entwickelung 1634,052 G.-Th. Mangansuperoxyd erforderlich sind, im Stande sind 5707,662 G.-Th. Eisenvitriol $= 6(\mathrm{FeO} + \mathrm{SO}^3)$, welche 10431,822 G.-Th. kryst. Eisenvitriol $= 6\,(\mathrm{FeO} + \mathrm{SO}^3 + 7\,\mathrm{H}^2\mathrm{O})$ entsprechen, vollständig in schwefelsaures Eisenoxyd und Eisenchlorid zu verwandeln, oder auf kleinere Zahlen reducirt: 50 Gran reines Mangansuperoxyd liefern so viel Chlor, als zur höheren Oxydirung von 319,2[*]) Gran Eisenvitriol erforderlich ist.

Verfahren: 50 Gran des pulverisirten zu prüfenden Braunsteins und 319 Gran (oder eine nicht weniger betragende Menge) Eisenvitriol[**]) werden abgewogen. Den Braunstein giebt man

---

[*]) Graham giebt 317 Gran Eisenvitriol an, was darin seinen Grund hat, dass er die älteren zu kleinen Zahlen für die Mischungsgewichte des Eisens und Schwefels zu Grunde legt.

[*]) Man bereitet sich diesen am besten auf folgende Weise: Man löst rostfreie eiserne Nägel in verdünnter Schwefelsäure, zuletzt unter Erwärmen, auf, filtrirt die noch etwas warme Lösung ab, und versetzt dieselbe, so wie sie abläuft, mit Weingeist, so lange noch ein Niederschlag dadurch entsteht,

in eine Digerirflasche und übergiesst ihn darin mit ungefähr $1\frac{1}{4}$ Unzen starker Salzsäure und $\frac{1}{2}$ Unze Wasser. Man setzt nun von dem abgewogenen Eisenvitriol anfangs in grösseren, dann in kleineren Antheilen so lange hinzu, bis eine mittelst eines Glasstabes herausgenommene Probe der Flüssigkeit, welche man zuletzt etwas erwärmt, in einem Tropfen einer Auflösung von rothem Blutlaugensalz, die man auf einen Porzellanteller ge-sprengt hat, eben anfängt, einen blauen Niederschlag zu er-zeugen und nicht mehr nach Chlor riecht, als Beweis, dass ein wenig Eisenvitriol überschüssig in derselben vorhanden ist. Durch Wägen des noch rückständigen Eisenvitriols wird die verbrauchte Quantität ermittelt; es mögen v Garne sein. Wenn der Braunstein das reine Superoxyd gewesen wäre, so würden 319 Gran Eisenvitriol verbraucht worden sein, und diese wür-den mithin 100 pCt. Superoxyd anzeigen; wenn aber der Braun-stein nur theilweis aus Superoxyd bestand, so wird er eine verhältnissmässig kleinere Menge Eisenvitriol consumirt haben, aus welcher sich der Procentgehalt an Superoxyd durch die Proportion:

$$319 : 100 = v : x$$
$$x = \frac{100\,v}{319} = 0{,}313\,.\,v$$

berechnen lässt. Angenommen, man habe nur 298 Gran Eisen-vitriol bei der Prüfung verbraucht, so enthielt der geprüfte Braunstein $0{,}313\,.\,298 = 93{,}27$ pCt. Ebenso kann man aus der verbrauchten Menge schwefelsauren Eisenvitriols leicht berechnen, wie viel Procente Chlor der geprüfte Braunstein bei seiner Be-nutzung zu entwickeln im Stande ist. 50 Gewichtstheile reines Mangansuperoxyd nämlich entwickeln 41 Gewichtstheile oder 82 pCt. Chlor, und diese verwandeln 319 Gewichtstheile Eisen-vitriol in Eisenoxydsalz, daher giebt die Proportion:

$$319 : 82 = v : x$$
$$x = \frac{82\,.\,v}{319} = 0{,}257$$

<hr>

Dieser Niederschlag ist der Eisenvitriol; man sammelt ihn auf einem Filter, süsst ihn mit Weingeist sorgfältig aus und breitet ihn dann zum Abtrocknen an der Luft auf Fliesspapier aus. Wenn derselbe nicht mehr nach Wein-geist riecht, bringt man ihn in gut zu verschliessende Gefässe. Er muss ein trocknes krystallinisches Pulver von bläulich weisser Farbe darstellen, und hält sich, auf diese Art bereitet, selbst an der Luft, wenn diese nicht zu feucht ist, unverändert.

die zur Oxydirung von v Grane Eisenvitriol nöthige Quantität Chlor in Procenten der zur Prüfung angewandten Menge Braunstein. Für den Fall also, wo $v = 298$, wird der geprüfte Braunstein $0{,}257 \cdot 298 = 76{,}5$ pCt. Chlor zu liefern im Stande sein.

Um die Berechnungen überflüssig zu machen, hat Otto folgende Tabelle geliefert:

Tabelle,

welche die, den verbrauchten Granen Eisenvitriol entsprechenden Procente an Mangansuperoxyd und Chlor angiebt, wenn 50 Gran Braunstein und 317 Gran Eisenvitriol gewonnen worden sind. *)

Rückständiger Eisenvitriol. Grane.	Verbrauchter Eisenvitriol. Grane.	Procente an Superoxyd.	Der Braunstein liefert Procente Chlor.	Rückständiger Eisenvitriol. Grane.	Verbrauchter Eisenvitriol. Grane.	Procente an Superoxyd.	Der Braunstein liefert Procente Chlor.
0	317	100	82,0	63	254	80	65,6
3	314	99	81,0	66	251	79	64,8
6	311	98	80,3	69	248	78	64,0
9	308	97	74,5	73	244	77	63,2
12	305	96	78,7	76	241	76	62,4
15	302	95	78,0	79	238	75	61,5
18	299	94	77,0	82	235	74	60,7
22	295	93	76,2	85	232	73	59,8
25	292	92	75,5	89	228	72	59,0
28	289	91	74,6	92	225	71	58,2
31	286	90	73,8	95	222	70	57,4
34	283	89	73,0	98	219	69	56,5
38	279	88	72,2	101	216	68	55,7
41	276	87	71,2	104	213	67	55,0
44	273	86	70,5	107	210	66	54,1
47	270	85	69,7	110	207	65	53,3
50	267	84	68,8	114	203	64	52,5
53	264	83	68,0	117	200	63	51,6
57	260	82	67,2	120	197	62	50,8
60	257	81	66,4	123	194	61	50,0

*) Der Verfasser giebt hier die Graham'sche Tabelle unverändert, wiewohl, wie erwähnt, die Zahl 317 zu niedrig ist und an deren Stelle die Zahl 319 der Berechnung zu Grunde gelegt werden sollte. Es ist jedoch der hierdurch in den Procentzahlen verursachte Unterschied so gering (statt 60 pCt. z. B. würden 59,5, statt 100 99,3 pCt. erhalten werden), dass er es nicht für erforderlich hielt, die ganze Tabelle neu zu berechnen.

Rückständiger Eisenvitriol. Grane.	Verbrauchter Eisenvitriol. Grane.	Procente an Superoxyd.	Der Braunstein liefert Procente Chlor.	Rückständiger Eisenvitriol. Grane.	Verbrauchter Eisenvitriol. Grane.	Procente an Superoxyd.	Der Braunstein liefert Procente Chlor.
127	190	60	49,2	161	156	49	40,2
130	187	59	48,3	164	153	48	39,3
133	184	58	47,5	167	150	47	38,5
136	181	57	46,7	171	146	46	37,7
139	178	56	45,9	174	143	45	36,9
142	175	55	45,1	177	140	44	36,0
146	171	54	44,2	181	136	43	35,2
149	168	53	43,4	184	133	42	34,4
152	165	52	42,6	187	130	41	33,6
155	162	51	41,8	190	127	40	32,8
158	159	50	41,0				

Uebelstände und Fehlerquellen. Es empfiehlt sich diese Methode sehr dem Techniker durch ihre Einfachheit und leichte Ausführung. Sie erfordert nur 3 Abwägungen, erheischt keine besonderen Apparate, giebt ein rasches Resultat und setzt zu ihrer Ausführung nicht chemische Vorkenntnisse voraus; denn so lange die Flüssigkeit noch von unzersetztem Braunstein sehr schwarz erscheint, braucht man mit dem Zugeben des Eisenvitriols nicht ängstlich zu sein, erst wenn die Flüssigkeit anfängt heller zu werden, ist beim Zusatz des Salzes einige Vorsicht nothwendig. Allein nichtsdestoweniger leidet sie an folgenden Mängeln:

a) Das schwefelsaure Eisenoxydul ist ein sehr veränderliches Präparat, indem es, selbst bei sorgfältiger Verwahrung, sich sehr leicht in Oxydsalz verwandelt, wodurch man bei seiner Anwendung ein zu grosses Resultat erhalten muss; das nach Graham's Vorschrift dargestellte schwefelsaure Eisenoxydul ist allerdings ziemlich beständig, allein seine Darstellung ist für den Laien mit manchen Schwierigkeiten verknüpft und es ist ein Uebelstand der Methode, dass gerade von diesem Salz sehr viel verbraucht wird.

b) Eine grosse Fehlerquelle liegt in dem Umstande, dass die Entwickelung des Chlors stetig erfolgt, während das schwefelsaure Eisenoxydul portionsweise hinzugefügt wird. Hierdurch ist es ganz unvermeidlich, dass vor jedem neuen Zusatz des Salzes etwas Chlor unverändert entweicht, wie das auch schon der Geruch der Flüssigkeit zu erkennen giebt.

c) Endlich braucht kaum bemerkt zu werden, dass das rothe Blutlaugensalz (Kalium-Eisencyanid) gänzlich frei von dem gelben (Kalium-Eisencyanür) sein muss, weil sonst von Anfang an schon ein blauer Niederschlag erhalten werden würde. — Man kann von der Reinheit des Reagenz überzeugt sein, wenn die Auflösung desselben in einer Eisenoxydlösung keine Spur einer blauen Färbung hervorbringt.

11. Methode von Fuchs und Fikentscher. [*]) — Dieselbe gründet sich darauf, dass das Chlor, welches man aus Chlorwasserstoffsäure und Braunstein entwickelt, Kupferchlorür (Ca Cl) bildet, wenn es mit einem Ueberschuss von Kupfer in Berührung kommt.

Schema des Processes:

$$\text{vorher:} \qquad\qquad \text{nachher:}$$

$$Mn\,O^2 = \begin{cases} Mn \\ O^2 \end{cases} \qquad \left.\begin{matrix} Mn \\ Cl^2 \end{matrix}\right\} = Mn\,Cl^2$$

$$2\,H^2\,Cl^2 = \begin{cases} Cl^2 \\ Cl^2 \\ 2\,H^2 \end{cases} \qquad \left.\begin{matrix} 2\,H^2 \\ O^2 \end{matrix}\right\} = 2\,H^2\,O$$

$$Cu^2 \qquad\qquad \left.\begin{matrix} Cl^2 \\ Cu^2 \end{matrix}\right\} = 2\,Cu\,Cl$$

Je 2 M.-G. oder 791,20 G.-Th. verbrauchtes Kupfer entsprechen mithin 1 M.-G. oder 544,684 G.-Th. Mangansuperoxyd im untersuchten Braunstein.

Verfahren: Ungefähr 3—4 Grammes des zu untersuchenden Braunsteins im feingepulverten Zustande werden in einen Kolben gebracht, dessen Mündung mit einem Korke verschlossen werden kann, durch welchen eine enge Glasröhre geht. Man übergiesst den Braunstein mit etwas Wasser, bringt ungefähr 2 Loth recht blank gescheuerte, nicht zu dünne Kupferstreifen hinein, die man vorher gewogen hat, und darauf so viel Chlorwasserstoffsäure, als zur Auflösung des Braunsteins nothwendig ist, worauf man den Kolben sogleich mit dem Korke verschliesst. Man lässt das Ganze erst einige Zeit in der Kälte stehen, digerirt dann den Braunstein bis zur Auflösung und kocht zuletzt einige Zeit, worauf man die Mündung des Glas-

---

[*]) Journal für prakt. Chemie. Bd. 17., S. 173.

röhrchens sogleich mit Wachs verschliesst. Während der Auflösung des Braunsteins darf keine Spur von Chlor sich entwickeln, was der Fall sein würde, wenn man eine sehr starke
Chlorwasserstoffsäure und plötzliches, starkes Erhitzen anwenden
wollte. Nach dem Erkalten nimmt man die Kupferstreifen heraus, spült sie mit Wasser gut ab, trocknet sie und wägt sie.
Aus dem Gewichtsverluste des Kupfers berechnet man die Menge
des Superoxydes im untersuchten Braunstein. Das gebildete
Kupferchlorür bleibt theils in der Chlorwasserstoffsäure aufgelöst, theils scheidet es sich als weisses Pulver aus. Sollte etwas
davon auf den Kupferstreifen fest sitzen, so behandelt man dieselben mit etwas verdünnter Chlorwasserstoffsäure und darauf
mit Wasser.

Uebelstände und Fehlerquellen. Diese Methode
empfiehlt sich allerdings durch grosse Einfachheit und Leichtigkeit in der Ausführung. Es sind dabei nur 3 Abwiegungen
vorzunehmen und die Zusammenstellung des Apparates so wie
die Leitung des ganzen Processes so einfach, dass auch ein
Nichtchemiker nicht die mindeste Schwierigkeit dabei finden
kann, und nimmt man stets dieselbe Menge Braunstein zur
Untersuchung, so ist auch das Resultat sehr rasch durch einfache Rechnung zu gewinnen. Wählt man z. B. zur Untersuchung 3 Grammes Braunstein und beträgt der Gewichtsverlust
des Kupfers n Gramm, so erhält man aus der Proportion:

$$791,20 : 544,684 = n : x$$
$$x = \frac{n \cdot 544,684}{791,20}$$

die in 3 Gramm Braunstein enthaltene Menge Mangansuper-
Oxyd und aus der Proportion:

$$3 : \frac{n \cdot 544,684}{791,20} = 100 : p$$
$$p = \frac{n \cdot 54468,4}{3 \cdot 791.20} = n \cdot 22,95$$

den Procentgehalt desselben Braunsteins. Allein nichtsdestoweniger leidet sie an dem grossen Uebelstande, dass sie den
Gehalt des Braunsteins stets zu gross angiebt, wenn derselbe, wie dies in der Regel der Fall ist, eine nicht unbeträchtliche Menge Eisenoxyd enthält. Es wird nämlich das
Eisenoxyd durch die Einwirkung der Chlorwasserstoffsäure in

Eisenchlorid verwandelt, welches ebenfalls auf Kosten des Kupfers in Eisenchlorür übergeführt wird. Will man daher mittelst dieser Methode ein auf Genauigkeit Anspruch machendes Resultat erzielen, so muss eine zweite Probe in der Art angestellt werden, dass man eine genau eben so grosse Menge Braunstein, als vorher, mit Chlorwasserstoffsäure im offenen Kolben so lange kocht, bis alles Chlor entwichen ist, dann eine gewogene Menge von Kupferstreifen hineinbringt, den Kolben mit dem Korke verschliesst und nun so verfährt, wie oben angegeben ist. Den geringeren Kupferverlust, den man durch die zweite Probe erhalten hat, zieht man von dem in der ersten Probe erhaltenen ab; die Differenz ist alsdann die wahre Menge des Kupfers, nach welchem man die des Superoxyds berechnen muss.

12. Methode, angeführt von H. Rohse in dessen ausführlichem Handbuch der analytischen Chemie Bd. 2, S. 90. Dieselbe gründet sich auf das Verfahren des unauflöslichen Quecksilberchlorürs (Calomel) in Berührung mit Chlor in auflösliches Quecksilberchlorid, überzugehen.

Schema des Processes:

2 Hg Cl
und 2 Cl   geben 2 Hg Cl².

Verfahren: Das aus einer abgewogenen Probe des zu untersuchenden Braunsteins mittelst Chlorwasserstoffsäure entwickelte Chlor wird in ein Gefäss mit Wasser geleitet, in welchem sich eine abgewogene Menge Quecksilberchlorid suspendirt befindet. Durch fleissiges Umrühren der Flüssigkeit wird das Absetzen des Salzes verhindert und die Absorbtion des Chlors unterstützt. Nachdem die Entwickelung des Chlors beendet, wird filtrirt, das Quecksilberchlorür gut ausgewaschen, getrocknet, wieder gewogen und aus dem Gewichtsverlust der Gehalt des Braunsteins an Mangansuperoxyd berechnet. 2 M.-G. Quecksilberchlorür absorbiren, wie aus dem Schema ersichtlich, 2 M.-G. Chlor. Diese entsprechen aber 1 M.-G. Mangansuperoxyd im Braunstein, daher auch je 2945,86 Gewichtstheile verschwundenes Quecksilberchlorür 544,684 G.-Th. Mangansuperoxyd in Braunstein anzeigen.

Uebelstände und Fehlerquellen. a) Diese Methode leidet, wie alle diejenigen, bei denen ein Filtriren, Auswaschen und Trocknen eines Niederschlags nothwendig ist, an dem Uebelstande eines grossen Zeitaufwandes, so dass das Resultat erst nach einigen Tagen erhalten wird; sie involvirt aber ausserdem noch

b) eine bedeutende Fehlerquelle in der langsamen Zersetzung, welche das Quecksilberchlorür durch das Chlor erleidet, in Folge deren die Einwirkung der Chlorwasserstoffsäure auf den Braunstein ebenfalls nur sehr langsam erfolgen darf, wenn man nicht durch Entweichen von freiem Chlor einen bedeutenden Verlust erleiden will. — Die Methode steht in jeder Beziehung der unter 9. beschriebenen, mit welcher sie dem inneren Vorgange nach grosse Aehnlichkeit hat, nach, daher wir nicht nöthig haben, länger bei derselben zu verweilen.

13. Methode von Turner. Dieselbe beruht, wie die später von Otto angegebene, darauf, dass schwefelsaures Eisenoxydul in Berührung mit Chlor in schwefelsaures Eisenoxyd und Eisenchlorid verwandelt wird; das Schema des Processes ist daher das Seite **97** angegebene

$$6\,(FO + SO^3) \text{ geben } 2\,(Fe^2 O^3 + 3SO^3)$$
$$\text{und } 3\,Cl^2 \quad \text{und} \quad Fe^2 Cl^3.$$

Verfahren: Die abgewogene fein gepulverte Probe des zu untersuchenden Braunsteins wird mit einem Ueberschuss von concentrirter Salzsäure behandelt und das sich entbindende Chlor unter Wasser in einer umgestülpten schmalen Glocke aufgesammelt. Nach Beendigung der Chlorentwickelung untersucht man, wie viel von einer Lösung von schwefelsaurem Eisenoxydul hinzugefügt werden muss, um allen Chlorgeruch zu entfernen. Die Auflösung von schwefelsaurem Eisenoxydul muss zuvor mit reinem und mineralogisch bestimmten Pyrolusit graduirt sein, so dass man alsdann aus der verbrauchten Menge der Salzlösung auf den Chlorgehalt der Flüssigkeit schliessen kann. —

Uebelstände und Fehlerquellen. a) Es ist hier zunächst ausser Acht gelassen, dass das Chlor sich in Wasser nicht auflöst, ohne dass ein Theil durch Zersetzung von Wasser in unterchlorige Säure und Chlorwasserstoffsäure verwandelt wird, von welchen letztere auf schwefelsaures Eisenoxydul keine Wirkung äussert, daher der in Chlorwasserstoffsäure verwandelte Antheil Chlor durch diese Probe nicht nachgewiesen wird.

b) Die Absorbtion des Chlors durch Wasser erfolgt keineswegs energisch, daher sich auch stets ein Antheil Chlor in

Gasform über dem Wasser der Glocke ansammeln und beim nachherigen Oeffnen derselben leicht verloren gehen wird.

c) Unter den Uebelständen der Methode verdient besonders hervorgehoben zu werden die leichte Oxydirbarkeit des schwefelsauren Eisenoxyduls, welche in Auflösung noch bei weitem rascher erfolgt, als in fester Form, so dass die Probe unbedingt nur mit einer frisch titrirten Salzauflösung vorgenommen werden könnte. Wollte man hier auch von der Vorschrift die Auflösung des schwefelsauren Eisenoxyduls durch einen Pyrolusit zu titriren, welche entschieden sehr umständlich ist und leicht zu bedeutenden Fehlern Veranlassung giebt, abstrahiren und das nach der Vorschrift von Otto bereitete schwefelsaure Eisenoxydul anwenden, so würde das immer ein grosser Uebelstand dieser Methode sein;

d) durch den Geruch zu bestimmen, ob noch freies Chlor vorhanden ist oder nicht, ist ein sehr trügerisches Kriterium und müssten hier auch wieder andere Mittel in Anwendung gebracht werden, daher denn in der That diese Turner'sche Methode als in ihrer ursprünglichen Form vollständig unbrauchbar zu betrachten ist.

14., 15., 16. Methode von Levol, Margueritte, Penny und Schabus. Dieselbe gründet sich darauf, dass Eisenchlorür in einem Ueberschuss von Chlorwasserstoffsäure aufgelöst, durch Mangansuperoxyd in Eisenchlorid verwandelt wird.

Schema des Processes:

$$
\begin{array}{ll}
\text{vorher:} & \text{nachher:} \\[4pt]
2\,\mathrm{Fe\,Cl^2} = \mathrm{Fe^2\,Cl^4} & \left.\begin{array}{l}\mathrm{Fe^2\,Cl^4} \\ \mathrm{Cl^2}\end{array}\right\} = \mathrm{Fe^2\,Cl^3} \\[14pt]
2\,\mathrm{H^2\,Cl^2} = \left\{\begin{array}{l}\mathrm{Cl^2} \\ \mathrm{Cl^2} \\ \mathrm{2\,H^2}\end{array}\right. & \left.\begin{array}{l}\mathrm{Cl^2} \\ \mathrm{Mn}\end{array}\right\} = \mathrm{Mn\,Cl^2} \\[14pt]
\mathrm{Mn\,O^2} = \left\{\begin{array}{l}\mathrm{Mn} \\ \mathrm{O^2}\end{array}\right. & \left.\begin{array}{l}\mathrm{2\,H^2} \\ \mathrm{O^2}\end{array}\right\} = \mathrm{2\,H^2\,O}
\end{array}
$$

woraus hervorgeht, dass 2 M.-G. in Eisenchlorid verwandeltes Eisenchlorür einem Mischungsgewichte Mangansuperoxyd im untersuchten Braunstein entsprechen.

Verfahren: 2,57 Gramme Klaviersaitendrath, oder vielmehr, da dieser stets 5 pCt. fremde Substanz enthält, 2,6 Gramme, werden in einem Kolben, dessen Hals durch einen Kork luftdicht verschlossen ist, durch welchen ein Trichterrohr hindurchgeht, mit etwa 20—25 C.-C. starker, von schwefliger und Salpetersäure freier Chlorwasserstoffsäure übergossen, das Trichterrohr so weit in den Kolben hineingestossen, dass es die Oberfläche der Säure berührt und hierauf die Auflösung des Eisens durch Erwärmen unterstützt. Ist die Auflösung erfolgt, so werden 2 Gramme Braunstein in Papier eingeschlagen in die Eisenlösung geworfen, worauf der Kork fest aufgesetzt wird. So kann das etwa frei werdende Chlor nur durch das Trichterrohr entweichen, wo es alsdann die ganze, in dasselbe hinaufgepresste Flüssigkeitssäule passiren muss, ohne dass jedoch irgend etwas von dem Eisen durch Verspritzen verloren geht.

Um nun zu bestimmen, wie viel Eisenchlorür dnrch den zu untersuchenden Braunstein in Eisenchlorid übergeführt ist, verfährt man nach Levol auf folgende Weise. Man bereitet sich eine Auflösung von chlorsaurem Kali, welche auf 100 C.-C. 0,937 Gramme des Salzes enthält, von dieser giesst man, nachdem man zwischen Kork und Kolbenhals ein feuchtes Indigo-Papier eingeklemmt, aus einer Burette tropfenweis durch den Trichter so lange zu der Flüssigkeit im Kolben hinzu, bis das Indigopapier gebleicht wird. Wirkt nämlich freie Chlorwasserstoffsäure, für deren Vorhandensein während des ganzen Processes hier vor Allem Sorge zu tragen ist, auf chlorsaures Kali ein, so wird unter Bildung von Chlorkalium und Wasser Chlor in Gasform entwickelt nach dem Schema:

$$\text{vorher:} \qquad\qquad \text{nachher:}$$

$$KO + Cl^2O^5 = \left\{\begin{matrix} KCl^3 \\ O^6 \end{matrix}\right. \qquad \left.\begin{matrix} O^6 \\ 6H^2 \end{matrix}\right\} \begin{matrix} KCl^3 \\ = 6H^2O \end{matrix}$$
$$6H^2Cl^2 = \left\{\begin{matrix} 6H^2 \\ 6Cl^2 \end{matrix}\right. \qquad\qquad\qquad 6Cl^2$$

Ist jedoch während der Einwirkung der Clorwasserstoffsäure auf chlorsaures Kali ein Eisenoxydulsalz oder die diesem entsprechende Chlorverbindung, das Eisenchlorür gegenwärtig, so wird nach dem Schema:

$$\text{vorher:} \qquad\qquad \text{nachher:}$$

$$6Cl^2 = 2Cl^3$$
$$12FeCl^2 = \left\{\begin{matrix} 4Cl^3 \\ 6Fe^2 \end{matrix}\right. \qquad \left.\begin{matrix} 6Cl^3 \\ 6Fe^2 \end{matrix}\right\} = 6Fe^2Cl^3$$

das frei werdende Chlor von dem Eisenchlorür aufgenommen, wodurch dieses in Eisenchlorid übergeht, und zwar sieht man,

dass um **12 M.-G.** Eisenchlorür in Eisenchlorid zu verwandeln
1 M.-G. chlorsaures Kali hinreicht. Entwickelte also der Braunstein bei seiner Auflösung nicht so viel Chlor, um das aus
2,57 Gramm Eisen erzeugte Eisenchlorür in Eisenchlorid über-
überzuführen, was er gethan haben würde, wenn er reines
Mangansuperoxyd gewesen wäre, so wird das unveränderte
Eisenchlorür durch den Zusatz von chlorsaurem Kali in Chlorid
verwandelt und erst wenn diese Verwandlung vollständig erfolgt ist, kann freies Chlor bleichend auf das Indigopapier wirken. Jemehr mithin von der Auflösung des chlorsauren Salzes
hinzugesetzt werden muss, um das Indigopapier zu bleichen,
desto schlechter ist der Braunstein, und da die in 100 C.-C.
enthaltene Menge des Salzes hingereicht hätte, um die ganze
Menge des Eisenchlorürs in Chlorid überzuführen, so erhält
man einfach die Procente des Braunsteins an Mangansuperoxyd, wenn man die Zahl der verbrauchten Kubikcentimeter der
Auflösung von 100 abzieht. — Da etwa $\frac{1}{2}$ Kubikcentimeter der
Auflösung erforderlich ist, um das zum Bleichen nöthige Chlor
zu entwickeln, so ist dies jederzeit ebenfalls als Correction in
Abzug zu bringen.

Uebelstände und Fehlerquellen. Die Levol'sche
Methode besticht beim ersten Anblick sehr durch die entschieden geistreiche Combinirung der in ihr vorkommenden Processe,
allein bei ihrer Anwendung leidet sie an sehr vielen Mängeln,
so dass sie kaum im Stande ist, ein genaues Resultat zu geben.

a) Die Quantität Salzsäure muss hinreichend sein zur Auflösung des Eisens (dessen Abwiegung in Drathform beiläufig
gesagt auch nicht eben bequem ist), des Braunsteins und zur
Zersetzung des chlorsauren Kali's, mithin zu drei Processen,
daher, wenn man nicht gehörige Rücksicht auf ihre Stärke genommen hat, sie leicht zu gering sich erweisen kann.

b) Es ist wichtig, dass das Trichterrohr etwas weit sei,
damit das sich beim Auflösen des Eisens entwickelnde Wasser-
stoffgas nicht eine Flüssigkeitschicht vor sich her in die Höhe
treibe, die alsdann von der Gasblase durchbrochen leicht herum-
spritzt. Ein solches Spritzen durch entweichende Wasserdämpfe
veranlasst, tritt besonders leicht bei der Auflösung des Braunsteins ein, die man genöthigt ist durch erhöhte Temperatur zu
unterstützen, wobei überdies das den Braunstein umhüllende

Papier schwer den Zeitpunkt erkennen lässt, wenn die Auflösung vollständig erfolgt ist.

c) Beim Auflösen des Eisens in Salzsäure bleibt stets ein schwarzer Rückstand, welcher eine Verbindung von Eisen mit Kohlenstoff ist; dieser Rückstand verschwindet, sobald die Entwickelung von Chlor beginnt, woraus folgt, dass eine gewisse Menge Chlor sich durch Verbindung mit dem Kohleneisen der Berechnung entzieht, und mag diese Menge noch so gering sein, so liegt hierin doch für diese Methode eine unvermeidliche Fehlerquelle.

d) Der Hauptübelstand aber dieser Methode und der dieselbe völlig unbrauchbar macht, ist die langsame Aufnahme des Chlors durch die Eisenoxydulauflösung. Die Flüssigkeit kann schon stark nach Chlor riechen und das Indigopapier wird schon gebleicht, während das Eisenchlorür bei Weitem noch nicht vollständig in Eisenchlorid übergegangen ist, wovon man sich leicht durch das rothe Cyaneisenkalium überzeugen kann. Hierdurch werden die Resultate, welche diese Methode giebt, so unsicher, dass sie durchaus nicht empfohlen werden kann.

Nach Margueritte verfährt man zunächst wie oben, giesst aber, sobald die Auflösung des Braunsteins erfolgt ist, die Flüssigkeit in ein grösseres Gefäss, verdünnt sie mit viel Wasser und untersucht, wie viel von einer titrirten Auflösung von übermangansaurem Kali erforderlich ist, um alles Eisenchlorür in Chlorid überzuführen. Aus dem Schema:

$$
\begin{aligned}
KO + Mn^2 O^7 &= \left\{ \begin{matrix} 8\,O \\ 2\,Mn \\ K \end{matrix} \right. & \left. \begin{matrix} 8\,O \\ 8\,H^2 \end{matrix} \right\} &= 8\,H^2 O \\[4pt]
8\,H^2 Cl^2 &= \left\{ \begin{matrix} 8\,H^2 \\ 2\,Cl^2 \\ 1\,Cl^2 \end{matrix} \right. & \left. \begin{matrix} 2\,Mn \\ 2\,Cl^2 \end{matrix} \right\} &= 2\,Mn\,Cl^2 \\[4pt]
& & \left. \begin{matrix} K \\ Cl^2 \end{matrix} \right\} &= K\,Cl^2 \\[4pt]
10\,Fe\,Cl^2 &= \left\{ \begin{matrix} 5\,Cl^2 \\ 10\,Cl^2 \\ 5\,Fe^2 \end{matrix} \right. & \left. \begin{matrix} 5\,Cl^2 \\ 10\,Cl^2 \end{matrix} \right\} &= 5\,Cl^2 \left. \begin{matrix} 5\,Cl^2 \\ 5\,Fe^2 \end{matrix} \right\} = 5\,Fe^2 Cl^3
\end{aligned}
$$

ist ersichtlich, dass, wenn Chlorwasserstoffsäure auf übermangansaures Kali einwirkt, der Sauerstoff des letzteren sich mit dem Wasserstoff der Säure zu Wasser verbindet, wodurch bei weitem mehr Chlor frei wird, als das Kalium und Mangan des Salzes zu binden vermögen, daher, wenn Eisenchlorür bei diesem Processe gegenwärtig, dieses wiederum in Eisenchlorid übergeführt wird, und zwar entwickelt **1 Mischungsgewicht** übermangansaures Kali oder 1278,224 Gewichtstheile gerade hinreichend Chlor, um 10 Mischungsgewichte oder 14739,3 Gewichtstheile Eisenchlorür in Chlorid zu verwandeln. Da aber überhaupt nur 2 Mischungsgewichte Eisenchlorür in Chlorid zu verwandeln sind, so hat man die Auflösung des übermangansauren Kali's so zu titriren, dass bei Anwendung von 26 Gramm Klaviersaitendrath und 2 Gramm Braunstein in 100 Kubiccentimetern 0,952 Gramm übermangansaures Kali enthalten sind. — So lange noch eine Spur von Eisenchlorür vorhanden ist, wird die Farbe des Chamäleons zerstört, endlich tritt ein Zeitpunkt ein, wo ein hinzugefügter Tropfen der Flüssigkeit der Eisen- und Braunsteinauflösung eine rosenrothe Färbung ertheilt, woran man erkennt, dass die Operation vollendet und alles Eisenchlorür in Chlorid verwandelt ist.*)

Uebelstände und Fehlerquellen. a) Ein grosser Uebelstand dieser Methode ist die ziemlich schwierige Darstellung und leichte Zersetzbarkeit des übermangansauren Kalis. Es existiren verschiedene Vorschriften für die Bereitung desselben, unter denen die von Gregory vervollkommnete Wöhler'sche die einfachste ist: nach ihr werden 5 Theile Kalihydrat mit 3½ Theilen chlorsaurem Kali und 4 Theilen sehr fein geriebenem Mangansuperoxyd bis zum dunklen Glühen erhitzt. — Margueritte schreibt vor: 1 Atom chlorsaures Kali, 3 Atome Kalihydrat, 3 Atome Mangansuperoxyd. — Die geschmolzene Masse behandelt man nun mit so viel Wasser, dass man eine möglichst concentrirte Auflösung erhält, welche man wieder mit verdünnter Salpetersäure versetzt, bis die Farbe schön violett ist, worauf man sie durch Amianth filtrirt, um das in ihr suspendirte Mangansuperoxyd abzusondern. In diesem Zustande kann das übermangansaure Salz zur Analyse angewendet werden. Dasselbe ist sehr beständig und lässt sich in einer luftdicht verschlossenen Flasche lange aufbewahren, ohne eine Veränderung zu erleiden, vorausgesetzt, dass man es nicht mit organischen Substanzen in Berührung bringt.

Um mit dieser Auflösung eine Normalflüssigkeit herzustellen, wiegt man genau 1 Gramm Klavierdrath ab, welcher aus ziemlich reinem Eisen besteht, und löst ihn in etwa 20 Kubic-

---

*) Polytechnisches Journal, Bd. C, p. 380.

centimetern rauchender und eisenfreier Salzsäure auf; wenn sich kein Wasserstoff mehr entwickelt und die Auflösung vollständig ist, verdünnt man die Flüssigkeit mit etwa 1 Litre Wasser, und giesst dann die Auflösung von übermangansaurem Kali tropfenweis hinein, bis sich die rosenrothe Färbung zeigt, und bemerkt sich die Anzahl der angewandten Abtheilungen des Maassgläschens, welche nun hier wie bei jeder späteren Analyse einem Mischungsgewichte Eisen oder Eisenchlorür entspricht.

Diese Darstellung und Titrirung der Probeflüssigkeit sind offenbar nur von solchen mit Sicherheit vorzunehmen, die in chemischen Arbeiten geübt sind, und da man auf viel kürzere und sicherere Weise zu demselben Ziele gelangen kann, dürfte diese Methode künftighin schwerlich noch eine Anwendung finden.

Penny endlich hat dem übermangansauren Kali das saure chromsaure Kali substituirt, welches bei gleich kräftiger Wirkung viel beständiger, leichter herzustellen und dem Gewichte nach zu bestimmen ist als jenes. Das Schema des Processes ist alsdann das folgende:

$$
\begin{aligned}
KO + 2CrO^3 &= \left\{ \begin{array}{ll} K & \\ 1\,Cr^2 & K \\ 7\,O & Cl^2 \end{array} \right\} = KCl^2 \text{'} \\[4pt]
6\,FeCl^2 &= \left\{ \begin{array}{ll} 3\,Fe^2 & Cr^2 \\ 2\,Cl^3 & Cl^3 \end{array} \right\} = Cr^2 Cl^3 \\[4pt]
7\,H^2 Cl^2 &= \left\{ \begin{array}{ll} Cl^2 & 7\,O \\ Cl^3 & 7\,H^2 \\ Cl^3 & 3\,Fe^2 \\ 7\,H^2 & 3\,Cl^3 \end{array} \right. \begin{array}{l} \} = 7\,H^2 O \\ \} = 3\,Fe^2 Cl^3 \end{array}
\end{aligned}
$$

woraus hervorgeht, dass 1846,596 Gewichtstheile saures chromsaures Kali durch Abgabe ihres Sauerstoffs an die Chlorwasserstoffsäure so viel Chlor frei machen, dass nicht nur das Kalium und Chrom des sauren chromsauren Kali's in Chlorverbindungen umgewandelt werden, sondern dass auch 2546,442 Gewichtstheile Eisenchlorür in Eisenchlorid übergeführt werden. Nach diesem Zahlenverhältniss hat man mithin die Auflösung von saurem chlorsaurem Kali darzustellen, und aus der verbrauchten Menge desselben die Quantität des Eisenchlorürs und resp. des Mangansuperoxydes im Braunstein zu berechnen. Ob die Umwandlung des Eisenchlorürs in Eisenchlorid vollständig erfolgt sei, erkennt man daran, dass ein mit dem Glasstabe herausgenommener Tropfen der Flüssigkeit mit einer Auflösung von rothem Blutlaugensalz (Kalium-Eisen-Cyanid) keinen blauen Niederschlag mehr giebt.

Uebelstände und Fehlerquellen. Die Anwendung des sauren chromsauren Kali's an Stelle des chlorsauren und übermangansauren Kali's ist eine sehr wesentliche Verbesserung der Levol'schen Methode, da dieses Salz stets rein im Handel zu haben ist, bei längerer Aufbewahrung sich nicht verändert, und daher die Darstellung einer Auflösung von bestimmtem Gehalt keine Schwierigkeit hat. Allein auch selbst unter dieser Form möchten wir die Levol'sche Methode dem Techniker nicht empfehlen, denn einmal bleiben die unter a und b angeführten Uebelstände stets bestehen, dann aber tritt hierzu noch der, dass nach Zusatz von saurem chromsauren Kali durch Bildung von Chromchlorid die Auflösung sehr dunkelgrün gefärbt wird, so dass es alsdann schwer ist, zu erkennen, ob noch durch rothes Blutlaugensalz ein blauer Niederschlag erzeugt wird. —

17, Methode von Astley Price.[*]) Dieselbe gründet sich auf die Verwandlung der arsenigen Säure in Arseniksäure mittelst Chlor, und auf die Umwandlung der arsenigen Säure in Arseniksäure durch eine Auflösung ven übermangansaurem Kali.

Es wird die Probe des zu untersuchenden Braunsteins in einer normalen salzsauren Lösung von arseniger Säure aufgelöst und dann mittelst einer Normallösung von übermangansaurem Kali bestimmt, wie viel arsenige Säure unverändert geblieben ist. Die auf einander folgenden Processe werden durch folgende Schemata erläutert:

$$MnO^2 = \begin{cases} O^2 \\ Mn \end{cases} \quad \begin{matrix} O^2 \\ 2H^2 \end{matrix} \Big\} = 2H^2O$$

$$2H^2Cl^2 = \begin{cases} 2H^2 \\ Cl^2 \\ Cl^2 \end{cases} \quad \begin{matrix} Mn \\ Cl^2 \\ \\ Cl^2 \end{matrix} \Big\} = MnCl^2$$

woraus hervorgeht, dass jedes Mischungsgewicht Mangansuperoxyd ein Doppelmischungsgewicht freies Chlor giebt. —

Ferner:

$$\text{Arsenige Säure} = \begin{matrix} As^2O^3 \\ 2O \\ 2H^2 \\ 2Cl^2 \end{matrix} \quad \begin{matrix} As^2O^3 \\ 2O \\ 2H^2 \\ 2Cl^2 \end{matrix} \Big\} \begin{matrix} = As^2O^5 \\ \\ = 2H^2Cl^2 \end{matrix}$$

$$2H^2O = $$

Zwei Doppelmischungsgewichte Chlor sind also erforderlich, um ein Mischungsgewicht arsenige Säure in Arseniksäure zu ver-

---

wandeln, oder, was dasselbe ist, ein Mischungsgewicht verschwundener arseniger Säure zeigt zwei Mischungsgewichte Mangansuperoxyd im untersuchten Braunstein an,

Endlich:

$$2(KO + Mn^2O^7) = \begin{cases} 5\,O^2 \\ 6\,O \\ 4\,Mn \\ 2\,K \end{cases} \quad \left. \begin{matrix} 5\,O^2 \\ 5\,As^2\,O^3 \\ 6\,O \\ 6\,H^2 \end{matrix} \right\} \begin{matrix} = 5\,As^2\,O^5 \\ \\ = 6\,H^2\,O \end{matrix}$$

$$6\,H^2\,Cl^2 = \begin{cases} 6\,H^2 \\ 4\,Cl^2 \\ 2\,Cl^2 \\ 5\,As^2\,O^3 \end{cases} \quad \left. \begin{matrix} 4\,Mn \\ 4\,Cl^2 \\ 2\,K \\ 2\,Cl^2 \end{matrix} \right\} \begin{matrix} = 4\,Mn\,Cl^2 \\ \\ = 2\,K\,Cl^2 \end{matrix}$$

woraus hervorgeht, dass je zwei Mischungsgewichte von verbrauchtem übermangansaurem Kali 5 Mischungsgewichte unveränderter arseniger Säure anzeigen.

Um die Normalauflösung von arseniger Säure zu bereiten, löst man 113,7 Gran arseniger Säure, entsprechend 100 Gran Mangansuperoxyd, in Aetzkalilauge auf, und setzt dann so viel Salzsäure zu, bis die Lösung 100 Maasstheile einnimmt.

Eine Normallösung von übermangansaurem Kali erhält man, wenn man z. B. 5 Maasstheile der Normallösung von arseniger Säure, entsprechend 5 Gran Mangansuperoxyd, verdünnt und dann bestimmt, wie viel Maasstheile der Lösung von übermangansaurem Kali erforderlich sind, um die darin enthaltene arsenige Säure in Arseniksäure umzuwandeln.

Nachdem man diese zwei Lösungen dargestellt, wird die Prüfung des Braunsteins auf folgende Weise ausgeführt: Man bringt 10 Gran des gepulverten Braunsteins in einen kleinen Kolben, setzt 10 Maasstheile der normalen Arseniklösung hinzu und befestigt auf dem Kolben eine Glasröhre mit einer Kugel, welche Aetzkalilösung enthält. Der Kolben wird dann in ein Wasserbad gestellt oder direkt schwach erwärmt, bis der Braunstein aufgelöst ist. Nachdem man den Inhalt des Kolbens erkalten liess, giesst man ihn nebst der Kalilösung in einen grösseren Kolben und verdünnt mit Wasser. Das Quantum von arseniger Säure, welche unverändert zurückblieb, wird hierauf mittelst der Normallösuug von übermangansaurem Kali bestimmt, das so gefundene Quantum, von der anfangs angewandten Anzahl von Granen arseniger Säure abgezogen, ergiebt den Werth des Braunsteins.

Uebelstände und Fehlerquellen. Es ist schon früher auf die schwierige Darstellung und leichte Zersetzbarkeit des

übermangansauren Kali's aufmerksam gemacht worden, so dass
wir von vornherein eine Prüfungsmethode des Braunsteins, bei
welcher dieses Präparat Anwendung findet, zumal Technikern,
nicht empfehlen können. Ausserdem bedingt die Bildung von
flüchtigen Dreifachchlorarsen, zu dessen Auffangung das Ku-
gelrohr mit kaustischem Kali bestimmt ist, eine nicht geringe
Complicirtheit des Apparats und eine sehr sorgsame Regulirung
der Temperatur. —

19. Methode des Verfassers. Dieselbe gründet sich darauf,
dass Zinnchlorür ($SnCl^2$) ausserordentlich begierig noch einmal
so viel Chlor aufnimmt, als es enthält, und in Zinnchlorid ($SnCl^4$)
übergeht, durch welche Eigenschaft es auf eine Menge von Körpern reducirend wirkt und Oxyde in Oxydule, Chloride in Chlo-
rüre und namentlich auch das Eisenchlorid in Eisenchlorür über-
führt. — Es ist leicht, sich von dieser Wirkung des Zinnchlorürs
auf das Eisenchlorid durch den Farbenwechsel zu überzeugen,
welchen eine Auflösung des letzteren auf Zuthun einer Auflösung des ersteren erleidet: die braune, braungelbe und gelbe
Farbe des Eisenchlorids verschwindet successive und man erhält eine farblose oder schwach grün gefärbte Flüssigkeit, in
welcher das Eisen als Chlorür enthalten ist. Es kann dieser
Farbenwechsel noch mehr in die Augen fallend gemacht werden, wenn man der Auflösung von Eisenchlorid vor dem Versuch einige Tropfen einer Auflösung von Rhodankalium*) (Schwe-

---

*) In den meisten Fällen dürften die Fabrikanten wohlthun, sich diese
Verbindung in einer Apotheke anfertigen zu lassen, allein für denjenigen,
welcher bereits einige Fertigkeit in der Darstellung chemischer Präparate besitzt, mag hier eine Vorschrift zur Darstellung des Schwefelcyankaliums (Rho-
dankaliums) Platz finden. Es bildet sich dasselbe, wenn man Kaliumeisencyanür (gelbes Blutlaugensalz) mit der Hälfte seines Gewichtes Schwefel
mischt und in einem gläsernen Kolben erhitzt, bis die Masse vollkommen
schmilzt. Der Schwefel verbindet sich dann mit den Cyanmetallen zu Schwe-
felcyanmetallen. In der Hitze aber, die erforderlich ist, um die Verbindung
zu vollenden, fängt schon das Schwefelcyaneisen an, sich zu zerlegen, es
wird Schwefeleisen gebildet und Schwefelkohlenstoff mit Stickgas entbun-
den. Die geschmolzene Masse wird von Schwefeleisen schwarz; sie wird
in Wasser aufgelöst und filtrirt. Die filtrirte Flüssigkeit wird durch
Oxydation des Eisens bald roth. Man mischt sie mit kohlensaurem Kali,
wodurch Eisenoxyd niedergeschlagen wird und filtrirt. Die filtrirte Flüssigkeit wird eingetrocknet und der Rückstand in Alkohol aufgelöst, welcher
das überflüssig zugesetzte kohlensaure Kali nicht auflöst. Diese Auflösung

felcyankalium) zusetzt; es bildet sich hierbei Rhodaneisen, welches der Flüssigkeit eine tief dunkelrothe Färbung ertheilt, die verschwindet, sobald eine hinreichende Menge Zinnchlorür hinzugesetzt ist.

Es ist nun klar, dass dieses gegenseitige Verhalten von Zinnchlorür und Eisenchlorid dazu benutzt werden kann, um Auflösungen des einen Salzes durch eine solche des anderen, deren Salzgehalt bekannt ist, zu analysiren; denn damit nach dem Versuch nur Zinnchlorid und Eisenchlorür vorhanden sei, muss ein ganz bestimmtes Mengenverhältniss von Zinnchlorür und Eisenchlorid vor dem Versuch stattgefunden haben. Es entsteht nämlich aus

$$Fe^2 Cl^6 = \begin{cases} Cl^2 \\ Fe^2 Cl^4 \end{cases} \quad \begin{matrix} Sn\,Cl^2 \\ Cl^2 \end{matrix} \quad \left.\begin{matrix} Sn\,Cl^2 \\ \ \end{matrix}\right\} = \begin{matrix} Sn\,Cl^4 \\ 2\,Fe\,Cl^3 \end{matrix}$$

oder 1178,574 Zinnchlorür und 2030,894 Eisenchlorid geben 1621,854 Zinnchlorid und 1587,614 Eisenchlorür. — Behufs der Untersuchung von Braunstein stellt man sich zunächst eine von Chlor und Salpetersäure freie Eisenchloridauflösung dar, indem man Klaviersaitendrath oder Colcothar (das bei der Darstellung von Nordhäuser Schwefelsäure zurückbleibende Eisenoxyd) in reiner Salzsäure auflöst, durch die Auflösung einen Strom von Chlorgas leitet, bis eine Auflösung von rothem Blutlaugensalz*) (Kaliumeisencyanid) in einer genommenen Probe keinen blauen Niederschlag mehr erzeugt, und darauf die Flüssigkeit bis zum Kochen erhitzt, um alles freie Chlor auszutreiben. — Die Darstellung der Eisenchloridauflösung aus Colcothar ist billiger als die aus Klaviersaitendrath und erheischt, da derselbe fast nur aus Eisenoxyd besteht, ein kürzeres Durchleiten von Chlorgas,

---

wird abgedampft und dann in trockner Luft sich selbst überlassen, worauf das Salz nach und nach in prismatischen Krystallen anschiesst. Es ist in gut verschlossenen Gefässen aufzubewahren, weil es sonst Feuchtigkeit aus der Luft anzieht und zerfliesst.

*) Man bereitet sich das rothe Blutlaugensalz, indem man durch eine ziemlich concentrirte Auflösung des gewöhnlichen gelben Blutlaugensalzes so lange Chlorgas leitet, bis dieselbe Eisenoxydlösungen nicht mehr blau färbt. Sobald dieser Punkt erreicht ist, kocht man die Lauge bei lebhaftem Feuer ein und filtrirt sie dann kochend heiss. Beim Erkalten findet sich eine Rinde der prächtigsten Krystalle des Salzes ausgeschieden, die nach dem Abspühlen mit kaltem Wasser zu obigem Zweck brauchbar sind.

allein für die erste Anwendung dieser Methode möchten wir rathen, die Auflösung von Klaviersaitendrath vorzuziehen. Der Colcothar enthält nämlich fast stets sehwefelsaure Kalkerde (Gyps), welche sich ebenfalls in Salzsäure auflöst; diese thut nun zwar der Genauigkeit der Probe keinen Eintrag, kann aber bei der Analyse der Eisenchloridauflösung von störendem Einfluss sein. Die Eisenchloridauflösung wird darauf genau auf ihren Eisenchloridgehalt geprüft, indem man aus 50 oder 25 Kubiccentimetern Auflösung das Eisen mittelst Ammoniak ausfällt und als Eisenoxyd bestimmt; 1001,054 Eisenoxyd entsprechen 2030,894 Eisenchlorid.*) — Man bereitet sich ferner eine Auflösung von Zinnchlorür, indem man geraspeltes oder Stanniol-Zinn in concentrirter erwärmter Salzsäure auflöst, wobei man Sorge zu tragen hat, dass stets Zinn im Ueberschuss vorhanden ist. Löst man krystallisirtes Zinnchlorür in Wasser auf, so muss man etwas freie Salzsäure hinzufügen, indem sonst das Zinnchlorür in ein basisches Salz übergeht, welches die Auflösung trübt. Die Gegenwart von freier Salzsäure ist hier in keiner Weise nachtheilig, sondern vielmehr vortheilhaft. —

---

*) Zur Analyse der Eisenchloridauflösung könnte man wiederuw kürzere Methoden anwenden, so die von Fuchs (Polytechnisches Jonrnal von Dingler, Bd. LXXIII, p. 36), von Margueritte (ebendaselbst, Bd. C, p. 380), verbessert von Penny (ebendaselbst, Bd. CXXII, p. 434); doch zweifeln wir, ob ein in chemischen Arbeiten nicht sehr geübter Techniker mittelst derselben einigermassen genaue Resultate erzielen wird. — Am leichtesten ausführbar wird die Analyse, wenn man einen kleinen Umweg macht und mittelst einer Auflösung von saurem chromsauren Kali von bestimmtem Salzgehalt nach der Penny'schen Methode (Polytechnisches Journal, Bd. CXXIV, p. 181) zunächst den Gehalt der Zinnchlorürauflösung an Zinnchlorür bestimmt und dann untersucht, wie viel Zinnchlorürauflösung nöthig ist, um das Eisenchlorid in einer bestimmten Menge Eisenchloridauflösung in Eisenchlorür überzuführen: 1846,596 Gewichtstheile ($KO + 2CrO^3$) saures chromsaures Kali entsprechen 3535,722 Gewichtstheilen ($3SnCl^2$) Zinnchlorür, und 1178,574 Gewichtstheile Zinnchlorür entsprechen 2030,894 Gewichtstheilen Eisenchlorid. Jedenfalls beobachte man bei der Bestimmung des Eisenchlorids in der Auflösung die grösstmöglichste Genauigkeit. Diese umständliche Analyse der Eisenchloridauflösung ist jeboch nur für den Beginn derartiger Untersuchungen erforderlich, denn hat man einmal eine Eisenchloridauflösung von bekannter Zusammensetzung, so kann man mittelst derselben leicht den Gehalt an Eisenchlorid einer zweiten Auflösung bestimmen, indem man ganz einfach gleiche Quantitäten von beiden mit derselben Zinnsolution in Eisenchlorür verwandelt. Die Quantitäten Eisenchlorid verhalten sich dann direct wie die nöthigen Quantitäten Zinnsolution.

Ehe man nun zur Prüfung des Braunsteins geht, misst man zunächst 50 Kubiccentimeter der Eisenchloridauflösung ab, setzt ihr einige Tropfen Rhodankaliumauflösung zu, und giesst sodann von der Zinnchlorürauflösung aus einer Burette*) so lange tropfenweis zu, bis die Färbung verschwindet. Die doppelte Quantität der hierbei verbrauchten Zinnchlorürauflösung wird hierauf in ein Rohr gegossen, welches in 100 Theile nebst halben von oben nach unten getheilt ist, das Rohr etwa bis zu $\frac{2}{3}$ mit Wasser nachgefüllt und alsdann das aus einer bestimmten Menge des zu untersuchenden Braunsteins entwickelte Chlor hindurchgeleitet. — Die Quantität des zur Prüfung anzuwendenden Braunsteins richtet sich nach der Concentration der Eisenchloridauflösung, und zwar hat man stets so viel Braunstein zur Untersuchung anzuwenden, dass, wäre derselbe reines Mangansuperoxyd, er eben so viel Chlor entwickeln würde, als von 50 Kubiccentimetern Eisenchloridauflösung bei deren Uebergang in Eisenchlorür an das Zinnchlorür abgegeben werden. Oder da 1 Mischungsgewicht Eisenchlorid (Fe^2Cl^6) 2 Mischungsgewichte Chlor abgiebt, um in Eisenchlorür überzugehen, ferner 1 Mischungsgewicht Mangansuperoxyd (MnO^2) ebenfalls 2 Mischungsgewichte Chlor zu entwickeln im Stande ist, so müssen die Quantitäten Eisenchlorid und Braunstein stets in dem einfachen Verhältniss ihrer Mischungsgewichte zu einander stehen. Enthalten mithin 50 Kubiccentimeter Eisenchloridlösung a Gramm Eisenchlorid, so hat man:

$$2030{,}894 : 544{,}684 = a : x$$
$$x = \frac{544{,}684}{2030{,}894}\, a = 0{,}268\, a$$

---

*) Die Burette besteht aus einem Glasrohre AB (Fig. 21), ungefähr 0,25 bis 0,3 Meter lang und 0,010 bis 0,015 Meter im Lichten, an dem unteren Ende ist die bei weitem engere Ausflussröhre DC angelöthet, die bei C etwas herabgebogen ist, damit kein Tropfen an ihr herabrinnt; zu diesem Zwecke ist es auch vortheilhaft, den Rand ihrer Mündung mit etwas Talg zu bestreichen. Die weitere Röhre ist in Kubiccentimeter und halbe eingetheilt. Ein Kubiccentimeter liefert etwa 12 bis 16 Tropfen. — Eine wesentlich vortheilhaftere Construction hat neuerdings Mohr (Annalen der Chemie und Physik, Bd. LXXXVI, p. 130) der Burette gegeben; er wendet dazu ein gerades genau getheiltes Rohr an, an dessen unterem Ende er ein kleineres Rohr von vulkanisirtem Kautschuk befestigt, welches nach Belieben mittelst eines Quetschhahnes geöffnet und geschlossen werden kann. — Auch derartige Buretten sind bereits bei Luhme zu haben.

als die zur Untersuchung anzuwendende Quantität Braunstein. Es wird diese Quantität Braunstein in einem kleinen Glaskolben, in dessen Halse mittelst eines gut schliessenden Korkes ein Gasleitungsrohr befestigt ist,*) mit der nöthigen Menge Salzsäure übergossen, im Sandbade mässig erwärmt und das sich entwickelnde Chlor in die Zinnchlorürauflösung geleitet, nach vollendeter Chlorentwickelung das Gasleitungsrohr aus der Zinnchlorürlösung entfernt, diese bis zum hundertsten Theilstrich mit Wasser angefüllt, und nun untersucht, wie viel Theile dieser der Einwirkung des Chlors ausgesetzt gewesenen Zinnsolution nöthig sind, um wiederum 50 Kubiccentimeter Eisenchloridauflösung (nach Zusatz einiger Tropfen Rhodankalium) in Eisenchlorürauflösung überzuführen.

Wie man aus den verbrauchten Theilen dieser veränderten Zinnsolution den Procentgehalt des Braunsteins an Mangansuperoxyd zu berechnen im Stande ist, ergiebt sich leicht aus folgender Betrachtung: Da nämlich diese Zinnsolution ursprünglich doppelt so viel Zinnchlorür enthält, als zur Reducirung des in 50 Kubiccentimetern enthaltenen Eisenchlorids erforderlich war, so ist zunächst ersichtlich, dass der Braunstein 0 Procent oder gar kein Mangansuperoxyd enthielte, wenn von der veränderten Zinnsolution die Hälfte oder 50 Theile verbraucht würden; werden jedoch mehr erfordert, so rührt es daher, dass durch das entwickelte Chlor ein Theil des Zinnchlorürs in Zinnchlorid übergeführt, die Auflösung mithin in Bezug auf das Zinnchlorür eine verdünntere geworden ist, und es ist eben so einleuchtend, dass verbrauchte 100 Theile auch 100 pCt. Mangansuperoxyd entsprechen. — Wie viel Procente Mangansuper-

---

*) Da das Chlor den Kork sehr angreift und man daher genöthigt ist, bei wiederholten Versuchen denselben oft zu erneuern, so thut man gut, sich für diesen Zweck ein'Paar besondere Kolben von etwa 2 Unzen Inhalt mit eingeriebenem Glasrohre anzuschaffen, wodurch auch der, wenn auch geringe Chlorverlust, der durch die Einwirkung des Chlors auf den Kork entsteht, vermieden wird. Fig. 22 stellt den Apparat dar, dessen sich der Verfasser dieses bedient und der in jeder Hinsicht empfehlenswerth ist. Derartige Apparate sind ebenfalls bei Luhme in Berlin, Kurstrasse No. 51, vorräthig. Gegen das Ende der Operation ist einige Aufmerksamkeit und verstärktes Kochen nöthig, um ein Uebersteigen der Zinnsolution in den Kolben zu vermeiden; wollte man sich auch hiergegen vollkommen sicher stellen, so dürfte man das Gasleitungsrohr zwischen *a* und *b* nur mit einem Hahn versehen.

oxyd aber durch die zwischen 50 und 100 liegenden Theile ausgedrückt werden, ergiebt sich durch einfache Rechnung. Es sei n die Zahl der verbrauchten Theile, so enthalten diese nun eben so viel Zinnchlorür, als 50 Theile der unveränderten Solution, und der Gehalt an Zinnchlorür in der veränderten verhält sich zu dem in der unveränderten wie 50 zu n oder jener ist gleich $\frac{50}{n}$ von diesem, mithin beträgt die Quantität des in Zinnchlorid verwandelten Zinnchlorürs $1 - \frac{50}{n} = \frac{n-50}{n}$ oder in Procenten des ganzen Gehaltes $100 . \frac{n-50}{n}$; da jedoch die Quantität des angewendeten Braunsteins im besten Falle nur die Hälfte des Zinnchlorürs in Zinnchlorid überführen könnte, hat man auch die Quantität des in Chlorid übergeführten Chlorürs als Procente der halben Zinnsolution zu berechnen und erhält für diese $200 \frac{n-50}{n}$, welches zu gleicher Zeit die Procente von Mangansuperoxyd sind. Sind also z. B. 62,5 Theile der veränderten Zinnsolution verwendet worden, um 50 Kubiccentimeter Eisenchloridauflösung in Eisenchlorürlösung überzuführen, so enthält der Braunstein $200 . \frac{62,5 - 50}{62,5} = 200 \frac{12,5}{62,5} = 40$ Procent Mangansuperoxyd. Folgende Tabelle überhebt dieser Rechnung in den einzelnen Fällen.

Tabelle,

welche den Gehalt eines Braunsteins an Mangansuperoxyd in Procenten angiebt, wenn die zur Prüfung angewandten Quantitäten sich verhalten wie 2030,894 Eisenchlorid : 2357,148 Zinnchlorür : 544,694 Braunstein.

Verbrauchte Grade der Zinnauflösung.	Procente an Mangansuperoxyd.	Verbrauchte Grade der Zinnauflösung.	Procente an Mangansuperoxyd.	Verbrauchte Grade der Zinnauflösung.	Procente an Mangansuperoxyd.	Verbrauchte Grade der Zinnauflösung.	Procente an Mangansuperoxyd.
50	0,00	53,5	13,14	57	24,56	60,5	34,70
50,5	1,98	54	14,82	57,5	26,08	61	36,06
51	3,92	54,5	16,50	58	27,58	61,5	37,38
51,5	5,84	55	18,18	58,5	29,06	62	38,70
52	7,68	55,5	19,82	59	30,50	62,5	40,00
52,5	9,52	56	21,42	59,5	31,92	63	41,26
53	11,32	56,5	23,00	60	33,32	63,5	42,50

Verbrauchte Grade der Zinnauflösung.	Procente an Mangansuperoxyd.	Verbrauchte Grade der Zinnauflösung.	Procente an Mangansuperoxyd.	Verbrauchte Grade der Zinnauflösung.	Procente an Mangansuperoxyd.	Verbrauchte Grade der Zinnauflösung.	Procente an Mangansuperoxyd.
64	43,75	73,5	63,94	83	79,52	92,5	91,88
64,5	44,96	74	64,86	83,5	80,24	93	92,46
65	46,14	74,5	65,76	84	80,94	93,5	93,06
65,5	47,32	75	66,66	84,5	81,42	94	93,62
66	48,48	75,5	67.54	85	82,34	94,5	94,18
66,5	49,62	76	68,42	85,5	83,04	95	94,72
67	50,74	76,5	69,28	86	83,72	95,5	95,28
67.5	51,84	77	70,12	86,5	84,38	96	95,82
68	52,94	77,5	70,96	87	85,28	96,5	96,38
68,5	54,00	78	71,78	87,5	85,70	97	96,90
69	55,06	78,5	72,60	88	86,36	97,5	97,42
69,5	56,10	79	73,40	88,5	87,00	98	97,94
70	57,14	79,5	74,20	89	87,64	98,5	98,46
70.5	58,14	80	75,00	89,5	88,26	99	98,98
71	59,14	80,5	76,02	90	88,88	99,5	99,50
71,5	60,14	81	76,54	90,5	89,50	100	100,00
72	61,10	81,5	77,32	91	90,10		
72,5	62,00	82	78,04	91,5	90,70		
73	63,00	82,5	78,78	92	91,30		

Bemerkungen zu vorstehender Methode. Nicht der Reiz, ein neues Verfahren aufgestellt zu haben, sondern die durch eigene Erfahrung gewonnene Erkenntniss der Unzweckmässigkeit und Unzulänglichkeit der bisher üblichen Methoden und die Ueberzeugung ihrer leichten Ausführbarkeit und Genauigkeit hat den Verfasser veranlasst, obige Prüfungsmethode des Braunsteins vorzuschlagen und zu beschreiben. Die Beschreibung ist etwas lang, ja fast noch länger als die Ausführung selbst, und diese Länge hat ihr wohl einige ungünstige Beurtheilungen von solchen zugezogen, die vorschnelles Aburtheilen einer genauen Prüfung vorziehen. Diesen unmotivirten Urtheilen entgegen zu treten ist der Zweck dieser Zeilen. Die praktische Brauchbarkeit dieser Methode liegt in der leichten Darstellung der nothwendigen Auflösungen, in der Einfachheit des Apparates und in der schnellen Gewinnung des Resultates. Was zunächst die Darstellung der Zinnchlorür- und Eisenchlorid-Auflösungen betrifft, so ist diese in der That kaum schwieriger, als die Darstellung von Zuckerwasser, nur dass das Auflösungsmittel dort Salzsäure, hier Wasser ist. — Die Analyse der Eisenchloridauflösung muss allerdings mit Sorgfalt ausgeführt werden, da von ihrer Genauigkeit die Genauigkeit der ganzen Methode abhängt, allein wem es hierzu an Kenntnissen und Geschicklichkeit fehlt, wird sich aus jeder Apotheke leicht eine Eisenchloridauflösung von genau bestimmtem Gehalt verschaffen können, und wird ihm diese nicht mehr kosten als die Anwendung von Oxalsäure. — Die Auflösung der Zinnchlorürauflösung ist bei Zutritt der Luft einer Veränderung ausgesetzt, durch welche sie sich in basisches Zinnchlorür verwandelt; hierdurch wird es nöthig, dass bei in langen Zeitabschitten aufeinanderfolgenden Untersuchungen, erst untersucht werden muss, wie viel von der Auflösung erforderlich ist, um 50 Kubiccentimeter*) Eisenchloridauflösung in Chlorür überzuführen. Ein etwas starker Gehalt an freier Salzsäure giebt der Zinnchlorürauflösung eine grosse Beständigkeit, so dass bei Untersuchungen, die in Tagen, selbst Wochen auf einanderfolgen, die vorläufige Prüfung ohne Gefahr unterlassen werden kann. Uebrigens ist diese Prüfung auch so ausserordentlich leicht und schnell ausgeführt, dass sie gar nicht in Betracht kommt. — Dass der Apparat sich durch Einfachheit auszeichnet, braucht kaum hervorgehoben zu werden, und bemerken wir nur, dass dem in 100 Theile getheilten Rohre eine Länge von cr. 16 Zoll und ein Durchmesser von $\frac{5}{8}$ Zoll zu geben und es vortheilhaft ist, dasselbe mit Fuss und Schnauze zum bequemen Wegstellen und Ausgiessen zu versehen. — Endlich in der leichten Leitung der Operation und in der schnellen Gewinnung des Resultats übertrifft die Methode jede andere in hohem Grade. Das Chlor wird von der Zinnsolution sehr begierig absorbirt, so dass selbst bei schneller Entwickelung nicht eine Spur von Chlorgeruch sich entwickelt; es kann daher auch

*) Wir haben in 50 Kubic-Centimeter eine etwas grosse Quantität Eisenchloridauflösung zur Prüfung vorgeschlagen, um den beim Abmessen derselben etwa begangenen Fehler im Verhältniss zum Ganzen möglichst klein zu machen, wer sich hierin jedoch nur einige Uebung angeeignet hat, wird auch 25 Kubic-Centimeter mit grosser Schärfe abzumessen im Stande sein. Alsdann kann man Sparsamkeit im Verbrauch der Auflösungen eintreten lassen und indem man nur die Hälfte des für 50 Kub.-Cent. Eisenchloridauflösung berechneten Braunsteins zur Untersuchung nimmt, hat man ohne irgend eine Aenderung im übrigen Verfahren, auch nur 25 Kub.-Cent. Eisenchloridanflösung anzuwenden.

der kleine **Kolben** unmittelbar durch die Spirituslampe erhitzt und die **Zersetzung** des **Braunsteins** durch höhere Temperatur beschleunigt werden, und hat man gar mehrere Untersuchungen hintereinander vorzunehmen, so erheischt eine jede nur eine Abwiegung und kann dann jede einzelne sehr bequem in durchschnittlich einer halben Stunde vollendet werden. — Wir hatten es bei der ersten Veröffentlichung dieser Methode unterlassen, auf ihre **Vorzüge** speciell hinzuweisen und sind dieselben wohl von dem **Herausgeber von Liebig's** Annalen nicht hinreichend gewürdigt worden, sonst hätte er wohl zugegeben, dass unsere Methode die von **Will** und **Fresenius**, bei welcher ausser der Beseitigung der kohlensauren Salze vier Abwiegungen nöthig sind, an **Einfachheit bei Weitem übertrifft.** *)

20. Methode von Gay-Lussac. **) Dieselbe gründet sich darauf, dass Chlorgas von Kalkmilch oder einer Auflösung von Kali unter Bildung von unterchlorigsaurer Kalkerde oder unterchlorigsaurem Kali absorbirt wird und man die Flüssigkeit alsdann chlorimetrisch auf ihren Chlorgehalt untersuchen kann. Es werden 3,909 Gramm Braunstein abgewogen und in einem kleinen Kolben mit Salzsäure behandelt; der Kolben ist mit einem gutschliessenden Kork verschlossen, in welchem ein Gasleitungsrohr befestigt ist, welches das Chlor in einen Kolben führt, der cr. ½ Liter schwache Kalkmilch oder Kaliauflösung enthält. Sobald die Zersetzung des Braunsteins vollständig erfolgt ist, wird die zur Absorbtion benutzte Flüssigkeit mit Wasser bis zu 1 Liter nachgefüllt und darauf mittelst arseniger Säure und Indigo oder auf irgend eine der beim Chlorkalk angegebenen Methoden untersucht, wie viel Chlor dieselbe enthält. 3,909 Gramm des reinsten Pyrolusits entwickeln so viel Chlor, dass dasselbe bei 0 Grad und 28 Zoll Barometerstand gemessen, gerade 1 Liter oder dem Gewicht nach 3,18 Gramm beträgt. Enthält die Flüssigkeit diese Quantität Chlor, so wird der Braunstein als 100grädig bezeichnet, wo dann jeder Grad einem Procent Mangansuperoxyd im Braunstein entspricht.

Uebelstände und Fehlerquellen. Die **Gay-Lus-**

---

*) Dem Dr. **Schwarz,** Verf. der „prakt. Anleitung zu Maassanalysen", wollen wir seine unwürdige Kritik obiger Methode nicht erwiedern, sondern ihm nur rathen, in Zukunft erst sorgfältig zu prüfen und dann zu urtheilen.

) Annalen der **Pharmacie. Bd. XVIII., p. 46.

sac'sche Methode hat zwei Fehlerquellen, von denen die eine vielleicht vermeidlich, die andere jedoch ganz unvermeidlich ist. Erstere besteht nämlich darin, dass das Chlorgas von Kalk und Kaliauflösung keinesweges schnell absorbirt wird. Bei Kalilösung geht die Absorbtion noch schneller von statten, als bei Anwendung von Kalkwasser, daher man gegenwärtig sich auch allgemein dieser Lösung bedient. Allein auch dann ist es sehr schwer, das Entweichen von unverändertem Chlorgas gänzlich zu vermeiden. Bobierre *) schreibt hierzu vor das entwickelte Chlorgas, ehe es in den Kolben mit Kaliauflösung gelangt, durch eine Waschflasche zu leiten, die bei einem Inhalt von etwa 5 Deciliter zu $\frac{2}{3}$ mit einer Kaliauflösung angefüllt ist, die 10 pCt. Kali enthält. Nach erfolgter Chlorentwickelung werden die Flüssigkeiten der Waschflasche und des Kolbens zusammengegossen, bis zu 1 Liter nachgefüllt und wie angegeben verfahren. — Durch eine solche Waschflasche mag allerdings die erste Fehlerquelle mehr oder weniger vollkommen vermieden werden, allein immer bleibt noch die zweite bestehen, welche diese Methode als unbrauchbar erscheinen lässt. Die Absorbtion des Chlors durch Kalilösung ist nicht eine einfache Auflösung desselben, sondern es bildet sich unterchlorige Säure, die sich mit Kali zu unterchlorigsaurem Kali verbindet, welches alsdann zunächst durch die oxydirende Einwirkung auf die arsenige Säure, dann durch die Entfärbung des Indigo sich quantitativ bestimmen lässt. Allein die Bildung von unterchloriger Säure ist nur möglich, indem ein Theil Kali und Wasser seinen Sauerstoff an einen Theil Chlor abgiebt, während der andere Theil Chlor sich mit dem Kalium und Wasserstoff zu Chlorkalium und Chlorwasserstoffsäure verbindet. Dieses auf letztere Weise wirkende Chlor ist durch keine Reaction nachzuweisen, so dass der nach dieser Methode erhaltene Gehalt des Braunsteins an Mangansuperoxyd stets zu gering ausfallen muss.

21. Methode von Streng. **) Nach dem Vorbilde Bunsen's ***) wird hier die Eigenschaft des Jods mit Stärke eine intensiv blaue Verbindung einzugehen, deren Färbung alle anderen

---

*) Polytechnisches Journal von Dingler. Bd. CVII., p. 448.

**) Poggendorff, Annalen der Physik und Chemie. Bd. XCII. p. 57.

***) Ueber eine volumetrische Methode von sehr allgemeiner Anwendbarkeit. Annalen der Chemie und Pharmacie. Bd. 86., p. 265.

Farben überdeckt, benutzt, um zu erkennen, wenn eine der Einwirkung von Chlor ausgesetzt gewesene Auflösung von Zinnchlorür vollständig in Chlorid verwandelt ist. — Der Braunstein wird in einem Stehkolben mit Salzsäure und einem Ueberschuss von Zinnchlorürauflösung übergossen und erhitzt; das sich entwickelnde Chlor wirkt augenblicklich auf das Zinnchlorür ein und verwandelt es in Zinnchlorid (vergl. Methode 19.), nachdem die Zersetzung erfolgt, setzt man der erkalteten Flüssigkeit etwas Jodkalium und Stärkeauflösung zu und giesst dann aus einer Burette so lange von einer tarirten Auflösung von saurem chromsauren Kali hinzu, bis die blaue Farbe der Jodstärke erscheint. Das Jodkalium wird nämlich durch das saure chromsaure Kali unter Bildung von einfach chromsaurem Kali, Chromoxyd und Kali zersetzt und das frei werdende Jod verbindet sich mit der Stärke und färbt die Flüssigkeit blau. Diese Einwirkung erfolgt jedoch erst dann, nachdem alles Zinnchlorür durch das saure chromsaure Kali in Zinnchlorid verwandelt ist. Weiss man daher, wie viel Zinnchlorür in der ursprünglich zugesetzten Auflösung vorhanden war und zieht von dieser Menge, die durch die Chromlösung erst in Chlorid verwandelte ab, so erhält man die Quantität Zinnchlorür, welche durch das sich entwickelnde Chlor in Chlorid übergeführt wurde, und kann hieraus den Gehalt des Braunsteins an Mangansuperoxyd berechnen. —

Die Methode ist einfach und giebt auch genaue Resultate, allein durch die gleichzeitige Bildung von Chromchlorid, welches grün gefärbt ist, tritt die blaue Farbe nicht mit Deutlichkeit hervor, und der Punkt, wo alles Zinnchlorür in Zinnchlorid übergeführt ist, ist nur bei grosser Uebung mit Sicherheit zu erkennen.

Sämmtliche hier beschriebenen Prüfungsmethoden des Braunsteins haben die Beantwortung der Frage zum Zweck, wie viel Chlor kann durch eine bestimmte Quantität Braunstein entwickelt werden? Es ist die richtige Beantwortung dieser Frage auch in der That für den Fabrikanten von der grössten Wichtigkeit, da sich durch sie überhaupt erst bestimmen lässt, wie viel Braunstein zur Hervorbringung einer bestimmten Wirkung (z. B. das Bleichen von 10 Ctr. Halbzeug, anzuwenden ist. Jedoch ist nicht hierauf allein zu achten, sondern auch darauf, dass der Braunstein nicht allzuviel fremde Beimengungen enthält,

die ebenfalls Salzsäure binden, ohne zur Chlorentwickelung bei-
zutragen. — Wie früher erwähnt, enthält der Braunstein neben
dem Mangansuperoxyd stets grössere oder geringere Mengen
von anderen Manganoxyden, Eisenoxyd, kohlensauren Erden,
Schwerspath und Kieselerde, diese werden ausser den letzten
beiden durch Chlorwasserstoffsäure ebenfalls aufgelöst und zersetzt, ohne Chlorgas zu entwickeln, und wollte man daher zur
Chlorentwickelung nur so viel Salzsäure anwenden, als die
Prüfung des Braunsteins als nothwendig ergab, so ist klar, dass
diese Quantität nicht hinreichen würde, das Mangansuperoxyd
vollständig zu zersetzen, da dieselbe ja gleichzeitig auf Bildung
von Eisenchlorid, Chlorkalcium u. s. w. consumirt werden würde.
Hat man es nun mit einem guten Braunstein zu thun, welcher
überhaupt nur wenig fremde Bestandtheile enthält, so wird ein
geringer Säureüberschuss, bei der Chlorentwickelung angewendet, hinreichende Garantie bieten, dass das Mangansuperoxyd
vollständig zersetzt werde. Allein bei geringeren Braunsteinsorten kann der nothwendige Ueberschuss von Chlorwasserstoffsäure so bedeutend werden, dass die Minderkosten des Braunsteins durch die Mehrkosten an Säure mehr als ausgeglichen
werden. Andererseits aber ist es doch möglich, dass die geringe Braunsteinsorte vorzugsweise nur Schwerspath, Quarz und
derartige auf die Chlorwasserstoffsäure nicht einwirkende Substanzen als Beimengungen enthalte und die berechnete Quantität Säure zur Zersetzung des Mangansuperoxydes ausreiche.
Es ist mithin zur genauen Kenntniss eines Braunsteins noch
die Untersuchung nöthig, wie viel Salzsäure zur vollständigen Zersetzung einer bestimmten Quantität Braunstein erforderlich ist.

Diese Untersuchung wird auf folgende Weise geführt: Die
genau abgewogene Braunsteinprobe wird in einem passenden
Kolben mit einem bestimmten und jedenfalls ausreichendem
Maasse Salzsäure von bestimmtem Säuregehalt, der 18 Procent
nicht übersteigen darf, damit beim Erwärmen nicht freie Säure
entweicht, übergossen und unter Erwärmen zersetzt. Sobald
die Chlorentwickelung aufgehört, wird das entstandene Eisenchlorid, welches bei der nachfolgenden Behandlung durch kohlensaure Kalkerde gefällt werden würde, durch blankes Kupfer-
blech zu Eisenchlorür reducirt, *) hierauf mittelst kohlensaurer

---

*) Siehe Braunsteinprobe von Fuchs und Fikentscher, p. 101.

Kalkerde die noch vorhandene freie Säure bestimmt. Zu diesem Zwecke wird ein gewogenes Stückchen Kalkspath oder kararischer Marmor in die Flüssigkeit geworfen, so lange darin gelassen, als noch Kohlensäure entweicht, darauf herausgenommen, mit destillirtem Wasser abgespült, getrocknet und wieder gewogen. Aus dem Gewichtsverlust lässt sich die in der Flüssigkeit noch vorhandene Chlorwasserstoffsäure leicht berechnen, denn 526,771 Gewichtstheile kohlensaure Kalkerde brauchen 455,76 Gewichtstheile Chlorwasserstoffsäure zur Auflösung. — Die hierdurch ermittelte Chlorwasserstoffsäure von der ursprünglich angewendeten abgezogen, giebt die zur Zersetzung des Braunsteins erforderliche Menge, und vergleicht man endlich das Verhältniss zwischen der im Braunstein enthaltenen Quantität Mangansuperoxyd und der zur Zersetzung nöthigen Menge Salzsäure, mit dem Verhältniss 544,684 zu 911,52, den resp. Gewichtsmengen von reinem Mangansuperoxyd und Chlorwasserstoffsäure, so ergiebt sich die Menge von Salzsäure, die zur Auflösung fremder Substanzen vergeudet wird. — Es ist, wie gesagt, bisweilen möglich, dass der Braunstein vorzugsweise solche fremde Bestandtheile enthalte, auf welche Salzsäure keine Wirkung äussert, im Allgemeinen jedoch wird man, um dieselbe Menge Chlor zu entwickeln, bei geringen Braunsteinsorten bei Weitem mehr Salzsäure nöthig haben als bei guten, woraus erhellt, dass auch die Anwendung der letzteren den Vorzug vor der der ersteren verdient, zumal in Erwägung gezogen werden muss, dass bei einem Braunstein, der 50 pCt. Mangansuperoxyd enthält, die Hälfte der Transportkosten für fremde nachtheilige Substanzen bezahlt wird.

Bereitet man das Chlor aus Braunstein und Salzsäure, so wird Manganchlorür als Nebenproduct gewonnen, welches eine sehr ausgedehnte Anwendung in der Kattundruckerei zur Erzeugung brauner und schwarzer Fonds findet, was bei einer dem Absatz günstigen Lage von dem Papierfabrikanten nicht unbeachtet gelassen zu werden verdient.

Die zweite Methode der Chlorbereitung, bei welcher man Schwefelsäure, Kochsalz und Braunstein auf einander wirken lässt, unterscheidet sich von der bisher beschriebenen im Wesentlichen dadurch, dass man mit der Entwicklung des Chlors aus Braunstein und Salzsäure die Darstellung der Salzsäure selbst verbindet. Diese letztere wird auch fabrikmässig, namentlich aus wasserhaltender Schwefelsäure und Kochsalz (Chlornatrium) dargestellt. Wirkt nämlich Schwefelsäure in Gegenwart von Wasser auf Chlornatrium, so wird jenes zersetzt, indem der Sauerstoff desselben an das Natrium tritt, Natron erzeugend, welches sich mit der Schwefelsäure zu schwefelsaurem Natron (Glaubersalz) verbindet, während das Chlor des Chlornatriums mit dem Wasserstoff des Wassers Chlorwasserstoffsäure erzeugt, welche, wenn anders ihr nicht Gelegenheit geboten wird, im Entstehungsmoment ihre Wirksamkeit zu äussern, in Gasform entweicht. Den Verlauf des Processes und das dabei nothwendige Mengenverhältniss ersieht man aus folgendem Schema:

1226,46 Schwefelsäurehydrat.	1001,50 Schwefelsäure.	
	224,96 Wasser	200 Sauerstoff.
		24,96 Wasserstoff.
	1466,018 Chlornatrium	579,458 Natrium.
		886,56 Chlor.

Es treten nun von diesen einzelnen auf einander wirkenden Bestandtheilen zusammen: 200 Gewichtstheile Sauerstoff und 579,458 Gewichtstheile Natrium zu 779,458 Gewichtstheilen Natron, und 24,96 Gewichtstheile Wasserstoff mit 886,56 Gewichtstheilen Chlor zu 911,52 Gewichtstheilen Chlorwasserstoffsäure. Die 779,458 Gewichtstheile Natron genügen aber gerade, um mit den 1001,5 Gewichtstheilen Schwefelsäure 1780,952 Gewichtstheile neutrales schwefelsaures Natron zu bilden, so dass dieses letztere Salz und Chlorwasserstoffsäure das Endresultat des Processes sind.

Das Kochsalz und die Schwefelsäure des Handels bedingen aber, wegen ihres unreinen oder nicht hinreichend concentrirten Zustandes, wiederum eine Abänderung der hier angegebenen Verhältnisse, und namentlich zeigt die Schwefelsäure aus verschiedenen Fabriken einen sehr verschiedenen Gehalt an wasserfreier Säure, und nie den hier vorausgesetzten. Es ist daher wiederum von Wichtigkeit, den Gehalt einer käuflichen Schwefelsäure an wasserfreier Säure bestimmen zu können, und es geschieht dies, wie bei der Salzsäure, entweder durch Neutralisation mit kohlensaurem Natron im Fresenius'schen Apparate, wo je 275,12 Gewichtstheile entschwundener Kohlensäure 500,75 Gewichtstheile Schwefelsäure anzeigen, oder durch Ermittelung des specifischen Gewichtes mittelst eines Aräometers. Ist aber das specifische Gewicht einer Säure bekannt, so ist es leicht, aus einer der folgenden Tabellen den Gehalt derselben an wasserfreier Säure oder dem eben erwähnten Hydrat zu ersehen.

Tabelle

über den Gehalt an wasserfreier Säure und Schwefelsäurehydrat bei verschiedenen spec. Gewichten, von Ure. Temperatur + 15°,5 C.

Spec. Gewicht.	Wasserfreie Säure.	Schwefel-säure-hydrat.	Spec. Gewicht.	Wasserfreie Säure.	Schwefel-säure-hydrat.
1,8485	81,54	100	1,5280	52,18	64
1,8475	80,72	99	1,5170	51,37	63
1.8460	79,90	98	1,5066	50,55	62
1,8439	79,09	97	1,4960	49,74	61
1,8410	78,28	96	1,4860	48,92	60
1.8376	77,40	95	1,4770	48,11	59
1,8336	76,65	94	1,4660	47,29	58
1,8290	75,83	93	1,4560	46,58	57
1,8233	75,02	92	1,4460	45,68	56
1,8179	74,20	91	1,4360	44,85	55
1,8115	73,39	90	1,4265	44,03	54
1,8043	72,57	89	1,4170	43,22	53
1,7962	71,75	88	1,4073	42,40	52
1,7870	70,94	87	1,3977	41,58	51
1,7774	70,12	86	1,3884	40,77	50
1,7673	69,31	85	1,3788	39,95	49
1,7570	68,49	84	1,3697	39,14	48
1,7465	67,68	83	1,3612	38,32	47
1,7360	66,86	82	1,3530	37,51	46
1,7245	66,05	81	1,3440	36,69	45
1,7120	65,23	80	1,3345	35,88	44
1,6993	65,42	79	1,3255	35,06	43
1,6870	63,60	78	1,3165	34,25	42
1.6750	62,78	77	1,3080	33,43	41
1,6630	61,97	76	1,2999	32,61	40
1,6520	61,15	75	1,2913	31,88	39
1,6415	60,34	74	1,2826	30,98	38
1,6321	59,55	73	1,2740	30,17	37
1,6204	58,71	72	1,2654	29,35	36
1,6090	57,89	71	1,2572	28,54	35
1,5975	57,08	70	1,2490	27,72	34
1,5868	56,26	69	1,2409	26,91	33
1.5760	55,45	68	1,2334	26,09	32
1,5648	54,63	67	1,2260	25,28	31
1,5503	53,82	66	1,2184	24,46	30
1,5390	53,00	65	1,2108	23,65	29

Spec. Gewicht.	Wasserfreie Säure.	Schwefel-säure-hydrat.	Spec. Gewicht.	Wasserfreie Säure.	Schwefel-säure. hydrat.
1,2032	22,38	28	1,0953	11,41	14
1,1956	22,83	27	1,0887	10,60	.13
1,1876	21,20	26	1,0809	9,78	12
1,1792	20,38	25	1,0743	8,97	11
1,1706	19,57	24	1,0682	8,15	10
1,1626	18,75	23	1,0614	7,34	9
1,1549	17,94	22	1,0544	6,52	8
1,1480	17,12	21	1,0477	5,71	7
1,1410	16,31	20	1,0405	4,89	6
1,1330	15,49	19	1,0336	4,08	5
1,1246	14,68	18	1,0268	3,26	4
1,1165	13,86	17	1,0206	2,446	3
1,1090	13,05	16	1,0140	1,63	2
1,1019	12,23	15	1,0074	0,8154	1

Wir haben vorstehende von Ure berechnete Tabelle hier nochmals aufgenommen, weil besonders in Deutschland die Stärke der Schwefelsäure meistens nach ihr bestimmt wird; allein als die richtigere verdient folgende den Vorzug:

Tabelle

über den Gehalt an wasserfreier Säure und Schwefelsäurehydrat bei verschiedenen spec. Gewichten, von Bineau. *)

Aräometer-Grade.	Dichtigkeit.	Bei 0° Temperatur.		Bei 12° Temperatur.	
		Procente von Schwefel-säurehydrat.	Procente von wasserfreier Säure.	Procente von Schwefel-säurehydrat.	Procente von wasserfreier Säure.
5	1,036	5,1	4,2	5,4	4,5
10	1,075	10,3	8,4	10,9	8,9
15	1,116	15,5	12,7	16,3	13,3
20	1,161	21,2	17,3	22,4	18,3
25	1,209	27,2	22,2	28.3	23,1
30	1,262	33,6	27,4	34,8	28,4
33	1,296	37,6	30,7	38,9	31,8
35	1,320	40,4	33,0	41,6	34,0
36	1.332	41,7	34,1	43,0	35,1
37	1,345	43,1	35,2	44,3	36,2

*) *Annales de Chimie et de Physique.* Mai 1849. p. 123. (P. J. CXII. p. 440.)

Aräometer-Grade.	Dichtigkeit.	Bei 0° Temperatur.		Bei 12° Temperatur.	
		Procente von Schwefelsäurehydrat.	Procente von wasserfreier Säure.	Procente von Schwefelsäurehydrat.	Procente von wasserfreier Säure.
38	1,357	44,5	36,3	45,5	37,2
39	1,370	45,9	37,5	46,9	38,3
40	1,383	47,3	38,6	48,4	39,5
41	1,397	48,7	39,7	49,9	40,7
42	1,410	50,0	40,8	51,2	41,8
43	1,424	51,4	41,9	52,5	42,9
44	1,438	52,8	43,1	54,0	44,1
45	1,453	54,3	44,3	55,4	45,2
46	1,468	55,7	45,5	56,9	46,4
47	1,483	57,1	46,6	58,2	47,5
48	1,498	58,5	47,8	59,6	48,7
49	1,514	60,0	49,0	61,1	50,0
50	1,530	61,4	50,1	62,6	51,1
51	1,546	62,9	51,3	63,9	52,2
52	1,563	64,4	52,6	65,4	53,4
53	1,580	65,9	53,8	66,9	54,6
54	1,597	67,4	55,0	68,4	55,8
55	1,615	68,9	56,2	70,0	57,1
56	1,634	70,5	57,5	71,6	58,4
57	1,652	72,1	58,8	73,2	59,7
58	1,671	73,6	60,1	74,7	61,0
59	1,691	75,2	61,4	76,3	62,3
60	1,711	76,9	62,8	78,0	63,6
61	1,732	78,6	64,2	79,8	65,1
62	1,753	80,4	65,7	81,7	66,7
63	1,774	82,4	67,2	83,9	68,8
64	1,796	84,6	69,0	86,3	70,4
65	1,819	87,4	71,3	89,5	73,0
65,5	1,830	89,1	72,2	91,8	74,9
65,8	1,837	90,4	73,8	94,5	77,1
66	1,842	91,3	74,5	100,0	81,6
66,2	1,846	92,5	75,5		
66,4	1,852	95,0	77,5		
66,6	1,857	100,0	81,6		

Zeigt demnach eine käufliche Schwefelsäure bei 12° R. 65 Grad Baumé, oder giebt das Aräometer unmittelbar das specifische Gewicht 1,819, so enthält dieselbe nicht, wie jene, zur Erklärung des Processes angenommene 81,6, sondern nur 73,0 pCt. wasserfreier Säure, und statt 1226,46 Gewichtstheile von jener, müssen daher 1370,9 Gewichtstheile von dieser zur Erlangung gleicher Wirkung angewendet werden. —

Giebt man nun in den Apparat, in welchem man die Darstellung der Salzsäure vornimmt, bei den angeführten Mengenverhältnissen, noch so viel Braunstein, dass 544,684 Mangansuperoxyd vorhanden sind, so wird dieses auf die entstehende Chlorwasserstoffsäure augenblicklich wieder zersetzend einwirken, und statt 911,52 Chlorwasserstoffsäure werden 443,28 Chlor frei werden (p. 76). Bei einem Braunstein also, welcher 75 pCt. Mangansuperoxyd enthält, bei einer Schwefelsäure von 73,0 pCt. wasserfreier Säure und einem nicht zu unreinen Kochsalze würden zur Chlorentwicklung 7 Theile des ersteren, 13 Theile der zweiten und 15 Theile des letzteren anzuwenden sein, und man würde daraus neben 18 Theilen schwefelsaurem Natron und 8 Theilen Manganchlorür 4 Theile Chlor erhalten. — Gegen Manganchlorür verhält sich Schwefelsäure wie gegen Chlornatrium; es wird nämlich unter Wasserzersetzung Manganoxydul gebildet, welches sich mit der Schwefelsäure verbindet, während der Wasserstoff des zersetzten Wassers mit dem Chlor des Manganchlorürs Chlorwasserstoffsäure erzeugt. Man kann also durch Zusatz von Schwefelsäure aus dem eben erhaltenen Rückstand der Chlorentwicklung wiederum Salzsäure bereiten und durch Zusatz von Mangansuperoxyd abermals Chlor in Freiheit setzen. Dieser letztere Process wird natürlich als unmittelbare Fortsetzung des ersteren stattfinden, wenn man von Hause aus die Quantitäten von Schwefelsäure und Braunstein grösser wählte, und da 787,964 Manganchlorür wiederum 544,684 Mangansuperoxyd und 1226,46 Schwefelsäure erfordern, um die darin enthaltenen 443,28 Chlor unter Bildung von schwefelsaurem Manganoxydul in Freiheit zu setzen, so sieht man, dass, um alles Chlor des angewandten Kochsalzes zu gewinnen, man die Quantitäten von Schwefelsäure und Braunstein zu verdoppeln hat. Also bei dem eben angenommenen Procentgehalt werden auf 15 Theile Kochsalz 14 Theile Braunstein und 26 Theile Schwefelsäure anzuwenden sein. — Das hier vorgeschriebene Quantitätsverhältniss gilt, wie schon erwähnt, nur für den hier angenommenen speciellen Fall, da aber dieser sich kaum in ein und derselben Fabrik zweimal wiederholt, geschweige denn in verschiedenen Ländern gleichzeitig als Norm angesehen werden kann, so ist es leicht erklärlich, wie so viel verschiedene

Vorschriften der Chlorbereitung, als man in den technischen Schriften vorfindet, entstehen konnten. Hartmann schreibt vor: 4 Th. Kochsalz, 3 Th. feingepulverten Braunstein, 6 bis 6⅔ Th. concentrirte Schwefelsäure; Robiquet: 1½ Th. Kochsalz, 1⅓ Th. Braunstein, 2⅓ bis 3 Th. concentrirte Schwefelsäure; Ure: 1 Th. Kochsalz, 1 Th. Braunstein, 1¼ Th. concentrirte Schwefelsäure; Piette: 64 Th. Salz, 20 Th. Braunstein, 44 Th. Schwefelsäure, oder 2 Th. Kochsalz, 1 Th. Braunstein, 2 Th. Schwefelsäure, auch 10 Th. Salz, 6 Th. Braunstein, 7 Th. Schwefelsäure; als in England gebräuchlich: 80 Th. Salz, 30 Th. Braunstein, 60 Th. Schwefelsäure; als in Irland gebräuchlich: 60 Th. Salz, 60 Th. Braunstein, 50 Th. Schwefelsäure; Rüst, als in Deutschland gebräuchlich: 64 Th. Salz, 20 Th. Braunstein, 44 Th. Schwefelsäure; als in Frankreich gebräuchlich: 10 Th. Salz, 67 Th. Braunstein, 7 Th. Schwefelsäure; Otto: 8 Th. Kochsalz, 6 Th. Braunstein, 14 Th. Schwefelsäure; Duflos: 8 Th. Kochsalz, 8 Th. Braunstein, 20 Th. Schwefelsäure; Planche: 1½ Th. Kochsalz, 1 Th. Braunstein, 2 Th. Schwefelsäure. Diese Verschiedenheit der Vorschriften hat nicht, wie man nach Rüst*) zu glauben geneigt sein könnte, darin ihren Grund, dass die Wissenschaft noch nicht das zweckmässigste Mengenverhältniss ermittelt habe, das ist, wie schon erwähnt, durchaus nicht der Fall; die Wissenschaft schreibt, um alles Chlor des Kochsalzes zu gewinnen, als einzig richtiges Verhältniss vor, und die Erfahrung bestätigt es als solches: 1466,018 Theile Chlornatrium, 1089,368 Theile Mangansuperoxyd, 2452,92 Theile Schwefelsäurehydrat (2003,00 Theile wasserfreie Schwefelsäure), sondern in der Unreinheit der Materialien, und es ist daher Pflicht eines jeden Fabrikanten, erst nach Prüfung dieser sich für ein bestimmtes Verhältniss zu entscheiden.

Es ist übrigens einleuchtend, dass ein Zusatz von 1226,46 Theilen Schwefelsäurehydrat und 544,684 Theilen Mangansuperoxyd auch bei Anwendung der ersten Methode das ganze Chlor der angewandten Chlorwasserstoffsäure in Freiheit setzen wird, allein sollte hiermit ein Vortheil verbunden sein, so müssten 1226,46 Theile Schwefelsäurehydrat weniger kosten, als 911,52 Theile Chlorwasserstoffsäure. Das nothwendige Mengenverhältniss der Materialien in reinster Form ist alsdann: 911,52 Theile

---

*) Die Papierfabrikation und die technischen Anwendungen des Papiers von Dr. W. A. Rüst. Berlin, 1838.

Chlorwasserstoffsäure, 1226,46 Theile Schwefelsäurehydrat und 1089,368 Theile Mangansuperoxyd.

Da die Salzsäure im Grossen ebenfalls aus Kochsalz und Schwefelsäure gewonnen wird, so scheint auf den ersten Blick die zweite Methode, bei welcher man sich gleichzeitig des Kochsalzes, des Braunsteins und der Schwefelsäure bedient, unbedingt den Vorzug vor den übrigen zu verdienen, da man bei ihr die Salzsäure sich selbst bereitet und dem Fabrikanten keinen Tribut zu entrichten hat. Dies ist nun wohl auch im Allgemeinen richtig, allein bei der gesteigerten Nachfrage nach künstlicher Soda geschieht die Darstellung der Salzsäure oft nur des dabei als Nebenproduct fallenden schwefelsauren Natrons wegen, so dass der Fabrikant sich mit einem sehr mässigen Preise für dieselbe begnügt, so lange das dafür höher gerechnete schwefelsaure Natron bei der Darstellung der Soda genügend verwerthet wird. Daher kommt es, dass stellenweis, in der Nähe von Sodafabriken, die Darstellung des Chlors mittelst Salzsäure überhaupt billiger ist als mittelst Schwefelsäure, dann aber auch, dass der Preis der Salzsäure im Allgemeinen sehr heruntergegangen ist und daher bei einem Steigen der Preise für Schwefelsäure sehr leicht die Kosten der zweiten Methode die der ersten und dritten überragen können. Um möglichst zu Vergleichungen anzuregen, stellen wir noch einmal die bei den verschiedenen Methoden zu befolgenden Mengenverhältnisse der reinen Substanzen neben einander. Es werden erhalten 886,56 Chlor aus

	Chlorwasserstoffsäure.	Schwefelsäurehydrat.	Mangansuperoxyd.	Chlornatrium.
1.	1823,04		1089,368	
2.		2452,92	1089,368	1466,018
3.	911,52	1226,46	1089,368	

Nehmen wir nun an, die gekauften Materialien enthalten:

die Salzsäure	33,3	Proc.	Chlorwasserstoffsäure,
die Schwefelsäure	75,27	-	wasserfreie Säure,
der Braunstein	53	-	Mangansuperoxyd,
das Kochsalz	90	-	Chlornatrium,

so würden ziemlich genau folgende Verhältnisse zu wählen sein:

1. 48 Salzsäure, 18 Braunstein,
2.   18 - 24 Schwefelsäure, 14 Kochsalz,
3. 24 - 18 - 12 -

Die Apparate, in denen die Entwickelung des Chlors vorgenommen wird, sind für alle 3 Methoden dieselben, gläserne, irdene oder bleierne Ballons, welche im Sandbade oder durch Wasserdämpfe oder über freiem Feuer erhitzt werden. Die bleiernen Apparate verdienen ihrer Dauerhaftigkeit und bequemen Einrichtung wegen allerdings den Vorzug vor den übrigen, allein während die Anschaffung derselben mit nicht geringen Kosten verknüpft ist, und die Weichheit und leichte Schmelzbarkeit des Metalles bei unvorsichtiger Behandlung ebenfalls häufige Reparaturen nöthig macht, sind die irdenen und gläsernen Ballons so leicht und mit so geringen Kosten zu beschaffen, dass man bezweifeln möchte, ob durch sie ein pecuniärer Vortheil erzielt wird. Es kommt jedoch auch hier wieder sehr auf die Art der Feuerung und die Methode der Chlorbereitung an: die Entwickelung des Chlors aus Salzsäure und Braunstein, schon bei gewöhnlicher Temperatur anhebend, erfolgt bei mässiger Erwärmung rasch und vollständig; man kann daher hierzu sehr gut die gläsernen Ballons anwenden, in denen die Salzsäure verschickt wird, und erhitzt dieselben im Sandbade. Bei der Entwickelung des Chlors aus Kochsalz, Braunstein und Schwefelsäure ist eine höhere Temperatur nöthig und müssen daher eigens zu diesem und ähnlichen Zwecken mit mehr Sorgfalt geblasene Ballons verwendet werden; bewirkt man die Erhitzung indess mit Dämpfen, so kann man sich wiederum der irdenen Ballons bedienen, in welchen die Schwefelsäure in den Handel gebracht wird. Sehr praktisch und empfehlenswerth sind die zu gleichem Zweck von E. March in Charlottenburg bei Berlin angefertigten Apparate, welche in leichter Handhahabung den bleiernen nichts nachgeben. Der irdene Ballon (Fig. 23), der von einem Holzkasten so umgeben ist, dass er mittelst Dampf erhitzt werden kann, ist am untern Boden mit einem Abzugsrohr versehen, welches durch den Holzkasten hindurchgeht und während des Bleichprocesses mittelst eines ebenfalls irdenen Stöpsels oder Hahnes verschlossen wird. In dem oberen Theile des Ballons befindet sich neben der Füllungsöffnung, deren Rand oben abgeschliffen ist und mittelst eines genau darauf abgeriebenen Deckels, der während des Processes mit ein Paar Mauersteinen beschwert werden kann, verschlossen wird, der aufrecht gehende Sturz *b*, auf welchen das nach der Kammer führende irdene Rohr aufgesetzt wird und durch welchen mithin das Chlor entweicht. Es haben diese Apparate den grossen Vorzug vor den gewöhnlichen Ballons, dass sie unverrückt an ihrer Stelle stehen bleiben und daher nicht so leicht Verletzungen ausgesetzt sind. —

Was den Wasserzusatz anbetrifft, so findet in allen Fällen eine um so energischere Wirkung statt, je concentrirter die Säuren sind, jedoch hat man bei der ersteren Methode die Salzsäure mit so viel Wasser zu verdünnen, dass sie nicht mehr an der Luft raucht, damit nicht unzersetzte Chlorwasserstoffsäure mit den Chlordämpfen fortgeführt werde. Da dies jedoch schwer ganz zu vermeiden ist, ist im Allgemeinen anzurathen, das Chlor, ehe es in die Kammer eintritt, durch ein Zwischengefäss durchzuleiten, welches mit Braunsteinstücken angefüllt ist, welche eine Zersetzung der Chlorwasserstoffsäure bewirken. — Bei der zweiten Methode muss besonders bei der Anwendung gläserner oder irdener Gefässe so viel Wasser zugesetzt werden, als zur Auflösung des während des Processes gebildeten schwefelsauren Natrons und Manganoxyduls erforderlich ist, weil durch die Krystallisation dieser Salze beim Abkühlen leicht ein Zerspringen der Gefässe verursacht wird; man nimmt gewöhnlich ein bis zweimal dem Gewicht nach so viel Wasser als Schwefelsäure. Bei der Entwickelung des Chlors aus der Braunstein- und Kochsalzmischung findet ein starkes Steigen der Masse statt, daher die Gefässe von der Mischung nur zur Hälfte angefüllt werden dürfen. Das sich entwickelnde Chlor wird durch bleierne oder irdene Röhren in hölzerne, gemauerte oder von Sandsteinquadern zusammengesetzte Bleichkammern geleitet, in welche man es durch die Decke derselben eintreten lässt, damit in Folge seines specifischen Gewichtes eine gleichförmige Vertheilung desselben stattfindet. Da das Chlor mit Kalk in Berührung an der Luft durch Anziehung von Feuchtigkeit zerfliessendes Chlorcalcium bildet, so müssen die Fugen im Innern der gemauerten Kammern mit Cement oder mit Gips und Leinöl ausgestrichen werden. Das zu bleichende Halbzeug wird auf Horden innerhalb der Kammern gleichmässig ausgebreitet und alsdann dieselbe durch eine hölzerne Vorsatzthür verschlossen und die Fugen wiederum durch Kleister, Thon oder Lehm und Papier verdichtet. Fig. 24, 25, 26 und 27 zeigen eine solche gemauerte Kammer geöffnet und geschlossen; *a* ist das Dampfzuleitungsrohr zum Erwärmen der Ballons. Die Grösse der Kammer ist

sehr verschieden; man hat solche, die 20 Centner Halbzeug
fassen; allein es findet jedenfalls bei kleineren Kammern eine
gleichförmigere Einwirkung des Chlors statt, und es dürfte
daher rathsam erscheinen, ihnen nicht über 10 Centner Inhalt
zu geben. Jedoch auch die Beschaffenheit des Halbzeuges übt
einen sehr bedeutenden Einfluss auf die kräftige nnd gleichförmige Wirksamkeit des Chlors aus; ist derselbe zu feucht,
so wird er von dem ihn umgebenden Wasser gegen die directe
Einwirkung des Chlors geschützt; es wird zwar dieses letztere
mit dem Wasser in Wechselwirkung treten, Chlorwasserstoffsäure gebildet und bleichender Sauerstoff frei werden, allein
ein grosser Theil des Chlors wird auch unverändert vom Wasser absorbirt und dadurch der Wirksamkeit entzogen werden,
so dass die Bleiche bei grossem Zeitverlust doch nur unvollkommen wird. Es ist daher nothwendig, den Halbzeug vor
dem Bleichen mit Chlorgas so viel als möglich zu entwässern.
Zu dieser Entwässerung wird je nach dem Umfange des Ge-
schäftes und der Höhe des Betriebskapitals in den verschiedenen Papierfabriken eine der folgenden Verfahrungsarten angewendet. 1) Der Halbzeug wird an einem luftigen Ort zwischen
hohen Lattengerüsten aufgespeichert; es ist dies allerdings die
einfachste aber auch langwierigste Manier, die nur da angewendet werden kann, wo stets ein sehr grosser Vorrath von
Halbzeug vorhanden ist. 2) Der Zeug wird vor dem Bleichen
durch Auspressen möglichst von Wasser befreit. Die Einrichtungen sowohl hierzu, als zum Fortschaffen des Zeuges nach
dem Bleichhause und den Holländern, sind besonders in England meistens sehr bequem und praktisch. Längs den Halb-
stoffkasten, nach den Pressen, dem Bleichhause u. s. w. läuft
eine Eisenbahn, auf welcher sich Wagen zum Transportiren
des Stoffs bewegen. Es sind viereckige eiserne Kasten von 12
bis 15 Kubicfuss Inhalt, mit vielen Löchern versehen. Der Stoff
wird aus dem Halbzeugkasten hineingeworfen und hierauf unter
die Presse geschoben, deren unterer beweglicher Theil im Ni-
veau der Eisenbahn liegt. Hierauf wird der Wagen durch hy-
draulischen oder Schraubendruck emporgehoben und der Stoff
durch einen Stempel ausgepresst, der in dem oberen Theile der
Presse festsitzt und in den eisernen Kasten genau passt. Die
Auspressung geschieht bis auf $\frac{1}{3}$ oder $\frac{1}{4}$ des vorherigen Volumens; das Wasser entweicht durch die Löcher des Kastens.

Man senkt denselben hierauf wieder und schiebt ihn nach dem Bleichhause.*) Der auf diese Weise entwässerte Halbzeug muss vor der Behandlung mit Chlorgas wieder aufgelockert werden, welche Arbeit wiederum durch Maschinen schneller und vollständiger ausgeführt wird als mit der Hand. Man bedient sich hierzu der sogenannten Wölfe, deren Construction bereits p. 28 beschrieben wurde. — Wo man die Kosten der Anschaffung einer solchen Maschine scheut oder die Räumlichkeiten der Fabrik ihrer Aufstellung entgegen sind, kann man denselben Zweck einfach auch durch eine hölzerne Trommel erreichen, deren Umkreis aus Latten besteht, welche etwa einen Zoll von einander abstehen. Nachdem diese Trommel mit gepresstem Halbzeug angefüllt ist, wird sie vom laufenden Werke oder durch die Hand in Bewegung gesetzt, wodurch sich Theilchen für Theilchen von dem ausgspressten Klumpen loslösen und durch die Zwischenräume der Latten in einen darunter befindlichen Kasten fallen. Diese Entwässerung des Halbzeuges geht schnell von statten, erfordert aber wegen der nachherigen Auflockerung viel Arbeitskraft, daher 3) zu diesem Zweck ein neuerdings vorzugsweise in Süddeutschland und Frankreich angewandter, von Lamotte erfundener Apparat empfohlen zu werden verdient, welcher jeden einzelnen Holländer sofort nach dem Ausleeren auspresst. Auf einem gusseisernen oder hölzernen länglichen Gestelle, und zwar an dem einen Ende desselben, sind zwei starke gusseiserne Walzen von etwa $1\frac{1}{2}$ Fuss Durchmesser über einander angebracht, die beide um ihre Achse in Drehung vesetzt werden können. Ueber die untere von diesen Walzen ist ein Metalltuch ohne Ende geschlagen, welches horizontal auf etwa 15 bis 20 Fuss Länge ausgespannt ist und durch eine Reihe von Cylindern von gleichem Durchmesser fortgeleitet wird. Ueber diesen dünnen Cylindern oder kleineren Leitwalzen ist eine Art von Kasten von solcher Länge angebracht, dass er über alle kleineren Walzen hinwegreicht und der Boden unterhalb derselben liegt; da, wo das Metalltuch aus demselben hervortritt, befindet sich in der Wand des Kastens eine Schützvorrichtung. In diesen Kasten wird der Halbzeug vom Holländer aus geleitet und verbreitet sich schnell über die

---

*) W. Oechelhaeuser, Verhandlungen des Vereins zur Beförderung des Gewerbefleisses in Preussen, Jahrgang 25.

ganze Fläche des Metallgewebes. Oeffnet man sodann einen am Boden des Kastens angebrachten Hahn, so tritt das Wasser durch die Oeffnungen des Gewebes und entweicht, ohne irgend brauchbare Masse mitzunehmen. Nach ungefähr zehn Minuten hat die Masse alles überflüssige Wasser vorloren, worauf man die Schütze öffnet und dadurch, dass man den Apparat in Bewegung setzt, die Masse den vorderen schweren Walzen zuführt und auspresst. Vermöge verstellbarer Lage sind diese Walzen nach Erforderniss einander zu nähern oder von einander zu entfernen.

So bildet jeder Holländer voll Halbstoff zehn Minuten nach dem Ausleeren einen etwa 10 Fuss langen, 4 Fuss breiten, fingerdicken ausgepressten Bogen, welcher dünn genug ist, um ohne vorhergehende Auflockerung. der Gasbleiche unterworfen werden zu können und bei seiner Trockenheit dem Chlor eine leichte und kräftige Einwirkung gestattet.

4) Mit noch geringeren Anlagekosten und grösserer Raumersparniss wird die Entwässerung durch Centrifugalkraft bewerkstelligt. Es wurde dieses Verfahren von A. Rieder vorgeschlagen und zuerst in der Papierfabrik von Zuber und Rieder auf der Insel Napoleon bei Mulhouse in Anwendung gebracht. Der Apparat besteht aus einer kupfernen, durchlöcherten Trommel von circa 4 Fuss 8 Zoll Durchmesser, welche sich um eine senkrecht stehende Achse ungefähr 800 mal in der Minute herumdreht. Die Trommel steht unmittelbar unter den Halbzeugholländern und hat an der oberen Seite eine Oeffnung, die mittelst eines in Charnieren beweglichen Deckels zu verschliessen ist; in diese Oeffnung wird der Halbzeug hineingelassen, der Deckel geschlossen, darauf die Trommel in Bewegung gesetzt. Das Wasser fliesst hierbei durch die Löcher ab und das Zeug ist innerhalb 10 bis 15 Minuten hinlänglich trocken.*) Der zum Bleichen verwendete Halbzeug soll einen solchen Grad von Trockenheit besitzen, dass man mit der Hand kein Wasser aus demselben auspressen kann. —

Mit dem auf die eine oder die andere Weise getrockneten und aufgelockerten Halbzeuge wird alsdann die Bleichkammer betragen, dieselbe geschlossen und darauf nach der einen oder andern Methode Chlorgas entwickelt und in die Kammer gelei-

---

*) Planche, *De l'industrie* etc.

tet. Die für eine Bleiche erforderliche Zeit richtet sich natürlich nach der Grösse der Kammer; es ist jedoch jedenfalls anzurathen, den Process nicht zu sehr zu beeilen und die Kammer nicht zu früh zu öffnen, damit kein Chlor entweiche, ohne auf den Zeug gewirkt zu haben; bei einer Beschickung von circa 10 Centnern Halbzeug wird man gut thun, die Kammer nicht vor Ablauf von 10 bis 12 Stunden zu öffnen. Es ist trotz eines sorgfältigen Abwartens der Bleiche fast immer der Fall, dass beim Oeffnen der Kammer noch freies Chlor in ihr vorhanden ist, welches theils die Arbeiter sehr belästigen, theils schädliche Wirkungen auf andere im Fabrikraum befindliche Gegenstände ausüben kann. Um dies zu vermeiden, ist es gut, der Bleichkammer oben und unten zwei Züge zu geben, von denen der obere mit dem Schornstein der Feuerung in Verbindung steht. Man hat dann nur nöthig, vor dem Oeffnen mittelst dieser Züge eine kurze Zeit hindurch atmosphärische Luft durch die Kammer streichen zu lassen, um alles freie Chlor zu entfernen.

Was die zum Bleichen einer bestimmten Menge Halbzeugs nöthige Quantität Chlor anbetrifft, so lässt sich diese nicht einfür allemal fest bestimmen, da der Grad der Trockenheit, die Stärke und Natur der Faser, die Färbung derselben, so wie ob gut oder schlecht gekocht wurde, einen wesentlichen Einfluss auf die Leichtigkeit, womit ein Halbzeug sich bleicht, ausübt, und wir wollen damit wiederum nur einen Anhaltspunkt gewähren, wenn wir zum Bleichen von 10 Centner Halbzeug von einer mittelfeinen, leinenen, blau gefärbten, aber gut gekochten Lumpe so viel Chlor vorschreiben, als 30 Pf. Salzsäure von 33,3 pCt. salzsaurem Gas, mit Braunstein behandelt, zu geben im Stande sind.

Der in der Gasbleiche behandelte Stoff hat beim Oeffnen der Kammer meist ein etwas gelbes Ansehen, zu dessen Beseitigung man ihn oft 12 Stunden lang der Einwirkung einer schwachen Säure (1 Theil Schwefelsäure auf 100 Theile Wasser) aussetzt, allein gewöhnlich genügt es, ihn im Holländer sorgfältig zu waschen, um die gelbe Färbung zu entfernen. Auch beim längeren Liegen an der Luft verschwindet diese gelbe Färbung von selbst.

Die Chlorgasbleiche greift, da das Chlor hierbei vorzugsweise durch Zerstörung des Farbstoffes die Entfärbung bewirkt, in hohem Grade die vegetabilische Faser selbst an, so dass beim nachherigen Waschen im Holländer eine grosse Menge feiner Theile sich lostrennen und mit dem Waschwasser fortgehen, einen nicht unbedeutenden Verlust verursachend. Daher findet mit Recht, namentlich für die feineren Lumpensorten, die Chlorkalkbleiche eine immer ausgedehntere Anwendung, da bei ihr, unter Beobachtung der gehörigen Vorsicht, eine Schwächung oder Zerstörung der Pflanzenfaser nicht stattfinden kann.

Der Chlorkalk ist ein Gemenge von Kalkhydrat, Chlorcalcium und unterchlorigsaurem Calciumoxyd, welches dadurch erhalten wird, dass man zu gelöschtem Kalk, der in den zur Gasbleiche angewandten ähnlichen Kammern auf Horden in dünnen Schichten ausgebreitet ist, Chlorgas treten lässt. Es findet hierbei zunächst die Zersetzung eines Theiles Kalkerde, d. h. Calciumoxydes, statt, indem das Calcium mit Chlor Chlorcalcium bildet, während der frei werdende Sauerstoff sich mit nachströmendem Chlor zu unterchloriger Säure verbindet, die mit einem andern Theil unzersetztem Calciumoxydes unterchlorigsaures Calciumoxyd erzeugt. Die letztere Verbindung ist der wesentliche Bestandtheil des Chlorkalks, ihre Quantität ist aber sehr verschieden, je nach dem Trockenheitszustande des gelöschten Kalkes und der Schnelligkeit, mit welcher die Zuleitung des Chlors geschah;*) auch wird der Gehalt derselben mit längerer Aufbewahrung des Chlorkalks geringer, denn die unterchlorige Säure ist eine so schwache Säure, dass sie selbst durch die Kohlensäure der atmosphärischen Luft nach und nach aus ihrer

---

*) Da es für manchen Papierfabrikanten allerdings vortheilhaft sein kann, seinen Bedarf an Chlorkalk selbst zu bereiten, so machen wir hier noch darauf aufmerksam, dass das Chlorgas ganz allmälig zu dem Kalk zugeleitet werden muss, damit die Wärme, welche bei der chemischen Verbindung frei wird, nicht über $+ 30^\circ$ C. steigt, weil sonst viel chlorsaurer Kalk, welcher, in Wasser gelöst, nicht bleichend wirkt, gebildet wird. Bei 80° R. getrocknetes Kalkhydrat absorbirt wenig oder gar kein Chlor, aber neben Schwefelsäure, ohne Anwendung von Wärme ausgetrocknet, befindet es sich im günstigsten Zustande zur Darstellung von Chlorkalk. Man erhält eine trockene, weisse, pulverige Verbindung, wenn man das letztere Hydrat der Einwirkung von Chlorgas aussetzt. Dieselbe enthält 41,1 bis 41,2 Chlor in 100 Theilen, aber von diesen sind nur ohngefähr 39 Theile für den Bleichprocess benutzbar, da 2 Theile Chlor zur Bildung von Chlorcalcium und chlorsaurem Kalk weggenommen werden. Ein schwaches Anfeuchten des Kalkhydrats vermehrt nicht die Absorptionsfähigkeit für Chlor und macht die Verbindung weniger beständig.

Verbindung mit der Kalkerde verdrängt wird. Im Moment ihrer Freiwerdung zerfällt sie aber in Chlor und Sauerstoff, daher denn auch der Chlorkalk stets den Geruch nach Chlor besitzt. Indem nun auch das bei der Zuleitung von Chlor im Ueberschuss vorhanden gewesene Kalkhydrat Kohlensäure aus der Atmosphäre anzieht, verwandelt sich der Chlorkalk durch längeres Liegen an der Luft endlich gänzlich in kohlensauren Kalk und Chlorcalcium. Folgt hieraus unmittelbar die Nothwendigkeit, bei der Aufbewahrung des Chlorkalkes den Zutritt der Luft nach Möglichkeit abzuhalten, so geht auch andrerseits daraus hervor, dass die verschiedene Güte dieses so wichtigen Bleichmittels es wiederum wünschenswerth macht, dass der Papierfabrikant hinreichend Chemiker sei, um sich vor Betrug oder absichtlichen Uebervortheilungen zu schützen. Ein gutes Zeichen ist es im Allgemeinen, wenn ein Chlorkalk sich möglichst vollständig auflöst, indem diess beweist, dass er nur wenig kohlensauren Kalk enthält; aber nichts desto weniger kann die Auflösung in Folge fehlerhafter Darstellung sehr viel chlorsaures Calciumoxyd enthalten, welches nichts zur bleichenden Kraft des Chlorkalks beiträgt, und es ist daher immer von Wichtigkeit, die Menge des bleichenden Chlors, nämlich des Chlors der unterchlorigen Säure, zu ermitteln. Man hat hierzu sehr verschiedene Methoden vorgeschlagen, unter denen die von Gay-Lussac zunächst Erwähnung verdienen. Die von ihm zuerst beschriebene Methode bestand darin, dass zu einem bestimmten Volumen einer Lösung von schwefelsaurem Indigblau, von bekanntem Farbstoffgehalt, eine vorher abgemessene Lösung von Chlorkalk in einer bestimmten Menge Wasser eingetropft und mit dem Eintropfen, unter Umschütteln, so lange fortgefahren wird, bis die Farbe der Indiglösung ins Gelbe übergegangen ist. — Diese Probe ist jedoch nur anwendbar, so lange die Farbstofflösung nicht zu alt ist; bei längerer Aufbewahrung ändert sich diese und die Probe verliert dann sehr an Genauigkeit. — Er hat daher selbst die Methode insofern bedeutend vervollkommnet, als er statt der Indigosolution eine Auflösung von arseniger Säure in Salzsäure zur Untersuchung empfahl. Es gründet sich diese darauf, dass arsenige Säure in Gegenwart von Wasser durch Chlor zu Arseniksäure oxydirt wird. Der hierbei stattfindende chemische Process lässt sich durch folgendes Schema darstellen:

Vor   dem Process.   Nach

$$4 \text{ Mischungsgewichte Chlor} = 2\,Cl^2 \left.\begin{array}{l} \\ 2\,H^2 \\ O^2 \\ \end{array}\right\} = 2\,H^2\,Cl^2 \ \text{(Chlorwasserstoffsäure)}.$$
$$2 \text{ M.-G. Wasser} = 2\,H^2O =$$
$$1 \text{ M.-G. arsenige Säure} = As^2O^5 \left.\right\} = As^2O^5 \ \text{(Arseniksäure)}.$$

Es geht hieraus hervor, dass 1238,8 ($= As^2O^3$) entschwundene Gewichtstheile arsenige Säure 886,56 ($= 2\,Cl^2$) Gewichtstheile wirksames Chlor im Chlorkalk anzeigen. — Man bereitet sich daher zunächst eine Probeflüssigkeit, indem man 4,44 Gramm arseniger Säure in kochender Salzsäure auflöst, die mit dem 3 bis 4fachen Volumen Wasser verdünnt worden ist. Auf diese Verdünnung der Salzsäure ist hier besonders Gewicht zu legen, als bei Anwendung concentrirter Säure sich flüchtiges Arsenchlorür erzeugt, wodurch nicht nur ein Arsenikverlust, sondern auch üble Folgen für den Arbeiter herbeigeführt werden können. Sobald die Auflösung der arsenigen Säure erfolgt, wird dieselbe mit Wasser bis zu 1 Litre aufgefüllt. — Bei der Untersuchung eines Chlorkalks nun werden 10 Gramm Chlorkalk in Wasser gelöst und die Auflösung bis zu 1 Litre aufgefüllt. Man misst darauf von der arsenigen Säure 100 beliebige Theile ab, giebt einen Tropfen Indigoauflösung hinzu und untersucht nun, wie viel gleich grosser Theile erforderlich sind, um die in den 100 Theilen enthaltene arsenige Säure in Arseniksäure zu verwandeln. Die erfolgte Umwandlung nämlich giebt sich sofort durch Entfärbung des Indigo's kund. Um aber aus den verbrauchten Theilen die Güte des Chlorkalks zu finden, dient folgende Betrachtung: Gay-Lussac nennt einen Chlorkalk, von welchem 10 Gramm 3,18 Gramm wirksames Chlor enthalten, einen 100gradigen, denn in einem Litre Wasser gelöst, enthält die Auflösung ziemlich genau ihr gleiches Volumen Chlor. 3,18 Gramm Chlor sind aber gerade hinreichend, um 4,44 Gramm arsenige Säure in Arseniksäure überzuführen. Von 100gradigem Chlorkalk sind also gleiche Theile Probeflüssigkeit und Chlorkalklösung zur gegenseitigen Zersetzung und Umwandlung erforderlich, und je mehr von der letzteren verbraucht werden, desto schwächer ist der Chlorkalk, und zwar wenn n die Zahl der verbrauchten Theile oder Grade bezeichnet, so ergiebt die Proportion

$$n : 100 = 100 : x$$
$$x = \frac{10000}{n}$$

die Gradigkeit des untersuchten Chlorkalks.

Die Gay-Lussac'sche Methode leidet an zwei wesentlichen Uebelständen: 1) dass es nicht zulässig ist, die Auflösung von arseniger Säure zu der Chlorkalkauflösung zu giessen, wodurch man unmittelbar an den verbrauchten Theilen der ersteren den Procentgehalt der letzteren ablesen könnte. Dieses directe Verfahren ist deshalb nicht erlaubt, weil bei Zusatz der Probeflüssigkeit stets ein Ueberschuss von Chlorkalk vorhanden ist, der dann zum Theil auch durch die, die Auflösung der arsenigen Säure bedingenden Salzsäure eine Zersetzung erleiden, demnach Chlor sich entwickeln und ein Verlust herbeigeführt würde. Dies ist bei der oben beschriebenen indirecten Methode nicht der Fall, da bei ihr die arsenige Säure stets im Ueberschuss vorhanden ist und der zugesetzte Chlorkalk stets mehr davon vorfindet als er in Arseniksäure umzuwandeln vermag; 2) liegt eine sehr grosse Unsicherheit der Methode darin, dass es ausserordentlich schwer ist, den richtigen Moment der Entfärbung des Indigos genau zu erkennen. Ein starker Zusatz von Indigosolution ist nicht erlaubt, weil dadurch der Titre der Flüssigkeit wesentlich verändert werden würde, man hat es daher überhaupt nur mit einer schwach gefärbten Flüssigkeit zu thun, bei der grosse Uebung nöthig ist, den Moment der Entfärbung zu erkennen.

Beide Uebelstände finden sich beseitigt in dem Verfahren des Dr. Penot, den Gehalt des Chlorkalks zu bestimmen.*) Er wendet ebenfalls die Umwandlung der arsenigen Säure in Arseniksäure durch Chlor an, das Schema des Processes ist daher das oben angegebene. Die vollendete Umwandlung wird jedoch nicht durch Indigo, sondern durch mit Jodnatrium und Stärkemehl getränktes Papier erkannt.

Es werden 1 Gramm Jod, 7 Gramm krystallisirtes kohlensaures Natron, 3 Gramm Kartoffelstärkemehl in etwa ein Viertellitre kochenden Wassers bis zur Auflösung und Entfärbung erhitzt, die Flüssigkeit dann bis zu einem halben Litre aufgefüllt und weisses ungebläutes Papier damit getränkt. Nach dem

---

*) Dingler's Polytechnisches Journal, Bd. CXVII., p. 134.

Trocknen bildet dies ein Reagenspapier, welches durch jede freie Säure und Chlor augenblicklich dunkelblau gefärbt wird. Es musste demnach die Anwendung freier Salzsäure vermieden werden, und Penot stellt die Probeflüssigkeit dar, indem er 4,44 Gramm arsenige Säure mit 13 Gramm krystallisirtem kohlensauren Natron in etwa drei Viertellitre Wasser auflöst und nach erfolgter Auflösung bis zu 1 Litre ergänzt.

Das Verfahren ist nun folgendes: Es werden wiederum 10 Gramm des zu untersuchenden Chlorkalks in Wasser aufgelöst und die Lösung bis zu 1 Litre aufgefüllt; von dieser Chlorkalklösung füllt man irgend ein beliebiges in 100 Theile von oben nach unten getheiltes Rohr, giesst die Flüssigkeit in ein Becherglas, füllt dasselbe Rohr mit der Probeflüssigkeit nnd giesst von dieser tropfenweise so lange in die Auflösung des Chlorkalks, bis ein Tropfen von dieser auf das Probepapier gebracht, es nicht mehr färbt. Die Zahl der verbrauchten Theile Probeflüssigkeit zeigt direkt den Grad des Chlorkalks an, oder die Anzahl von Litre Chlorgas, welche in einem Kilogramm des probirten Chlorkalks enthalten sind.

Nachdem einmal die Probeflüssigkeit und das Probepapier dargestellt sind, ist das Verfahren in der That so einfach und genau, dass es allgemein empfohlen zu werden verdient. Nur muss bemerkt werden, dass Penot wie Gay-Lussac einen Chlorkalk, von welchem 10 Gramm in 1 Litre Wasser gelöst, 1 Litre Chlor, also 1000 Gramm oder 1 Kilogramm Chlorkalk 100 Litre Chlor enthalten, als 100gradigen betrachtet. Da nun aber einmal neuerer Zeit sehr häufig ein viel stärkerer Chlorkalk erzeugt wird und es andererseits dem Fabrikanten am meisten darum zu thun ist, wie viel Procente von der eingekauften Waare ihm zu gute kommen, so ist es nothwendig, dass der Fabrikant im Stande sei, die Gay-Lussac' (Penot') schen Grade leicht in Procente an bleichendem Chlor zu verwandeln. Da aber der 100gradige Chlorkalk 31,8 Procent Chlor enthält, so geschieht die Umwandlung einfach mittelst der Proportion:

$$100 : 31{,}8 = n : x$$
$$x = 0{,}318 \cdot n$$

wo n die Anzahl der Grade eines untersuchten Chlorkalks bezeichnet, woraus hervorgeht, dass man nur die Gay-Lussac'schen Grade mit 0,318 zu multipliciren braucht, um die

Gewichtsprocente zu erhalten. Folgende Tabelle überhebt dieser Multiplication in jedem einzelnen Falle. Es ist in dieser Tabelle die Reduction der Grade auf Procente auch für den Fall vorgenommen, dass man nur 5 Gramm zur Untersuchung angewendet hatte. Dies wird nämlich dann stets vortheilhaft sein, wenn man einen Chlorkalk untersucht, der mehr als 31,8 pCt. Chlor enthält oder bei den ebenfalls stärkeren Bleichsalzen von Kali oder Natron, für welche die Methode unverändert Anwendung findet. Wollte man von diesen ebenfalls 10 Gramm zur Untersuchung anwenden, dann müsste das 100theilige Rohr zweimal mit Probeflüssigkeit gefüllt werden.

Tabelle

zur Reduction der Gay-Lussac'schen Grade auf Gewichtsprocente a) wenn 10 Gramme, b) wenn 5 Gramme Chlorkalk zur Untersuchung angewendet werden.

Grade.	a) Procente.	b) Procente.	Grade.	a) Procente.	b) Procente.
1	0,318	0,636	26	8,268	16,536
2	0,636	1,272	27	8,586	17,172
3	0,954	1,908	28	8,904	17,808
4	1,272	2,544	29	9,222	18.444
5	1,590	3,180	30	9,540	19,080
6	1,908	3,816	31	9,858	19,716
7	2,226	4,452	32	10,176	20,352
8	2,544	5,088	33	10,494	20,988
9	2,862	5,724	34	10,812	21,624
10	3,180	6,360	35	11,130	22,260
11	3,498	6,996	36	11,448	22,896
12	3,816	7,632	37	11,766	23,532
13	4,134	8,268	38	12,084	24,168
14	4,452	8,994	39	12,402	24,804
15	4,770	9,540	40	12,720	25,440
16	5,088	10,176	41	13,038	26,076
17	5,406	10,812	42	13,356	26,712
18	5,724	11,448	43	13,674	27,348
19	6,042	12,084	44	13,992	27,984
20	6,360	12,720	45	14,310	28,620
21	6,678	13,356	46	14,628	29,256
22	6,996	13,992	47	14,946	29,892
23	7,314	14,628	48	15,264	30,528
24	7,632	15,264	49	15,582	31,164
25	7,950	15,900	50	15,900	31,800

Grade.	a) Procente.	b) Procente.	Grade.	a) Procente.	b) Procente.
51	16,218	32,436	89	28,302	56,604
52	16,536	33,072	90	28,620	57,220
53	16,854	33,708	91	28,938	57,876
54	17,172	34,344	92	29,256	58,512
55	17,490	34,980	93	29,574	59,148
56	17,808	35,616	94	29,892	59,784
57	18,126	36,252	95	30,210	60,420
58	18,444	36,888	96	30,528	61,056
59	18,762	37,524	97	30,846	61,692
60	19.080	38,160	98	31,164	62,328
61	19,398	38,796	99	31,482	62,964
62	19,716	39,432	100	31,800	63,600
63	20,034	40,068	101	32,118	
64	20,352	40,704	102	32,436	
65	20,670	41,340	103	32,754	
66	20,988	41,976	104	33,072	
67	21,306	42,612	105	33,390	
68	21,624	43,248	106	33,708	
69	21,942	43,884	107	34,026	
70	22,260	44,520	108	34,344	
71	22,578	45,156	109	34,662	
72	22,896	45,792	110	34,980	
73	23,214	46,428	111	35,298	
74	23,532	47,064	112	35,616	
75	23,850	47,700	113	35,934	
76	24,168	48,336	114	36,252	
77	24,486	48,972	115	36,570	
78	24,804	49,608	116	36,888	
79	25,122	50,244	117	37,206	
80	25,440	50,880	118	37,524	
81	25,758	51,516	119	37,842	
82	26,076	52,152	120	38,160	
83	26,394	52,788	121	38,488	
84	26,712	53,424	122	38.806	
85	27,030	54,060	123	39,124	
86	27,348	54,686	124	39,442	
87	27,666	55,332	125	39,760	
88	27,984	55,968			

Wer sich der vom Verfasser beschriebenen Prüfungs-Methode des Braunsteins bedient, hat nicht nöthig, für die Untersuchung von Chlorkalk sich besondere Probeflüssigkeit und Probepapier anzufertigen, sondern kann die Auflösungen von

Zinnchlorür und Eisenchlorid auch zu diesen Zweck verwenden. Nachdem nämlich die Zinnchlorürlösung mittelst einer Eisenchloridlösung von bekanntem Eisenchloridgehalt geprüft ist, wird die doppelte Quantität, welche nöthig war, um 50 Kubic-Centimeter Eisenchloridlösung in Eisenchlorürlösung zu verwandeln, in ein 100theiliges Rohr gegossen und dasselbe zunächst mit der Auflösung einer bestimmten Quantität Chlorkalk und endlich mit Wasser aufgefüllt. Das sonst bleichende Chlor bewirkt hier die Bildung von Zinnchlorid, dessen Quantität wiederum leicht durch die Eisenchloridauflösung ermittelt wird. — Der Chlorkalk, selbst der beste, enthält, wie schon erwähnt, nicht über dreissig und einige Procent, jedoch ist in folgender Tabelle ein Chlorkalk von 50 pCt. vorausgesetzt, theils um dieselbe auch für andere Bleichsalze brauchen zu können, theils um gerade für die zwischen 20 und 30 liegenden Procente passende Angaben zu erhalten.

Wie wir pag. 114 gesehen haben, sind 2030,894 Eisenchlorid unter Abgabe von 443,28 Chlor im Stande, 1778,574 Zinnchlorür in Zinnchlorid zu verwandeln. Unter der Voraussetzung daher, dass der Chlorkalk 50 pCt. Chlor enthalte, werden $2 . 443{,}28$ $= 886{,}56$ G.-Th. Chlorkalk dieselbe Wirkung ausüben, wie 2030,894 G.-Th. Eisenchlorid. Die Quantität des jedesmal anzuwendenden Chlorkalks berechnet sich mithin aus der Menge a des in 50 Kubiccentimeter enthaltenen Eisenchlorids mittelst der Proportion:

$$2030{,}894 : 886{,}56 = a : x$$
$$x = \frac{886{,}56}{2030{,}893}\, a = 0{,}436\, a.$$

Aus dem gewählten Manganverhältniss der einzelnen Substanzen ist nun wieder ersichtlich, dass bei der Prüfung von 50 Kubiccentimeter Eisenchloridauflösung mittelst der gemischten Auflösung von Zinnchlorür und Chlorkalk, 50 Theile der letzteren 0, 100 Theile aber 50 Procenten Chlor entsprechen und geschieht die Berechnung der Procente aus dem Verbrauch von

Theilen zwischen 50 und 100 einfach durch die Formel $100\,\dfrac{n-50}{50}$

In folgender Tabelle ist diese Rechnung für jeden einzelnen Fall ausgeführt.

T a b e l l e,

welche den Gehalt eines Chlorkalkes an wirksamen Chlor in Procenten angiebt, wenn die zur Prüfung augewandten Quantitäten sich verhalten wie
2030,894 Eisenchlorid : 2357,148 Zinnchlorür : 886,56 Chlorkalk.

Verbrauchte Grade der Zinnsolution.	Procente an wirksamen Chlor.	Verbrauchte Grade der Zinnsolution.	Procente an wirksamen Chlor.
50	0	76	34,210
51	1,960	77	35,065
52	3,846	78	35,897
53	5,660	79	36,708
54	7,407	80	37,500
55	9,090	81	38,271
56	10,714	82	39,024
57	12,280	83	39,759
58	13,793	84	40,476
59	15,254	85	41,176
60	16,666	86	41,860
61	18,032	87	42,528
62	19,354	88	43,181
63	20,634	89	43,820
64	21,875	90	44,444
65	23,076	91	45,054
66	24,242	92	45,760
67	25,373	93	46,236
68	26,470	94	46,808
69	27,536	95	47,368
70	28,571	96	47,916
71	29,577	97	48,453
72	30,555	98	48,979
73	31,506	99	49,494
74	32,432	100	50,000
75	33,333		

Diese Methode steht der von Penot nicht an Genauigkeit
nach und ist, wie schon gesagt, besonders da zu empfehlen,
wo man sich der von uns vorgeschlagenen Braunsteinprobe
bedient, denn je häufiger man mit einen und denselben Flüssigkeiten umgeht, desto sicherer wird man in ihrem Gebrauch
werden. — Wie der Redacteur der Annalen der Chemie und
Pharmacie (Bd. LXXX., p. 104) unserer Methode die Anwendung einer titrirten Eisenoxydullösung, deren Gehalt an Eisenoxydul man nach dem Zusatz einer bekannten Menge Bleich-
kalklösung mittelst der Margueritte'schen Methode bestimmt
hat, vorziehen kann, überlassen wir ihm selbst zu verantworten.

Wir würden Anstand nehmen, Fabrikanten so leicht veränderliche Lösungen, wie die von Eisenoxydulsalzen und Chlorkalk, zu ihren Untersuchungen zu empfehlen.

Eine fernere Methode der Chlorkalkuntersuchung, welche viel Anklang gefunden hat, ist die von Otto*) beschriebene, und beruht auf dem Umstande, dass das bleichende Chlor des Chlorkalks schwefelsaures Eisenoxydul in schwefelsaures Eisenoxyd umwandelt, und zwar wird durch 443,28 Gewichtstheile Chlor diese Umwandlung in 3477 Gewichtstheilen Eisenvitriol bewirkt. Diese letzteren enthalten nämlich 901,054 Gewichtstheile Eisenoxydul, und sobald diese, im Beisein von 112,48 Gewichtstheilen Wasser, mit 443,28 Gewichtstheilen Chlor in Wechselwirkung treten, entstehen, unter Zersetzung des Wassers, 1001,054 Gewichtstheile Eisenoxyd und 455,76 Gewichtstheile Chlorwasserstoffsäure, wie folgendes Schema zeigt:

901,054 Eisenoxydul

112,48 Wasser $\left\{ \begin{array}{l} 100 \text{ Sauerstoff} \\ 12{,}48 \text{ Wasserstoff} \end{array} \right.$ $\left\{ \begin{array}{l} 1001{,}054 \text{ Eisenoxyd.} \\ 455{,}76 \text{Chlorwasserstoffsäure.} \end{array} \right.$

443,28 Chlor

Oder da $443{,}28 : 3477 = 5 : 39{,}2$, so sind 5 Gran Chlor im Stande, 39,2 Gran schwefelsaures Eisenoxydul höher zu oxydiren.

Zu dem chlorimetrischen Versuche werden nun 39,2 Gran Eisenvitriol (auf die früher beschriebene Art dargestellt) in etwa 4 Loth Wasser geworfen, welche sich in einem Becherglase oder Cylinder befinden (ein gewöhnliches grösseres Trinkglas kann deren Stelle vertreten), und durch Umrühren mit einem Glasstabe aufgelöst. Die Auflösung wird mit etwas Schwefelsäure angesäuert. Hierauf schüttet man 50 Gran des zu prüfenden Chlorkalks in einen Porzellan- oder Serpentinmörser, zerreibt dieselben aufs sorgfältigste mit Wasser zu einem höchst zarten Brei, verdünnt diesen mit Wasser, giesst die milchige Flüssigkeit in die hunderttheilige Alkalimeterröhre, spült den Mörser mit etwas Wasser nach, setzt dann so viel Wasser hinzu, dass das Alkalimeter bis 0 angefüllt ist, und mischt den Inhalt durch einigemal wiederholtes Umkehren des Instrumentes, indem man die Oeffnung mit dem weichen Muskel des Daumens verschliesst. Man giesst nun aus dem Alkalimeter

---

*) Th. Graham's Lehrbuch der Chemie, bearbeitet von Dr. F. J. Otto, Bd. 2. S. 439.

von der Chlorkalkflüssigkeit in kleinen Portionen so lange zu der Eisenvitriolauflösung, bis dieselbe vollständig in eine Eisenoxydauflösung verwandelt worden ist, und notirt sich dann die Anzahl der verbrauchten Grade der Chlorkalkflüssigkeit. Die Umwandlung des Eisenoxyduls in Eisenoxyd wird sehr leicht mit Hülfe von rothem Blutlaugensalz (Kaliumeisencyanid) ermittelt, welches mit Eisenoxydullösung und nicht mit Eisenoxydlösung einen berlinerblauen Niederschlag hervorbringt. Man löst ein Körnchen dieses Salzes in ein wenig Wasser auf und besprengt einen Porzellanteller mit Tropfen dieser Auflösung· Nach jedem Eingiessen der Chlorkalkflüssigkeit in die Eisenvitriollösung und Umrühren mit dem Glasstabe taucht man diesen in einen der auf dem Teller befindlichen Tropfen. So lange ein blauer Niederschlag in dem Tropfen entsteht, muss noch Chlorkalkflüssigkeit zugegeben werden; sobald aber anstatt des blauen Niederschlags eine braune Färbung oder Fällung erzeugt wird, ist die hinreichende Menge derselben verbraucht, d. h. ist das Eisenoxydul vollständig in Eisenoxyd umgeändert. Je reicher der Chlorkalk an der bleichenden Chlorverbindung war, um desto weniger Grade sind aus dem Alkalimeter verbraucht worden, denn die Anzahl von Graden, welche 5 Gran Chlor enthalten, wird immer diese Umänderung bewerkstelligen. Nach jedem Eingiessen der Chlorkalkflüssigkeit in die Eisenvitriollösung zeigt sich der Geruch des Chlors, besonders wenn die Eisenvitriollösung stark angesäuert wurde. Wenn dieser Geruch nach dem Umrühren schnell wieder verschwindet, braucht man mit dem ferneren Zugiessen nicht sehr ängstlich zu sein, man hat dann selbst noch nicht einmal nöthig, die angegebene Prüfung zu machen; sobald aber der Chlorgeruch langsam verschwindet, muss man vorsichtiger sein und die Prüfung nicht unterlassen. Nur der Geübte kann mit Sicherheit blos den Geruch als Anhaltspunkt benutzen. Bleibt nach dem letzten Eingiessen der Chlorkalkflüssigkeit in die Eisenvitriollösung, nach starkem Umrühren, noch ein schwacher Chlorgeruch, so ist die Umwandlung des Oxyduls in Oxyd vollständig erfolgt, man hat alsdann die erforderliche Menge von Chlorkalkflüssigkeit verbraucht. Den Chlorgehalt des Chlorkalkes findet man nach beendetem Versuche durch eine eine einfache Rechnung. Man hat nämlich anzusetzen: die verbrauchten Grade g der Chlorkalklösung zeigen 5 Gran Chlor an, wie viel zeigen 100 Grade (die ganze im Alkalimeter befindliche Menge) derselben an ($g : 5 = 100 : x$), und man erhält so die Grane Chlor, welche in 50 Granen (der zum Versuche angewandten Menge) enthalten sind. Multiplicirt man diese mit 2, so erhält man den Procentgehalt. Sind z. B. zur Oxydation der 39,2 Gran Eisenvitriol 36 Grade Chlorkalkflüssigkeit verbraucht worden, so hat man

$$36 : 5 = 100 : x$$
$$x = 13,89.$$

Es sind also in 50 Gran Chlorkalk 13,89 Gran Chlor enthalten, in 100 Gran daher $13,89 \cdot 2 = 27,78$ Gran, oder der Chlorkalk enthält 27,78 Procent bleichenden Chlors.

Otto hat durch folgende Tabelle die Berechnung für jeden besonderen Fall überflüssig gemacht:

Tabelle,

welche die Procente an bleichendem Chlor im Chlorkalk aus der verbrauchten Anzahl der Grade der Chlorkalkflüssigkeit angiebt, wenn zur Probe 39,2 Gran Eisenvitriol und 50 Gran Chlorkalk genommen worden sind.

Verbrauchte Grade der Chlorkalk-flüssigkeit.	Procente an bleichendem Chlor.	Verbrauchte Grade der Chlorkalk-flüssigkeit.	Procente an bleichendem Chlor.	Verbrauchte Grade der Chlorkalk-flüssigkeit.	Procente an bleichendem Chlor.
33	30,3	53	18,8	73	13,7
34	29,4	54	18,5	74	13,5
35	28,6	55	18,2	75	13,3
36	28,0	56	17,8	76	13,1
37	27,0	57	17,5	77	13,0
38	26,3	58	17,2	78	12,8
39	25,6	59	17,0	79	12,7
40	25,0	60	16,7	80	12,5
41	24,4	61	16,4	81	12,3
42	24,0	62	16,1	82	12,2
43	23,3	63	15,9	83	12,0
44	22,7	64	15,6	84	11,9
45	22,2	65	15,4	85	11,7
46	21,7	66	15,1	86	11,6
47	21,3	67	14,9	87	11,5
48	20,8	68	14,7	88	11,3
49	20,4	69	14,5	89	11,2
50	20,0	70	14,3	90	11,1
51	19,6	71	14,0	95	10,5
52	19,2	72	13,9	100	10,0

Enthält ein Chlorkalk weniger als 10 pCt. Chlor, so muss man 100 Gran zum Versuche anwenden und die aus der Tabelle gefundenen Procente halbiren; hat man z. B. bei Anwendung von 100 Gran Chlorkalk 83 Grade der Chlorkalkflüssigkeit verbraucht, so enthält der Chlorkalk $\frac{12,0}{2} = 6$ pCt. bleichendes Chlor.

Damit bei den chlorimetrischen Versuchen der Zeitpunkt, bei welchem die Verwandlung des Eisenoxyduls in Eisenoxyd erfolgt ist, durch das rothe Blutlaugensalz mit Leichtigkeit und Sicherheit gefunden werden kann, ist es nothwendig, dass das Salz vollkommen von dem gelben Blutlaugensalz (Kaliumeisencyanür) frei ist. Ist letzteres Salz in geringer Menge dabei, so kommt nie die oben erwähnte braune Färbung zum Vorschein, sondern es erscheint, wenn die Oxydation vollständig erfolgt ist, eine grünliche oder bläulichgrüne Färbung. Das rothe Blutlaugensalz ist rein, wenn seine Lösung in einer Eisenoxydlösung keine Spur einer blauen Färbung hervorbringt.

Diese Methode leidet an zwei bedeutenden Fehlerquellen, welche sie dem in chemischen Arbeiten wenig geübten Techniker nicht empfehlenswerth machen; die eine dieser Fehlerquellen besteht in der schwierigen Darstellung des oxydfreien Eisenvitriols und dessen Veränderlichkeit bei längerer Aufbewahrung, die zweiteaber in der etwas trägen Absorbtion des Chlors durch die Auflösung des schwefelsauren Eisenoxyduls. Da die letztere freie Schwefelsäure enthält, so wird im Moment des Zusetzens der Chlorkalkflüssigkeit Chlor frei, welches theilweis entweicht und sich durch den Geruch zu erkennen giebt, so dass diese Methode stets einen zu geringen Procentgehalt an bleichendem Chlor im untersuchten Chlorkalk angiebt.

Endlich möge noch die früher beschriebene unds ogar empfohlene Methode, den Chlorkalk zu prüfen, hier Platz finden. Dieselbe beruht ebenfalls auf der oxydirenden Wirkung des Chlors, welche es auf alle sich leicht mit Sauerstoff verbindende Körper ausübt, wobei gleichzeitig Chlorwasserstoffsäure gebildet wird, nur dass man bei ihr die Beendigung dieses Processes schon an der Farbenveränderung wahrnimmt. Die oxydirbare Substanz ist nämlich das Schwefelcyaneisen (Rhodaneisen), welches eine tief dunkelroth gefärbte Auflösung giebt, die durch Chlor entfärbt wird, indem der Schwefel mit dem Sauerstoff des zersetzten Wassers Schwefelsäure, das Cyan Cyansäure, das Eisen Eisenoxyd bildet und der Wasserstoff des Wassers mit dem Chlor Chlorwasserstoffsäure erzeugt. Hat man sich eine Chlorprobetinktur durch Auflösen von 3 Gran Schwefelcyankalium und 5 Gran Eisenchloridflüssigkeit von 1,5 specifischem Gewicht *(Liquor ferri muriatici oxydati Ph. Bor.)* in 9 Kubiczoll (11 Loth) Wasser dargestellt, so erfordert dieselbe ihr gleiches Volumen Chlorgas zu ihrer Entfärbung; oder da 1 Kubiczoll Tinktur 300 Gran, 1 Kubiczoll Chlor aber 1 Gran wiegt, so zeigen je entfärbte 300 Gran Tinktur 1 Gran Chlor in dem untersuchten Chlorkalk an, oder 100 Gran Tinktur 0,33 Gran Chlor, und wählt man daher 33 Gran Chlorkalk zur Prüfung, löst denselben in 1 bis $1\frac{1}{2}$ Loth Wasser auf und setzt von jener Tinktur hinzu, so werden je entfärbte 100 Gran Tinktur 1 pCt. Chlor anzeigen.

Die vollendete Entfärbung der Tinktur wird leichter wahrgenommen, wenn man sie nicht in die Chlorkalkflüssigkeit, sondern umgekehrt diese in die Tinktur giesst, und um gerade für den beim Chlorkalk am häufigsten vorkommenden Gehalt zwischen 10 und 30 pCt. Chlor möglichst genaue Angaben zu erhalten, verfahre man auf folgende Weise: 30 Gran Chlorkalk werden abgewogen und, wie früher beschrieben, mit Wasser zerrührt und damit die 100theilige Alkalimeterröhre bis 0 angefüllt; darauf misst man 3 Kubiczoll oder wiegt 900 Gran Probetinktur ab und untersucht, wie viel Grade Chlorkalkflüssigkeit nöthig sind, um diese zu entfärben. Würden hierzu alle 100 Grade nöthig sein, so würden 3 Gran Chlor in den 30 Gran Chlorkalk enthalten sein, d. h. 10 pCt., je chlorreicher aber der Chlorkalk ist, desto weniger Grade werden zur Entfärbung der Tinktur nöthig sein, und man findet aus der verbrauchten Anzahl Grade den Gehalt an Chlor, so wie den Procentgehalt auf folgende Weise: ist die Anzahl Grade g, so ist, da die verbrauchte Anzahl Grade stets 3 Gran Chlor enthalten,

$$g : 3 = 100 : x$$ Gehalt der 30 Gran Chlorkalk an Chlor, und aus der Progortion

$$30 : x = 100 : y$$ der Procentgehalt.

Hat man z. B. 63 Grade verbraucht, so ist

$$63 : 3 = 100 : x$$
$$x = 4,7$$ der absolute Chlorgehalt und
$$30 : 4,7 = 100 : y$$
$$y = 15,6$$ der Procentgehalt.

Um die **Rechnung** unnöthig zu machen, hat der Verfasser folgende Tabelle berechnet:

Tabelle,

welche den Gehalt eines Chlorkalkes an Chlor zwischen 10 und 40 Procent angiebt, wenn zur Prüfung 30 Gran Chlorkalk und 3 Kubiczoll oder 900 Gran Probetinktur angewendet worden sind. Müller.

Verbrauchte Grade der Chlorkalkflüssigkeit.	Procente an bleichendem Chlor.	Verbrauchte Grade der Chlorkalkflüssigkeit.	Procente an bleichendem Chlor.	Verbrauchte Grade der Chlorkalkflüssigkeit.	Procente an bleichendem Chlor.
25	40,0	51	19,6	77	12,9
26	38,4	52	19,2	78	12,8
27	37,0	53	18,8	79	12,6
28	35,7	54	18,5	80	12,5
29	34,4	55	18,3	81	12,3
30	33,3	56	17,8	82	12,1
31	32,2	57	17,5	83	12,0
32	31,2	58	17,2	84	11,9
33	30,3	59	16,9	85	11,7
34	29,4	60	16,6	86	11,6
35	28,5	61	16,3	87	11,5
36	27,7	62	16,1	88	11,4
37	27,0	63	15,9	89	11,2
38	26,3	64	15,6	90	11,1
39	25,6	65	15,3	91	10,9
40	25,0	66	15,1	92	10,8
41	24,3	67	14,9	93	10,7
42	23,8	68	14,7	94	10,6
43	23,2	69	14,4	95	10,5
44	22,7	70	14,1	96	10,4
45	22,2	71	14,0	97	10,3
46	21,7	72	13,8	98	10,2
47	21,2	73	13,6	99	10,1
48	20,8	74	13,5	100	10,0
49	20,4	75	13,3		
50	20,0	76	13,1		

Enthält ein Chlorkalk weniger als 10 pCt. Chlor, so hat man, um trotzdem von obiger Tabelle Gebrauch zu machen, die Quantität des zur Prüfung angewendeten Chlorkalkes zu vervielfältigen und die in der Tabelle gefundene Procentenzahl durch die Vervielfältigungszahl zu dividiren. Würde man z.B. 300 Gran Chlorkalk angewendet und dennoch 100 Grade verbraucht haben, so würde derselbe nur 1 pCt. bleichendes Chlor enthalten. Es ist diese Methode in der Ausführung allerdings leicht, einfach und schnell, allein der schwierigen Darstellung der Probeflüssigkeit wegen möchten wir unbedingt der Pe-not'schen oder der von uns vorgeschlagenen Methode den Vorzug geben. —

Es braucht kaum bemerkt zu werden, dass die hier be-schriebenen Methoden der Prüfung in gleicher Weise auch bei dem ursprünglich im flüssigen Zustand dargestellten Chlorkalk Anwendung finden. Dieser flüssige Chlorkalk wird dadurch ge-wonnen, dass man in dünne Kalkmilch unter beständigem Um-rühren derselben einen langsamen Strom von Chlorgas leitet. Es kann natürlich solch flüssiger Chlorkalk nur zum Selbstver-brauch dargestellt werden und lässt keine lange Aufbewahrung zu, indem er viel schneller als das trockene Präparat Kohlen-säure aus der Luft anzieht, daher sieht man auch auf jeder Chlorkalklösung sehr bald eine irisirende Haut von kohlensau-rem Kalk entstehen.

Das Verfahren bei der Anwendung des Chlorkalks als Bleichsubstanz ist sehr verschieden, je nach der Intelligenz, den Mitteln und Räumlichkeiten der Fabrikanten; als das beste aber ist jedenfalls dasjenige zu erachten, nach welchem der Halbzeug in besonderen Bottichen, ohne Zusatz von Säure, ge-bleicht wird. Der Halbzeug wird in Bottichen von 60 bis 90 Kubicfuss Inhalt, welche entweder in Stein ausgehauen oder aus Holz und im Innern mit Blei überzogen oder endlich, was das Billigste ist, nur aus gesunden, zweizölligen kiefernen Boh-len zusammengeschlagen sind, mit Wasser zu einem dünnen Brei angerührt und diesem Brei die Chlorkalkauflösung zuge-setzt. Die Auflösung wird am besten in einem im Innern mit Blei ausgeschlagenen Gefässe oder irdenen Eimer dargestellt, da von der concentrirten Chlorkalkauflösung Holz sehr bedeu-tend angegriffen wird. Der Chlorkalk wird mit wenig Wasser mittelst eines keulenförmigen Holzes zerrieben, darauf mehr Wasser zugesetzt und nach dem Absetzen die Auflösung durch ein Sieb zum Halbzeug gegossen, worauf man dieselbe Quan-tität Chlorkalk noch einige Male in gleicher Weise behandelt. Durch möglichst oft wiederholtes Umrühren wird alsdann die bleichende Wirkung des Chlorkalks auf den Halbzeug erleich-tert. In 30 bis 40 Stunden ist der Bleichprocess vollendet, worauf man die Flüssigkeit durch eine am Boden des Bottichs angebrachte Oeffnung abfliessen lässt. Da diese Flüssigkeit noch unzersetzte unterchlorige Kalkerde enthält, so fängt man sie in ähnlichen Bottichen auf, in denen eine andere Quantität Halbzeug durch sie vorgebleicht wird, so dass dieselbe beim nachherigen Bleichen eine geringere Quantität Chlorkalk erfordert. Eine terrassenförmige Aufstellung der Bottiche ist natürlich hier sehr zweckmässig, wobei die Bottiche, in denen der Zeug gahrgebleicht wird, um eine Bottichhöhe höher stehen müssen als diejenigen, in denen der Zeug nur vorgebleicht wird. —

Diese einfache Anwendung des Chlorkalks ist allerdings jeder anderen Bleichmethode vorzuziehen, denn es wirkt bei ihr die unterchlorigsaure Kalkerde vorzugsweise durch Abgabe von Sauerstoff an die gefärbte Substanz unter Bildung von unschädlichem Chlorcalcium, und nur ein äusserst geringer Theil von unterchloriger Säure wird durch die Kohlensäure der Atmosphäre frei und in Chlor und Sauerstoff zerlegt, so dass auch ein zerstörender Einfluss der Bleiche auf die vegetabilische Faser nicht zu befürchten ist. Es hat indess diese Methode den Uebelstand, dass sie sehr viel Zeit erfordert, daher eine grosse Anzahl von Bleichbottichen aufzustellen und für diese hinreichende Räumlichkeit zu schaffen ist, Auch ist es unmöglich, dem Halbzeug von gefärbten oder sehr starken, viel Schewen enthaltenden Lumpen auf diese Weise durch einmaliges Bleichen den höchsten Grad der Weisse zu geben, und man ist genöthigt, derartigen Halbzeug entweder vor der Chlorkalkbleiche in der Chlorgasbleiche oder nachher mit verdünnten Säuren zu behandeln. Diese Uebelstände der Methode, die langsame und schwächere Wirkung, so wie die erforderlichen grossen Räumlichkeiten sind die Ursache, dass sie nur selten angewendet wird. Am häufigsten trifft man sie in England an, wo man überhaupt sehr darauf bedacht ist, die Faser nicht allzusehr zu schwächen, dagegen man in Frankreich und Deutschland die Wirksamkeit des Chlorkalkes meist durch Zusatz von Schwefelsäure erhöht. In welcher Weise ein Zusatz von Säure eine grössere Wirksamkeit bedingt, ist, nachdem man die Zusammensetzung des Chlorkalks und die Eigenschaften seiner Bestandtheile kennen gelernt hat, leicht einzusehen: die unterchlorigsaure Kalkerde wird durch die hinzugefügte Säure zerlegt, indem diese sich mit der Kalkerde verbindet, wodurch bei Anwendung von

Schwefelsäure schwefelsaure Kalkerde (Gyps) entsteht, und die unterchlorige Säure in Freiheit gesetzt wird. Im Moment ihres Freiwerdens zerfällt diese jedoch in Sauerstoff und Chlor, welche nun in ihrer Art bleichend und zerstörend auf Farbstoff und organische Substanz wirken: der Sauerstoff bleichend, indem er sich mit dem Farbstoff zu farbloser Verbindnng vereinigt, das Chlor zerstörend auf den Farbstoff wie auf die vegetabilische Faser, indem es beiden Wasserstoff entzieht und sich damit zu Chlorwasserstoffsäure verbindet. Die gleichzeitige Anwendung von Chlorkalk und Säure verbindet mithin gewissermaassen die Gasbleiche mit der reinen Chlorkalkbleiche und ist daher einerseits wie jene im Stande, in Faser und Farbe stärkeren Halbzeug zu bleichen, andererseits giebt sie wie diese dem gebleichten Zeug eine klare und blendende Weisse. Das Verfahren bei Anwendung von Chlorkalk und Säure ist entweder dem für Chlorkalk allein beschriebenen ganz gleich und unterscheidet sich dann von jenem nur dadurch, dass in viel kürzerer Zeit, 4 bis 6 Stunden, und mit geringerer Quantität Chlorkalk der Bleichprocess vollendet ist, oder man setzt Chlorkalk und Säure im Holländer dem Halb- oder Ganzzeuge zu. Ueber das Bleichen im Holländer werden wir bald noch etwas ausführlicher zu sprechen haben, indem wir nicht unterlassen können, darauf aufmerksam zu machen, dass die gleichzeitige Anwendung von Chlorkalk und Schwefelsäure in besonderen Bleichbottichen, sobald man von der letzteren nicht mehr hinzusetzt, als durch die Kalkerde des Chlorkalkes neutralisirt werden kann, und man auf das nachherige Waschen die gehörige Sorgfalt verwendet, diese Methode durchaus keine nachtheilige Wirkung auf die Haltbarkeit des Papiers ausüben kann und überhaupt nicht so verwerflich ist, als man nach dem Ausspruch mancher Fabrikanten glauben sollte. Auch steht es fest, dass dieselbe in sehr vielen Fabriken Frankreichs und Deutschlands, die zu den besten gehören, gebräuchlich ist, und wenn Herr Leinhaas in seinem Gutachten über die angeblich geringere Haltbarkeit des Maschinenpapiers behauptet: „Die Anwendung von Schwefelsäure bei der Chlorkalkbleiche ist längst aus allen guten Fabriken, welche sich der Chlorzersetzungsmittel bedienen, verbannt" *), so hat er wahr-

---

*) Verhandlungen des Vereins zur Beförderung des Gewerbefleisses in Preussen. 24. Jahrgang. Berlin 1845.

scheinlich nur die unter seiner Leitung stehende, der Seehandlung gehörende in Berlin vor Augen gehabt. Dass aber die bei derselben Gelegenheit von L. Piette geäusserte Ansicht: „Gasförmiges Chlor mit Anwendung des Antichlors sollte die einzige Bleichmethode sein, welche in einer guten Fabrik angewendet wird", nur von Unkenntniss der beim Bleichen stattfindenden chemischen Processe zeugt, haben wir nach unserer obigen Darstellung nicht erst nöthig zu beweisen.

Eine noch grössere Ersparniss an Zeit und Chlorkalk wird erzielt, wenn man das Bleichen in besonderen Bleichholländern vornimmt; dieselben werden zwischen den Halb- und Ganzzeugholländern aufgestellt, sind etwa $1\frac{1}{2}$ Mal so gross als letztere, haben eine hölzerne Walze mit 25 hölzernen Messern und sind mit zwei Waschtrommeln versehen. *) Der Halbzeug wird unmittelbar aus dem Halbzeugholländer in den Bleichholländer abgelassen und in demselben je nach der Stärke des Stoffes mit Chlorkalkauflösung $\frac{1}{2}$—1 Stunde gemahlen, hierauf die Flüssigkeit in einen darunter befindlichen Bottich abgelassen und eine schwache Schwefelsäure (1 Säure auf 100 Wasser) in den Holländer gegeben. Nach einer Viertelstunde die Säure in einen besonderen Bottich abgelassen, die Chlorkalkauflösung wieder heraufgepumpt, etwas frisches Chlorkalk zugesetzt und abermals eine halbe Stunde gemahlen; hierauf die Chlorkalkflüssigkeit abgelassen, die schwache Säure heraufgepumpt, endlich durch Antichlor Chlor und Säure entfernt. —

Durch das starke Durcheinanderrühren des Halbzeuges mit der Bleichflüssigkeit und durch die Mitwirkung der Säure wird der Bleichprocess nach diesem Verfahren allerdings ausserordentlich beschleunigt, allein es erfordert dasselbe grosse Räumlichkeiten für die Holländer, deren mindestens vier auf eine Maschine zu rechnen sind, und die Bottiche für Chlorkalkflüssigkeit und Säure, so wie sehr viel disponible Kraft zur Bewegung der Holländer und Pumpen, endlich ein nicht geringes Anlagekapital, daher diese Einrichtung auch verhältnissmässig selten angetroffen wird.

Weniger empfehlenswerth, wiewohl es häufig geschieht, ist das Bleichen im Holländerkasten, sei es im Halbzeugholländer oder Ganzzeugholländer. Im Halbzeugholländer bleicht man,

---

*) *Planche de l'industrie* etc.

indem man, nachdem die Lumpen etwa eine Stunde gewaschen worden sind, den Zu- und Abfluss des Wassers schliesst, und eine hinreichende Menge Chlorkalkauflösung zusetzt. Man lässt darauf den Holländer so lange gehen, bis der Chlorkalk gehörig gewirkt hat, worauf man die Bearbeitung wiederum unter freiem Wasserzutritt fortsetzt. Das Bleichen im Ganzzeugholländer ist allerdings insofern dem ersteren Verfahren vorzuziehen, als auf den schon fein gemahlenen Zeug eine viel schnellere Einwirkung des Chlorkalks stattfindet, als auf den noch nicht fertigen Halbzeug, dagegen ist es unvermeidlich, dass nicht beim nachherigen Auswaschen des gebleichten Stoffes sehr viel von der fein gemahlenen Masse mit weggewaschen und ein bedeutender Verlust veranlasst werden sollte, daher man denn, wo dies überhaupt geschieht, fast allgemein im Halbzeugholländer den Bleichprocess vornimmt. Dass auch hier ein Zusatz von Säure den Process beschleunigt, versteht sich von selbst.

Das Bleichen im Holländerraum empfiehlt sich dadurch, dass es keinen Arbeitslohn verursacht, keine besonderen Räumlichkeiten erfordert, und mit Hülfe von Schwefelsäure allerdings in sehr kurzer Zeit ausgeführt werden kann, daher denn auch vorzugsweise solche Fabrikanten, deren Betriebskraft nicht gestattet, grosse Quantitäten Halbzeug vorräthig zu halten, oder denen es an Räumlichkeiten zur Aufstellung von Bleichbottichen gebricht, sich dieses Verfahrens bedienen. Allein mit Recht wird dasselbe von allen Fabrikanten verworfen, denen daran liegt, ein gutes und stets sich gleichbleibendes Fabrikat zu liefern, denn abgesehen davon, dass namentlich ohne Anwendung von Säure eine sehr grosse Quantität Chlor nöthig ist, um eine kräftige Wirkung zu bedingen und die Zeit des Mahlens nicht allzu bedeutend zu verlängern, und die noch nicht völlig erschöpfte Flüssigkeit beim nachherigen Auswaschen verloren geht, so ist auch auf dieses Auswaschen eine ganz besondere Sorgfalt zu verwenden, wenn nicht für die Haltbarkeit des Papieres nachtheilige Folgen erwachsen sollen, und endlich wird eine Verschiedenheit des gebleichten Stoffes bei diesem Verfahren ganz unvermeidlich sein, da bei jeder Holländerleere der Bleichprocess sich wiederholt, und eine gleiche Achtsamkeit auf die Beschaffenheit des Zeuges bei jeder Leere von Seiten des Mühlenbereiters wohl kaum vorausgesetzt werden kann.

Endlich hat man in neuerer Zeit stellenweis ein combinirtes

Bleichverfahren eingeführt: es wird dem ausgewaschenen Halbzeuge im Holländerkasten die Chlorkalkauflösung mit oder ohne Schwefelsäure zugesetzt, worauf man Zeug und Bleichflüssigkeit noch 10 bis 15 Minuten durcharbeiten lässt, und alsdann den Holländer in einen wasserdichten Halbzeugkasten entleert, worin im Laufe weniger Stunden der Bleichprocess vollendet wird. Es hat dieses Verfahren das Gute, dass Zeug und Bleichflüssigkeit im Holländer viel inniger mit einander vermischt werden, als dies durch Umrühren in den Bleichbottichen geschehen kann, daher auch der Process verhältnissmässig schneller von statten geht. Allein einmal ist es auch hier schwierig, die noch unerschöpfte Bleichflüssigkeit zum Vorbleichen neuer Quantitäten Halbzeugs zu benutzen; es müssten denn die Holländer hoch genug stehen, um unter den Halbzeugbottichen noch Vorbleichbottiche anbringen zu können, dann aber ist dieses Verfahren auch nur da anwendbar, wo nur ein geringer Theil des Halbzeuges gebleicht wird; wo man dagegen sehr viel weisse und feine Papiere anfertigt und demzufolge fast sämmtlichen Halbzeug dem Bleichprocess unterwirft, würde dasselbe eine so grosse Anzahl von Halbzeugkasten erheischen, dass man unbedingt der zuerst beschriebenen Bleichmethode, nämlich der Anwendung besonderer Bottiche, den Vorzug geben würde.

Mancher Fabrikant glaubt wohl auch sein Bleichverfahren dadurch wesentlich verbessert zu haben, dass er der Chlorkalkauflösung eine Auflösung von schwefelsaurem Natron (Glaubersalz) oder schwefelsaurem Kali zusetzt; eine solche Mischung hat sich allerdings sehr bewährt, um der Leinewand nach vorangegangener Rasenbleiche die letzte Vollendung zu geben. Allein während in diesem Falle bei der letzten Behandlung eines fertigen Fabrikates es allerdings nicht unwichtig sein kann, ob unterchlorigsaure Kalkerde oder unterchlorigsaures Natron die bleichende Substanz ist, erscheint es bei einem Stoffe, der wie der Halbzeug in der Papierfabrikation noch so verschiedene Stadien zu durchlaufen hat, nur von sehr geringer Bedeutung, welche Verbindung den zu seiner Entfärbung nöthigen Sauerstoff hergegeben hat. Hierauf aber reducirt sich im Wesentlichen die Wirkung jener Salze, es tritt nämlich die Schwefelsäure an die Kalkerde und die unterchlorige Säure an das Natron oder Kali, welche nun ihrerseits, ähnlich der unterchlorigsauren Kalkerde, den Sauerstoff an die farbige Substanz abtreten und für die Faser unschädliches Chlornatrium oder Chlorkalcium bilden. Die Quantität des freiwerdenden Sauerstoffs bleibt in allen Fällen dieselbe, wie folgende Darstellung der Processe ergiebt:

$$894{,}931\text{ Gew.-Th. unterchlorigsaure Kalkerde} = \begin{cases} 351{,}651\text{ Kalkerde} & = \begin{cases} 251{,}651 & \text{Calcium} \\ 100{,}00 & \text{Sauerstoff} \end{cases} \\ 543{,}28\text{ unterchl. Säure} & = \begin{cases} 443{,}28 & \text{Chlor} \\ 100{,}00 & \text{Sauerstoff.} \end{cases} \end{cases}$$

Indem aber 251,651 Gew.-Th. Calcium mit 443,28 Gew.-Th. Chlor 694,931 Chlorcalcium erzeugen, werden 200 Gew.-Th. Sauerstoff frei.

Setzt man hingegen zu 894,931 Gew.-Th. unterchlorigsaurer Kalkerde 890,479 schwefelsaures Natron, so findet folgender Process statt.

$$894{,}931\text{ G.-Th. unterchlorigsaure Kalkerde} = \begin{cases} 351{,}651\text{ Kalkerde} \\ 543{,}28\text{ unterchlorige Säure} \end{cases} \begin{matrix} 351{,}651\text{ Kalkerde} \\ 500{,}75\text{ Schwefelsäure} \end{matrix} = \begin{cases} 852{,}401\text{ schwefelsaure Kalkerde.} \end{cases}$$

$$890{,}479\text{ schwefelsaures Natron} = \begin{cases} 500{,}75\text{ Schwefelsäure} \\ 389{,}729\text{ Natron} \end{cases} \begin{matrix} 389{,}729\text{ Natron} \\ 543{,}28\text{ unterchlorige Säure} \end{matrix} = \begin{cases} 933{,}009\text{ unterchlorigsaures Natron.} \end{cases}$$

und

$$933{,}009\text{ unterchlorigsaures Natron} = \begin{cases} 389{,}729\text{ Natron} & = \begin{cases} 289{,}729 & \text{Natrium} \\ 10{,}000 & \text{Sauerstoff} \end{cases} \\ 543{,}28\text{ unterchlorige Säure} & = \begin{cases} 10{,}000 & \text{Sauerstoff} \\ 443{,}28 & \text{Chlor,} \end{cases} \end{cases}$$

wobei also wiederum unter Bildung von Chlornatrium 200 Gewichtstheile Sauerstoff ganz wie oben frei werden.

Es kann dieser Zusatz von schwefelsaurem Natron immer nur den Zweck haben, jede Spur freien Chlors oder freier Säure zu vermeiden, daher man beim Bleichen der Leinewand der Mischung noch kohlensaures Natron zusetzt. Um so auffallender ist es aber, wenn ein Papierfabrikant statt dessen freie Schwefelsäure hinzufügt, diesem kann versichert werden, dass er die Kosten für das schwefelsaure Natron ohne den mindesten Nachtheil für sein Fabrikat sparen kann.

VI. Die Holländer.

Bei der ausgedehnten Verbreitung, welche die Papiermaschinen in neuester Zeit gefunden haben, ist das deutsche Geschirr fast gänzlich durch die Holländer verdrängt worden, und in keiner grösseren Fabrik mehr anzutreffen, denn die demselben nachgerühmten Vortheile, dass es einen längeren und von Knoten freieren Stoff liefere, kommen nicht in Betracht gegen die für den Betrieb einer Papiermaschine unbedingt nothwendige, raschere und gleichförmigere Arbeit der letzteren, zumal der kürzere Stoff nur bei der Anfertigung von Packpapieren, von denen sehr grosse Festigkeit verlangt wird, nachtheilige Folgen äussern könnte, und die im Holländer dem Zeuge beigemischt bleibenden Knoten durch die Knotenmaschine leicht entfernt werden können. Es bedarf daher kaum einer Entschuldigung, wenn wir in Folgendem nur die Holländer und deren neueste Verbesserungen in den Kreis unserer Betrachtungen ziehen.

Der Holländer (Rührtrog, *Roerbak, pile à cylindre*) ursprünglich eine deutsche Erfindung, welche aber zuerst in Holland zur Anwendung gekommen, besteht im Wesentlichen aus einer mit Messern versehenen Walze, welche, indem sie sich um ihre Achse bewegt, anderen feststehenden Messern nach Belieben mehr oder weniger genähert werden kann (vergl. Fig. 28). Man unterscheidet Halbzeug- und Ganzzeugholländer *(pile déflieuse,* richtiger *effilcuse* und *raffineuse),* von denen ersterer die geschnittenen und gekochten Hadern waschen und das Gewebe wieder auflösen, in einzelne Faden trennen soll, während der letztere, nebst dem Auswaschen des Bleichmittels, die Aufgabe hat, jene Faden zu zerreissen und in einen klaren Brei zu verwandeln. So verschieden diese Funktionen sind, so bedingen sie doch keinen wesentlichen Unterschied in der Construction der Maschinen. Geringere Umdrehungsgeschwindigkeit, starke nicht zu scharfe Messer, mässiges Annähern der Walze an die feststehenden Messer, sind die Erfordernisse zur Darstellung des Halbzeuges, während das Mahlen von Ganzzeug eine rasche Umdrehung der Walze, scharfe Messer und Annäherung der Walze an die stehenden Messer bis zur Berührung erheischt. Indem man aber die Geschwindigkeit und Senkung der Walze in seiner Gewalt hat, ist, es leicht erklärlich, dass ein und derselbe Holländer zu beiden Zwecken benutzt werden kann und in der That benutzt wird, wiewohl es unbedingt vorzuziehen ist, dies nicht zu thun, sondern für Halb- und Ganzzeug verschiedene Holländer anzuwenden. Die Zahl der zum Betriebe einer Maschine angewendeten Holländer ist sehr verschieden und richtet sich wohl vorzugsweise nach der disponiblen Wasserkraft; indess dürften

6 Holländer als das Minimum betrachtet werden, wenn die Maschine Tag und Nacht beschäftigt sein soll. Dagegen giebt es Fabriken, wo 12 Holländer und darüber für eine Maschine vorhanden sind; eine grosse Anzahl Holländer hat natürlich den Vortheil, dass die Arbeit in denselben nicht übereilt zu werden braucht und man daher stets ein gutes und gleichmässiges Papier erhalten kann.

Betrachten wir nun die einzelnen Theile eines Holländers, so müssen wir beginnen mit dem

1. Holländerkasten.

Der Holländerkasten ist ein länglich viereckiger Trog aus Gusseisen, Stein oder Holz, der durch 4 eingesetzte, gehörig ausgeschweifte Eckstücke im Innern ovalförmig gestaltet ist (Fig. 29). Die eisernen Holländer zeichnen sich durch gefällige Form aus, die durch die Verstärkungsrippen auf der circa $\frac{1}{4}$ Zoll dicken Wand noch erhöht wird. Sie sind oft aus einem Stück gegossen, oft aus 4—6 Theilen zusammengesetzt. Ein nachtheiliger Einfluss durch Rosten des Eisens ist nur dann zu befürchten, wenn das Bleichen im Holländer vorgenommen wird, also Chlor und Säuren auf das Eisen einwirken; in diesem Falle ist es nöthig, dem Holländerkasten im Innern einen Ueberzug von gewalztem Blei zu geben. Festigkeit, geringere Raumeinnahme und die grössere Dünne der Wände, welche gestattet, der Walzenstange eine geringere Länge zu geben, wodurch ihre Haltbarkeit erhöht wird, sind Vortheile, die durch ein höheres Anlagekapital nicht zu theuer erkauft werden. Die Grösse der Kasten ist verschieden, je nachdem sie zu Halbzeug oder Ganzzeug bestimmt sind; die ersteren werden meist etwas grösser angefertigt als die letzteren, so wie sich überhaupt eine Neigung zu grösseren Dimensionen bemerkbar macht. Die Halbzeugholländerkasten haben gewöhnlich im Lichten eine Länge von 10 Fuss, eine Breite von 5 Fuss und eine Höhe von 2 bis $2\frac{1}{2}$ Fuss, und fassen alsdann 120 bis 150 Pfd. Lumpen, während die Ganzzeugholländer etwas kleiner sind und nur 70—90 Pfund Papier liefern. Der innere Raum des Holländerkastens ist durch eine Scheidewand, welche gleiche Höhe mit dessen äusseren Wänden hat, aber nur den mittleren Theil der Länge einnimmt, in zwei Abtheilungen, Arbeitseite und Laufseite, geschieden, die an den schmalen Seiten des Kastens mit einander in Verbindung stehen. Diese Mittelwand befindet sich meist 2 bis 3 Zoll, ja oft sogar 6 Zoll ausserhalb der Mitte; in der breiteren Abtheilung, Arbeitseite, befindet sich die Walze, und es hat diese ungleiche Theilung den Zweck, dass die sich bewegende Masse an der leeren Seite stets höher steht als an der Walzenseite und daher dieser auch mit einer gewissen, durch die Niveauverschiedenheit bedingten Geschwindigkeit zuströmt.

Eine Abweichung von dieser Form hat man in neuester Zeit bisweilen in England versucht, indem man Holländer construirt hat, welche statt der elliptischen eine ganz runde Gestalt haben und die doppelte bis dreifache Quantität Lumpen fassen. Aussen- und Mittelwand bilden hierbei concentrische Ringe, erstere von gegen 12, letztere von gegen 7 Fuss Durchmesser. Indessen während die Theorie nichts zu Gunsten dieser Construction anzugeben vermag, hat sie sich auch in der Praxis als eine bedeutungslose Neuerung erwiesen.

Unter der Walze ist in dem Kasten eine aus Holz gearbeitete massive Erhöhung $ff'gg'$, (Fig. 28) der Kropf (Sattel, Berg) eingesetzt. Die Gestalt desselben ergiebt sich am besten aus der Figur; er bildet von g' bis g eine ansteigende, schräge Fläche, dann unmittelbar unter der Walze einen mit dieser concentrischen Kreisbogen, und endlich von f' bis f eine zweite abfallende schiefe Ebene, zwischen welcher und dem Kreisbogen, also gerade unter der Walze, das Grundwerk H liegt.*) Der übrige Theil des Kastenbodens ist eine horizontale Fläche, nur an zwei Punkten durch Ventile unterbrochen, von denen das eine zum Fortführen des Zeuges, das andere zum Ablassen des Wassers beim Reinigen des Holländers dient. Zur grösseren Reinlichkeit trägt es bei, wenn alle Holztheile des Kastens, also Scheidewand, Kropf, Boden, mit dünnem Kupfer, Messing oder Zinkblech beschlagen sind, letzteres jedoch setzt natürlich voraus, dass nicht im Holländer gebleicht werde.

2. Die Holländerwalze.

In der Construction der Holländerwalzen sind sehr viel Variationen versucht worden, indess hat hier einmal das Alte mit geringer Modification den Sieg über die Neuerungen davonge-

---

*) Von der Form des Kropfes hängt sehr das gute Arbeiten eines Holländers ab, und sei daher erwähnt, dass es gut ist, wenn erstens die schiefe Fläche gg' nicht zu steil ist, zweitens die Fläche ff' gleichzeitig von der Scheidewand nach der äusseren geneigt ist.

11*

tragen. Die Holländerwalzen waren früher ausschliesslich massiv aus Eichenholz verfertigt, der die Schienen festhaltende Ring war in das Holz der Walze versenkt, so dass es unmöglich war, die stumpfen Schienen herauszunehmen und am Stein zu schleifen, sondern dieselben mussten durch Behauen mit dem Meissel neu geschärft werden, was eine rasche Abnutzung zur Folge hatte, welche ihrerseits die Herstellung einer neuen Walze bedingte, denn Ringe und Schienen der alten Walzen konnten nur durch Zsrschlagen derselben herausgebracht werden. Nichts war natürlicher, als dass man wiederum das nur in grosser Masse Festigkeit gewährende Holz durch Gusseisen zu ersetzen suchte, welches mit Festigkeit, Zierlichkeit der Arbeit zulässt, eine leicht zu trennende und dennoch dauerhafte Befestigung der Schienen gestattet und es möglich macht, die Walze auf runder Walzenstange aufzukeilen, wodurch das schwierige in die Leerebringen viereckig aufgekeilter Walzen vermieden wird. Die einfachste und dauerhafteste Construction einer gusseisernen Holländerwalze ist auf Fig. 30 *a* und *b* ersichtlich. Die Messer, welche auf beiden Enden mit 1 Zoll tiefen und 1 Zoll breiten Einschnitten versehen sind, werden von zwei auf die Welle aufgekeilten Reifen oder runden Scheiben festgehalten. Holzfüllungen dienen zur Schliessung der Walze, so wie um den Messern eine unbewegliche Stellung zu geben. In sehr vielen Fällen hat man durch zu grosse Zierlichkeit die Festigkeit und den sichern Gang beeinträchtigt, denn eine zu schwache Arbeit ist bei einer Holländerwalze in doppelter Hinsicht von Nachtheil: einmal wird dadurch ihre absolute Festigkeit geringer, dann aber wird auch ihr Gewicht dadurch vermindert, so dass sie dann durch alle stärkeren und festeren Gegenstände — zusammengeballte Lumpen, Knöpfe, Nägel u. dergl. — welche sich zwischen die Schienen drängen, in die Höhe gehoben wird und einen sehr unsichern Gang erhält. Dieser allerdings durch hinreichend starke Scheiben, namentlich für Ganzzeugholländer, leicht zu vermeidende Uebelstand, so wie vorzugsweise die leichtere Darstellung hölzerner Walzen von Seiten der Fabrikanten selbst, sind die Ursache, dass man in neuerer Zeit hölzerne Walzen wiederum viel häufiger antrifft als eiserne.

Auf der gusseisernen Stange, welche in der Länge der Walze quadratisch, übrigens aber rund und nach der Mitte zu etwas stärker als an den Enden ist, ist ein massiver Eichenklotz von 2 — 2¼ Fuss Länge mittelst eiserner Ringe und hölzerner und eiserner Keile (vergl. Fig. 28) dauerhaft befestigt. — Gusseiserne Stangen haben sich besser bewährt als schmiedeeiserne, indem letztere sich während der Arbeit leicht verbiegen, dann aber auch an den Lagerstellen sich leichter ablaufen und brechen. — Nachdem der eichene Klotz auf der Stange gehörig befestigt und zu einem Cylinder von 1¾ Fuss Durchmesser abgedreht ist, werden an die Peripherie desselben in bestimmten Abschnitten der Achse parallellaufende Nuthen oder Furchen eingeschnitten, welche zur Aufnahme der Schienen bestimmt sind. Eine jede Nuth enthält 2 oder 3 Messer, welche durch zwischengetriebene Keile, die ihrerseits durch Nägel oder besser Schrauben mit dem Walzenkörper verbunden, in fester gegenseitiger Stellung erhalten werden. Die Schienen sind an beiden Enden, wie in Fig. 30, ausgeschnitten, und der rechte Winkel *a b c* entspricht einem an beiden Walzenenden abgedrehten rechtwinklichen Falze, welcher nach dem Einsetzen der Schienen durch einen eisernen Ring ausgefüllt wird, der, auf die Walze festgeschraubt, das Herausfallen der Schienen unmöglich macht.

Die Schienen sind entweder aus weichem Stahl oder aus verstähltem Eisen, oder was man nur noch selten und höchstens bei Ganzzeugholländern trifft, aus sogenanntem Metall, einer Legirung aus Zinn und Kupfer; die Zahl so wie die Entfernung der einzelnen Messer ist bei Halb- und Ganzzeugholländern verschieden; man nimmt für erstere gewöhnlich eine geringere Anzahl, 38 bis 48, und lässt sie weiter auseinander stehen. Je zahlreicher und dichter gestellt die Schienen sind, desto schneller verkleinert, unter übrigens gleichen Umständen, der Holländer die Lumpen, aber eine desto grössere bewegende Kraft wird auch erfordert. Für den Halbzeugholländer dürfen die Schienen schon deswegen einander nicht zu nahe stehen, weil die noch wenig zerkleinerten Lumpen, welche von den Schienen in ihre Bewegung mit hineingezogen werden, ein gehöriger Raum vorhanden sein muss, damit keine Stopfung, also kein zu schwerer Gang der Maschine eintritt. — Bei Ganzzeugholländern befestigt man gewöhnlich je 3 Schienen (Fig. 30) in einer Nuth und steigert ihre Zahl bis auf 60. — Die Stärke der Schienen muss natürlich bei dem Lumpen zermahlenden Halbzeugholländer grösser sein als beim Ganzzeugholländer; für jenen nimmt man sie bis zu $\frac{3}{8}$ Zoll, für diesen nur zwischen $\frac{3}{16}$ bis $\frac{1}{4}$ Zoll dick. — Eine wesentliche Bedingung eines guten Ganges ist ferner, dass sämmtliche Schienen gleich lang, oder vielmehr ihre Schneiden sämmtlich gleich weit vom Mittelpunkte der Walze entfernt seien, diese also vollkommen rund laufen. Es wird dies zunächst durch eine gleich saubere Arbeit aller einzelnen Theile bewirkt, dann aber kleine Fehler dadurch beseitigt, dass man die neu eingelegte Holländerwalze einige Stunden lang auf einem Stück Sandstein umgehen lässt, welches die Gestalt des Grundwerks besitzt und an dessen Stelle gelegt wird. — So wie das Beschlagen mit Kupfer oder Messing von allem Holzwerke des Kastens die Reinlichkeit und Eleganz des Holländers erhöht, so ist eine solche Bekleidung auch für die ebenen Seitenflächen der Walze zu empfehlen, an welchen es überdiess vortheilhaft ist, eine spiralförmige, hölzerne oder eiserne Rippe zur Vermeidung der sogenannten Katzen, d. h. Umwickelungen der Walzenstangen mit Lumpen, anzubringen. Diese Katzen können jedoch nur sehr klein werden und verursachen alsdann keine Störung, wenn die Walze möglichst genau in den Raum zwischen den beiden Holländerwänden passt. — Die gusseiserne Walzenstange ruht auf beiden Seiten in Metalllagern, welche auf hölzernen Tragebänken befestigt sind, die man als einarmige Hebel mittelst Stellschrauben nach Belieben heben und senken kann (vergl. Fig. 31); oder bei eisernen Kästen, wo eine feste Verbindung von gusseisernen Consols mit der Kastenwand leicht zu bewerkstelligen ist, werden die Lager in Gabeln, die ebenfalls mittelst Schrauben beweglich sind, aufgehangen. Gewöhnlich liegt die Walze in der Mitte des Kastens, indess befördert es einen raschen Umschwung des Stoffes, und ist es auch zur bequemeren Verbindung mehrerer Holländer mit demselben Stirnrade von Vortheil, die Walze nicht in die Mitte, sondern fast ans Ende der Mittelwand zu legen, so dass der hintere Theil gg des Kropfes den Stoff um das Ende der Mittelwand herumführen hilft. — Endlich an dem äussersten der Walzenseite entgegengesetzten Ende ist auf die Walzenstange ein gusseisernes Getriebe befestigt, welches in ein grösseres Zahnrad eingreift und die Bewegung desselben der Holländerwalze mittheilt. Von dem Verhältnisse zwischen diesem Getriebe und Zahnrade hängt die Durchschnittsgeschwindigkeit der Holländerwalze ab; je kleiner das Getriebe im Verhältniss zum Zahnrade, je mehr Umgänge

also während eines Umlaufes das letztere macht, desto schneller
ist die Rotationsbewegung der Walze. Man macht bezüglich
dieser Geschwindigkeit wiederum bei Halb- und Ganzzeugholländern einen Unterschied, indem man die Halbzeugholländer
etwas langsamer gehen lässt als die Ganzzeugholländer, so zwar,
dass während 150 Umdrehungen in der Minute bei jenen das
Maximum sind, diese meistentheils in gleicher Zeit 200 Umdrehungen machen. Indess wo hinreichende Kraft vorhanden
ist und die Holländer stark genug gebaut sind, wird durch ra-
scheren Umschwung auch des Halbzeugholländers die Wirkung
desselben keineswegs geschwächt, sondern im Gegentheil erhöht. — In Betreff des Getriebes verdient erwähnt zu werden,
dass es für den ruhigen Gang des Holländers nur vortheilhaft
ist, dasselbe möglichst stark zu construiren; es wird dadurch
das Gewicht der Walze und Stange erhöht und daher jene,
wenn irgend ein harter Körper sich unter den Lumpen oder
dem Halbzeuge befinden und sich zwischen den Schienen hin-
durchdrängen sollte, nicht leicht in die Höhe gehoben, wodurch
fast immer der Eingriff des Getriebes in das Zahnrad gestört
und ein sogenanntes Aufsetzen des Holländers verursacht wird.
Daher überhaupt die Tendenz, den Walzen, inclusive Stange
und Getriebe, ein möglicht grosses Gewicht zu verleihen, welches namentlich in England oft 15 bis 20 Centner beträgt.*)
Damit nun, wenn dennoch ein Aufsetzen erfolgt, die dadurch
in den Zähnen der Räder veranlasste Zerstörung auf ein gewisses Rad beschränkt werde und nicht beide Räder gleichzeitig der Abnutzung unterworfen seien, sind die Zähne des Zahn-
rades aus Holz gefertigt. — Die nachtheiligen Folgen des Auf-
setzens können sehr bedeutend werden, denn die anfänglich
gehobene Walze wird bald durch das darauf gehobene Getriebe
bis auf das Grundwerk herabgedrückt, wodurch natürlich die
Schienen verletzt und ein solcher Stoss im ganzen Gewerk bewirkt werden kann, dass die schwächeren gusseisernen Wellen
ihm erliegen und zerbrechen. Und da durch die grösste Auf-

---

*) Wo die Bewegung der Holländer durch eingreifende Räder bewirkt
wird, sind jedenfalls schwere Walzen den leichten vorzuziehen, allein wo die
Holländer durch Rieme bewegt werden, haben leicht construirte wieder den
Vortheil, dass sie länger mahlen und daher ein kräftigeres Papier geben als
schwere Walzen.

merksamkeit ein jeweiliges Aufsetzen schwer zu vermeiden ist, so hat man stellenweis die in einander greifenden Getriebe gänzlich verworfen und durch Rieme den Holländern die Bewegung mitgetheilt, in welchem Falle dann statt des Getriebes eine Riemscheibe auf der Holländerstange befestigt ist. Das starke sich Recken der Rieme aber in dem feuchten Holländerraume, und bei der starken Bewegung die schnelle Abnutzung derselben sind Uebelstände, welche einer grösseren Verbreitung dieser Einrichtung bisher hinderlich gewesen sind.

3. Das Grundwerk.

Senkrecht unterhalb der Walzenachse ist die aufsteigende schiefe Ebene ff' durch eine die ganze Breite der Kröpfung einnehmende Vertiefung von dem Kreisbogen getrennt und in diese Vertiefung, zu der man durch eine in der Holländerwand angebrachte, genau zu verschliessende Oeffnung leicht gelangen kann, passt ein mit Schienen oder Messern gefüllter gusseiserner oder hölzerner Kasten, welchen man das Grundwerk oder die Platte nennt, und wird darin durch hölzerne Keile befestigt. Die Schienen des Grundwerks, welche, wie aus Fig. 28 ersichtlich, eine solche Stellung haben, dass ihre gerade, nicht abgeschrägte Seite der Richtung entgegengesetzt ist, in welcher die Schienen der Walze sich bewegen, sind aus dem nämlichen Material wie die letzteren, also Eisen, Stahl oder Bronce (Metall) gefertigt. Metallene oder broncene Schienen in Walze und Grundwerk wurden eine Zeit lang in den meisten besseren Fabriken zu Ganzzeugholländern angewendet: es ist nämlich von grosser Wichtigkeit und trägt ganz besonders zu grösserer Festigkeit des Papiers bei, dass der Zeug nicht zu kurz gemahlen werde; dies geschieht nun allerdings, wenn die Schienen der Walze und des Grundwerks sehr scharf sind und, wie Scheeren wirkend, die durchgeführte Zeugfaser in immer kleinere Stücke zerschneiden. Die Messer der Walze und des Grundwerks sollen die Lumpen bis auf den letzten Augenblick zerreissen, nicht schneiden, und hierzu ist einmal erforderlich, dass die Schienen des Grundwerks denen der Walze parallel stehen, dann aber auch, dass beide nicht allzu scharf sind. Für diesen gewissen Grad von Stumpfheit fand man die sicherste Garantie in der Wahl eines sich leicht abnutzenden Materials, aber eben diese leichte Abnutzung macht, dass broncene Schienen überhaupt eine häufige Ersetzung durch neue nothwendig machen, und da derselbe Zweck auch durch stumpfe stählerne Schienen erreicht werden kann und dieselben zugleich auch durch grössere Dauer sich vortheilhaft vor den metallenen auszeichnen, so ist der Vorzug, den man ihnen in neuerer Zeit immer allgemeiner giebt, wohl begründet. Die zur Erzeugung eines langen und weichen Stoffes vortheilhafteste Stellung der Grundwerkschienen ist, wie schon erwähnt, parallel den Walzenschienen, und sie üben eine jede die kräftigste Wirkung aus, wenn ihre Schneiden in einer cylindrisch ausgehöhlten Fläche liegen, deren Halbmesser jenem der Walze entspricht. Eine solche Lage der Schneiden wird ebenfalls bei der parallelen Stellung der Schienen am leichtesten herzustellen sein. Die Zahl der Grundwerkschienen ist verschieden, 7 bis 9, wo man dieselben alle gleich lang sein lässt, so dass also die Schneiden in einer Ebene liegen, dagegen 13 bis 20, wo man die Schneiden in eine der Walzenrundung entsprechende vertiefte Fläche legt. Dass diese letztere Anordnung, wobei das Grundwerk eine Breite von 8 bis 9 Zoll besitzt, der ersteren vorzuziehen ist, bedarf keines Beweises. — Vielen Fabrikanten ist es jedoch mehr um die Quantität als Qualität zu thun, und im Interesse dieser liegt es, die Schienen der Walze und des Grundwerkes stets möglichst scharf zu halten, und den letzteren eine schräge Lage gegen die ersteren zu geben, wodurch dann beide wie Scheeren zusammenwirken. Man hat hier wiederum mancherlei versucht, z. B. bogenförmige Messer, mit ihrer convexen Seite der Richtung der Bewegung zugekehrt; da die Anfertigung dieser Messer jedoch mit nicht geringen Schwierigkeiten verknüpft ist, so zog man es vor, gerade Messer von beiden Seiten aus schräg so in den Grundwerkkasten einzulegen, dass die mittelsten einen Winkel bilden, dessen Scheitel wiederum nach dem Gipfel des Kropfes zu liegt. Allein diese beiden Arten von Grundwerken müssen während der Umdrehung der Walze nothwendig ein Zusammendrängen des Stoffes nach der Mitte zur Folge haben und dadurch einen schweren Gang des Holländers bedingen. Am vortheilhaftesten ist es daher, die parallele Lage der Grundwerkschienen unter sich beizubehalten, wenn man auch den Parallelismus zwischen ihnen und den Walzenschienen aufhebt.

Die Schienen des Grundwerks werden entweder durch Schrauben mit einander befestigt, oder erhalten durch hölzerne Keile im Kasten und gegenseitig ihre feste Stellung. Auch diese geringe Arbeit der Befestigung hat man zu umgehen gesucht, indem man Grundwerke aus einem Stück ausarbeitete und mittelst einer Hobelmaschine Furchen von solcher Gestalt einschnitt, dass der Queerdurchschnitt der Zahnung einer Säge glich; allein die Schwierigkeit, ein solches Grundwerk, stumpf geworden, wieder zu schleifen, hat diese Idee keinen grossen Anklang finden lassen. Endlich durch die verschiedene Stellung, welche man der Walze während der Arbeit zu geben genöthigt ist, wird einmal ein ungleicher Eingriff der Getriebe verursacht, dann aber auch, da die Stellung der Walze nur durch die eine Schraube auf der den Getrieben entgegengesetzten Seite geschieht, so findet keine ganz gleichförmige Annäherung der Walzenschienen an die Grundwerkschienen statt, sondern an der Scheidewand werden beide stets weiter von einander abstehen als an der äusseren Kastenwand. Man hat diesen Uebelstand dadurch vermieden, dass man der Walzenstange eine feste Lage gab und den Holländerkasten in ein eisernes Gerüst hing, welches man nach Belieben heben oder senken kann, so dass also das Grundwerk, den Bewegungen des Kastens folgend, der bewegliche Theil ist. Bedenkt man aber die Schwere des Kastens an sich, und dass derselbe mit bewegtem Wasser und einem Stoff gefüllt ist, der sich nur mit Mühe zwischen den Walzen- und Grundwerkschienen hindurchpresst, so scheint es kaum möglich, der Bewegung des Kastens eine solche Präcision und der Construction eine solche Festigkeit zu geben, dass nicht an die Stelle jener kleinen Ungenauigkeiten andere treten und häufige Reparaturen nothwendig sein sollten.

4. Der Sandfang.

Die aufsteigende Ebene ff' ist bei n ihrer ganzen Breite nach von einer Vertiefung durchschnitten, welche mit einem Drahtsieb oder halbrunden Stäben aus Messingblech, oder mit einer gefurchten Kupfer- oder Bleiplatte bedeckt ist. Diese Vertiefung ist der sogenannte Sandfang, indem vornehmlich Sand und alle schweren Theile, wie Knöpfe, Nadeln u. s. w., aus den unteren Flüssigkeitschichten, die hier durch Steigung eine Verzögerung ihrer Bewegung erfahren, niederfallen und in dieser Vertiefung sich ansammeln. Der Boden des Sandfängers ist etwas geneigt gegen die äussere Wand des Holländerkastens, und kann durch Oeffnen eines Pfropfens leicht während der Arbeit entleert werden.

Im Halbzeugholländer, in welchem natürlich weit mehr Sand und andere schwere Körper sich absetzen als im Ganzzeugholländer, hat man stellenweis den ganzen Boden zum Sandfang eingerichtet, indem man denselben mit einem starken Drathsieb von Messing mit länglichen Maschen von $\frac{1}{4}$ und $\frac{1}{8}$ Zoll Durchmesser überspannt, welches $1\frac{1}{4}$ Zoll vom Boden absteht und von 7 zu 7 Zoll auf hölzernen Unterlagen ruht. Der laufende Fuss eines solchen Siebes kostet bei 20 Zoll Breite circa 1 Thaler. — Dieses Sieb kann wiederum durch eine durchlöcherte Kupferplatte ersetzt werden.

Im Uebrigen ist dieser Theil des Holländers zu einfach, um uns mit Anführung von Variationen aufzuhalten, an denen es auch hier nicht fehlt, und wir gehen daher sogleich zur Betrachtung des letzten Theiles über.

5. Die Haube.

Um das Herumsprützen des Zeuges und den damit verbundenen Verlust zu vermeiden, ist die Walze mit einem hölzernen Kasten, der Haube oder dem Verschlage, überdeckt, welcher auf einer Seitenwand des Kastens und der Zwischenwand ruht und durch die beiden eingeschnittenen Falze stets in derselben Lage festgehalten wird. Innerhalb der Haube sind zwei, oft auch nur ein Raum r abgegränzt, dessen eine der Walze zugekehrte Seite keine andere Wand, als einen schräg in die Haube eingeschobenen Rahmen hat, der mit einem Messingdrahtsiebe bespannt ist. Gegen dieses Sieb, die Scheibe oder Waschscheibe, werden, so lange bei der Arbeit im Holländer das Auswaschen der Lumpenmasse nöthig ist, von der schnell umlaufenden Walze fortwährend Theile dieser Masse hingeschleudert. Das schmutzige Wasser dringt dabei durch das Sieb in den Raum r und fliesst aus diesem durch eine an der Haube befindliche Rinne in ein senkrecht absteigendes, im Innern der Scheidewand oder an der äusseren Seite des Holländers angebrachtes Rohr, von welchem aus es mit Vortheil auf die Schaufeln des Wasserrades geleitet wird, wenn man es nicht vorzieht, das Waschwasser in grossen Reservoirs sich ansammeln und absetzen zu lassen, um den aus verschiedenen

Schmutz- und Fetttheilen, untermischt mit feinen Lumpenfasern, bestehenden Schlamm als Düngungsmittel zu benutzen. Dagegen wird zum Ersatz reines Wasser aus einem höher gelegenen Behälter mittelst eines kupfernen Rohres und Hahnes in solcher Menge zugelassen, dass der Kasten beständig auf gleicher Höhe gefüllt bleibt. Man lässt den Zufluss des Wassers wohl auch durch den Boden des Holländerkastens dicht vor dem Kropf stattfinden, wodurch man die Umgangsgeschwindigkeit erhöhen und den Absatz der Masse vermeiden will. Beides ist jedoch in einem gut arbeitenden Holländer kein Bedürfniss, und dürfte diese Anbringung des Zuflusses im Vergleich zu dem freistehenden Hahne an manchen wesentlichen Uebelständen leiden. Wichtig dagegen ist es, dass Wasser-Rohre und Hähne nicht zu eng sind und mindestens einen Durchmesser von 5 bis 6 Zoll haben, damit nicht zu grosser Zeitverlust beim Füllen des Holländers stattfinde. Möglichste Reinheit des angewandten Wassers ist eine Hauptbedingung zur Darstellung eines guten Papiers, und um alle organischen und schmutzigen Bestandtheile daraus zu entfernen, ist man meistens genöthigt, sämmtliches angewandte Wasser zu filtriren. Ausgezeichnete Dienste leisten hierbei Filtra von Sand, allein sie lassen das Wasser zu langsam durch und müssen mithin sehr gross angelegt werden, und andererseits ist ihre Reinigung und Erneuerung nicht ohne Unbequemlichkeiten, daher man faustgrossen Feldsteinen den Vorzug giebt.*) Es wird eine Kastenreihe von 3 oder 4 und nach Bedürfniss noch mehr Kästen mit solchen Steinen angefüllt und alles anzuwendende Wasser genöthigt, durch diese Kastenreihe hindurchzugehen, was ganz einfach dadurch geschieht, dass der letzte Kasten mittelst eines Rohres mit den Saugpumpen in Verbindung steht, welche von der vorhandenen Betriebskraft in Bewegung gesetzt werden und das Wasser in jenes höher gelegene Reservoir heben, von welchem aus die Holländer damit gespeist werden. Um alle hier noch möglichen Verunreinigungen, hineingefallene Blätter, Staub u. s. w. von der Zeugmasse abzuhalten, werden an dem Zuströmungshahn Beutel von Filz, Müllertuch oder auch kleine

---

*) Ein mächtiges Filtrum beschreibt Planche; dasselbe ist 225 Fuss lang und 40 Fuss breit und besteht aus drei Schichten von Steinen, Kies und Sand.

Kästen befestigt, deren Boden aus Messinggewebe (von den auf der Maschine schadhaft gewordenen Metalltüchern) besteht. Ist der Stoff im Holländer hinlänglich gewaschen, so schliesst man den Wasserhahn und schiebt vor die Scheibe *e* ein mit keiner Oeffnung versehenes Brett *d*, die sogenannte blinde Scheibe, ein, welches das von der Walze darauf hingeworfene Zeug zurücklaufen lässt, ohne ihm das Wasser zu entziehen. Der technische Ausdruck hierfür ist: man verschlägt den Holländer.

Die hier besonders hervorgehobenen Theile sind an jedem Holländer anzutreffen; wir werden aber bald sehen, dass durch mancherlei Vervollkommnungen in neuester Zeit die Arbeit der Holländer sehr beschleunigt und verbessert worden ist.

Die Arbeit im Holländer.

Nachdem der Holländerkasten mit einer hinreichenden Menge Wasser sich angefüllt hat, werden die geschsittenen und gekochten oder nicht gekochten Hadern zugeschüttet, die zunächst von Schmutz oder durch's Kochen hineingebrachten Substanzen durch Waschen gereinigt werden müssen. Zu dem Ende ist die Walze *A* in die Höhe gehoben und von dem Grundwerk entfernt. Nachdem man die Bewegung des Wassers und Stoffes mittelst eines Stockes eingeleitet, wird dieselbe von der um ihre Achse rotirenden Walze fortgesetzt. Wasser und Lumpen, der Bewegung der Walze folgend, steigen die schiefe Ebene *ff'* in die Höhe, gehen zwischen Walze und Grundwerk hindurch, werden in der cylindrischen Aushöhlung des Kropfes von den einzelnen Messern ergriffen, in die Höhe gehoben und gegen die obere Decke der Haube, so wie gegen die beiden Waschscheiben geworfen, das Wasser geht durch diese hindurch, wogegen die Lumpen zurückprallen und zum Theil wiederum vor der Walze niederfallen, zum Theil aber, über den höchsten Punkt des Kropfes weggeführt, auf die absteigende Ebene *gg'*, und von da an die andere Seite der Scheidewand gelangen. In kurzer Zeit werden durch die rasche Bewegung der Walze grosse Massen von Wasser und Lumpen herangezogen, so dass durch das Streben nach Gleichgewicht sehr bald eine Bewegung der Flüssigkeitsmasse in der Richtung des Pfeiles hergestellt und dieselbe Lumpe wiederholentlich von den Messern ergriffen, gegen die Waschscheiben geworfen und von dem schmutzigen

Wasser befreit wird. Nach Verlauf von einer Stunde, wobei natürlich Reinheit und Beschaffenheit der Lumpen sehr in Betracht kommen, lässt man die Walze sich dem Grundwerke nähern und setzt unter gleichzeitigem Zerreissen der Lumpen das Waschen fort. — Während des Waschens wird, wie schon erwähnt, das abfliessende Wasser stets durch neues ersetzt, und es ist klar, dass je mehr schmutziges Wasser auf einmal entfernt wird und reines zuströmt, desto rascher wird der Waschprocess beendet sein. Bei der eben beschriebenen Waschmethode wird ferner, wenn dieselbe bei Halbzeug oder auch theilweis zerrissenen Lumpen angewendet wird, ein bedeutender Stoffverlust dadurch verursacht, dass die feineren Theile mit grosser Heftigkeit gegen die Waschscheiben geschlagen, durch diese hindurchdringen und verloren gehen. Zur Beschleunigung der Arbeit und zur Vermeidung dieses Verlustes hat man eigene Waschtrommeln construirt, wie solche sich in Fig. 28 und 29 mit verzeichnet finden. Die Achse dieser Trommel O ruht in den kleinen Lagern p und erhält vermittelst einer an der äusseren Seite auf die Achse befestigten Riemscheibe vom allgemeinen Triebwerke eine solche Bewegung, dass sie etwa 30 Umdrehungen in der Minute in der Richtung des Pfeiles macht.

Die Waschtrommel selbst besteht aus zwei kreisrunden Kupferscheiben, welche die beiden Endflächen bilden, und 4 der die beiden Kupferscheiben verbindenden Cylinderfläche zugekrümmten Blättern, die sowohl mit diesen Scheiben als auch mit der Achse der Trommel fest verbunden sind. Die cylindrische Oberfläche wird aus zwei über einander gelegten Metallgeweben von verschiedener Stärke gebildet, von denen das gröbere das äussere ist. Die der Scheidewand zunächst liegende Scheibe ist in der Mitte mit einer Oeffnung versehen, an welche das Rohr o angelöthet ist. — Da nun die Waschtrommel in die Flüssigkeit des Holländerkastens eintaucht, so wird auch ununterbrochen dieser eintauchende Theil mit Wasser, welches die Metallgewebe durchlassen, erfüllt sein, und ist der Holländer in Arbeit und die Waschtrommel in Bewegung, so wird jedes gekrümmte Blatt eine gewisse Quantität Wasser nach der Achse der Trommel leiten, wo es durch die Oeffnung und Röhre o wieder aus der Trommel heraustritt; es wird von o auf die Rinne Q ausgegossen, von wo es durch das Rohr q fortgeführt wird. Ist der Waschprocess beendet, und man schliesst den

Zufluss von Wasser, so wird gleichzeitig der Abfluss durch Entfernung der zu diesem Endzweck beweglichen Rinne Q gehemmt, da alsdann das aus der Trommel ausströmende Wasser einfach in den Holländerkasten zurückfällt.

Es erscheinen diese Waschtrommeln in der That als eine sehr wesentliche Vervollkommnung, denn indem man zunächst das schmutzige Wasser gleichzeitig durch die Waschscheiben und die Waschtrommel abfliessen lässt, bewirkt man einen sehr starken Wasserwechsel und dadurch natürlich schnelle Reinigung, so dass man die Walze des Halbzeugholländers bereits nach 45 Minuten dem Grundwerke nähern kann. Sobald dies aber geschieht, wird durch Schliessung der Waschscheiben jeder Verlust an zerrissenem Zeuge vermieden und das Waschen nur durch die Trommel bewirkt. — In den Ganzzeugholländern, wo man nun die Waschscheiben gänzlich wegfallen lassen kann, treten beide Vortheile noch deutlicher hervor: einmal geht kein Stoff verloren und zweitens kann die Walze sogleich auf das Grundwerk gesenkt werden, was ohne Waschtrommel erst nach völligem Auswaschen der Bleichflüssigkeit geschehen durfte. — Bei gehöriger Benutzung dieser Erfindung beträgt die Stoffersparniss gegen 6 bis 8 pCt., die Zeitersparniss gegen 15 pCt. im Vergleich zu der Anwendung von Waschscheiben, in der That ein sehr bedeutender Vortheil. Nichtsdestoweniger haben diese Waschtrommeln in Deutschland theils schwierig Eingang gefunden, theils sind sie selbst in Fabriken, in denen sie bereits angewendet wurden, wieder verworfen worden. Es wird hierfür öfters als Grund angegeben, dass das Werfen des Zeuges gegen die Waschscheibe eine kräftigere Wäsche gebe; derselbe erscheint jedoch nicht recht stichhaltig, denn der Zeug wird bei Anwendung der Waschtrommeln ja immer noch gegen die blinden Scheiben geworfen. Wahrscheinlicher scheint es uns, dass Mangel an hinreichendem Wasser, welches sie allerdings in bedeutender Menge consumiren, in den meisten Fällen der Grund ihrer Verwerfung war, auch mag wohl hin und wieder der Zeug im Holländer durch sie gestört worden sein.*)

Die Arbeit im Halbzeugholländer dauert ungefähr 2 Stun-

---

*) Millbourn (Polytechnisches Journal von Dingler, Bd. CV, p. 403) bringt die Waschtrommel ganz in der Nähe des Kropfes an und glaubt dadurch ihre Wirkung zu erhöhen, was wohl zu bezweifeln ist.

den, kürzer für weiche und reine, länger für grobe und schmutzige Lumpen, und man hält zum Betrieb eines solchen Holländers eine Kraft von 5 Pferden erforderlich.

Der gewonnene Halbzeug wird nun entweder sofort in den Ganzzeugholländer abgelassen und weiter verarbeitet, oder ist er zum Bleichen bestimmt, auf die eine oder die andere der in Abschn. V. weitläufig auseinandergesetzten Methoden behandelt. Soll der Halbzeug in der Chlorkalkbleiche gebleicht werden, so mahlt man ihn gewöhnlich etwas feiner, als wenn er für Gasbleiche bestimmt ist.

Der gebleichte Halbzeug wird darauf im Ganzzeugholländer einer ähnlichen Behandlung unterworfen, wie die Lumpen im Halbzeugholländer, denn auch hier ist die erste Aufgabe, durch Waschen die zum Bleichen angewandten Substanzen, so wie etwa vorhandene freie Säure und Chlor aus dem gebleichten Halbzeuge zu entfernen, da diese entschieden einen nachtheililigen Einfluss auf die Haltbarkeit des aus solchem Stoffe angefertigten Papieres ausüben.

Die Quantität der auszuwaschenden Substanz wird aber sehr vermindert, daher der Process des Waschens sehr beschleunigt, wenn man den in irgend einer bleichenden Flüssigkeit, Chlorwasser, Chlorkalkauflösung mit oder ohne Säure, gebleichten Halbzeug nach dem Bleichen in gleicher Weise auspresst, wie den zur Gasbleiche bestimmten Halbzeug vor der Bleiche. Hierdurch wird einmal die noch bleichend wirkende Flüssigkeit fast vollständig wieder gewonnen und dann dem Holländer das Auswaschen von so geringen Quantitäten für die Haltbarkeit des Papieres schädlicher Substanzen zugemuthet, dass man der Anwendung chemischer Reagentien gänzlich überhoben ist, um die Wirksamkeit derselben zu zerstören.

In manchen Fabriken hat man zum Auswaschen des Halbzeuges besondere Holländer aufgestellt, die dann gewöhnlich um eine Holländerhöhe höher stehen als die Ganzzeugholländer, so dass der ausgewaschene Zeug unmittelbar in diese abgelassen werden kann. Die Ganzzeugholländer sind dann nur zum Mahlen eingerichtet, sie haben weder Waschtrommeln noch Waschscheiben, sondern nur eine eng um die Walze anschliessende Haube. — Die Waschholländer können, da sie ihrerseits nicht zum Mahlen bestimmt sind, nur leicht gebaut und mit leichter Walze versehen sein, so dass sie durch geringe Kraft, mittelst Riemscheiben, in Bewegung zu setzen sind.

Die Aufstellung solcher besonderen Waschholländer setzt sehr grosse Räumlichkeiten und einen Ueberfluss an Betriebskraft voraus, jedoch wo diese beiden vorhanden sind, kann sie auf die Fabrikation nur einen günstigen Einfluss ausüben, da unbedingt jede einzelne Operation, wie das Waschen und Mahlen, mit grösserer Sorgfalt geleitet werden wird, wenn sie in getrennten Apparaten vorgenommen werden, als wenn ein und derselbe Apparat zu beiden Zwecken gleichzeitig dient. Die Höhe ihrer Aufstellung macht es leicht, das von ihnen abfliessende Wasser als Waschwasser im Halbzeugholländer zu benutzen, wo es durch seinen Gehalt an bleichender Substanz viel wirksamer als reines Wasser ist. — Früher war man stets darauf bedacht, die Halbzeugholländer höher zu stellen als die Ganzzeugholländer, um den Zeug beim Leeren der ersteren unmittelbar in die letzteren leiten zu können, doch in neuester Zeit, wo man fast jeden Halbzeug zu bleichen genöthigt ist, ehe man ihn im Ganzzeugholländer weiter verarbeiten kann, möchte es fast vortheilhafter erscheinen, die Halbzeugholländer tiefer zu stellen als die Ganzzeugholländer, dann könnte man eben stets das Waschwasser des Ganzzeugholländers zugleich auch zum Waschen der Lumpen im Halbzeugholländer verwenden.

Ein möglichst sorgfältiges Waschen des gebleichten Halbzeuges ist unerlässlich, denn die geringste Menge Schwefelsäure, welche in dem Ganzzeuge bleibt, wird dadurch, dass sie schwerer als Wasser sich verflüchtigt, und daher beim Trocknen des Papieres immer concentrirter und fähig wird, zerstörend auf die organische Faser zu wirken, ausserordentlich nachtheilig für die Haltbarkeit des Papieres; dasselbe gilt von freier Salzsäure und auch von Chlor, welches, noch ehe der Ganzzeug in Papier umgewandelt ist, sich mit der organischen Substanz verbindet und später als Salzsäure wieder zum Vorschein kommt.

Hat man zum Bleichen nur Chlorkalk angewendet, ohne Zusatz von Säure, so ist die Quantität des freien Chlors, welches aus der geringen Menge unterchloriger Säure herrührt, die durch die Kohlensäure der atmosphärischen Luft aus ihrer Verbindung mit Kalkerde ausgeschieden wird und im Moment ihres Freiwerdens in Chlor und Sauerstoff zerfällt, so unbedeutend, dass nach einem sorgfältigen Auswaschen ein nachtheiliger Einfluss desselben nicht mehr zu befürchten ist. — Nicht so verhält es sich aber, wo man durch Zusatz von Schwefelsäure oder Salzsäure die Wirksamkeit des Chlorkalks beschleunigte und erhöhte. Freie Säuren und noch vorhandenes freies Chlor sind auch in diesem Falle durch anhaltendes Waschen und selbst durch kürzeres Waschen unter Zusatz von die Wirksamkeit jener Körper aufhebenden Substanzen ziemlich leicht und sicher zu entfernen oder wenigstens unschädlich zu machen. Solcher Substanzen giebt es sehr viele, doch eignen sich wieder vorzugsweise die kohlensauren Salze von Kali oder Natron, also Pottasche oder Soda, hierzu. Unter Entweichen von Kohlensäure werden alsdann schwefelsaures Kali oder Natron und Chlorkalium oder Natrium, lauter unschädliche Salze, gebildet. Allein das Chlor, welches bereits seine zerstörende Wirkung auf die organische Substanz begonnen hat, kann auf diese Art nicht beseitigt werden.

Es wurde bemerkt, dass das Chlor zerstörend auf alle organische Gebilde wirke, indem es ihnen Wasserstoff entziehe und sich damit zu Chlorwasserstoffsäure verbinde; hiermit ist nun zwar das Hauptresultat, nicht aber der Verlauf des Processes der Wechselwirkung von Chlor und organischer Substanz bezeichnet.*) Dieser besteht nämlich darin, dass das Chlor sich zunächst mit organischer Substanz verbindet und aus dieser Verbindung erst im Laufe der Zeit als Chlorwasserstoffsäure wieder hervortritt. In jenem gebundenen Zustande nun wird das Chlor von kohlensauren Alkalien und chemisch ähnlich wirkenden Körpern nicht aufgenommen, und man mag Papierstoff, welcher Chlor in diesem Zustande enthält, noch so lange mit jenen Substanzen waschen, so wird man dadurch nicht vermeiden, dass nach einiger Zeit dennoch das Chlor als Chlorwasserstoffsäure zum Vorschein kommt und seine zerstörende Wirkung auf das nun fertige Papier ausübt. — Man kann sich leicht von der Wahrheit des hier Gesagten überzeugen, wenn man ein Papier, zu dessen Darstellung viel in der Gasbleiche gebleichter Halbzeug verwendet worden, mit destillirtem Wasser oder einer Auflösung von kohlensaurem Natron behandelt; es wird

---

*) Nach Bastick (Polytechnisches Journal, Bd. CIX, p. 221) würde die organische Substanz durch Chlor vorzugsweise unter Bildung von Ameisensäure zerstört werden.

keine Spur von Chlor, die durch eine Auflösung von salpeter-
saurem Silberoxyd leicht zu erkennen wäre, an dieselben abtreten, wogegen sich der Chlorgehalt in der Asche sehr deutlich wird nachweisen lassen, wenn das Papier nach dem Eintauchen in eine verdünnte Lösung von reinem kohlensaurem
Natron getrocknet und dann verbrannt wird. Auch wenn man
das Papier mit einem dünnen Stärkekleister überstreicht, dem
man etwas Jodkalium zugesetzt hat, so wird eine violette oder
blaue Färbung des Kleisters ebenfalls den Chlorgehalt des Papieres beweisen.

Es ist nämlich das Jod ein ausserordentlich empfindsames
Reagens auf Stärkemehl und umgekehrt, indem, wo immer
diese beiden Körper im freien Zustande mit einander in Berührung kommen, sie je nach ihrem beiderseitigen Concentrationszustande eine violette, tief dunkelblaue, ja schwarze Verbindung
herstellen. Im Jodkalium ist, wie schon der Name andeutet,
das Jod an Kalium gebunden und kann in diesem Zustande
nicht auf Stärkemehl einwirken; kommt aber Chlor mit Jodkalium in Berührung, so wird Chlorkalium gebildet und Jod in
Freiheit gesetzt, welches sich sogleich an der Färbung des
Stärkemehls zu erkennen giebt. Es ist daher ein dünner, mit
Jodkaliumauflösung versetzter Stärkemehlkleister (1 Theil Stärkemehl in 3 Theilen kochenden Wassers aufgelöst und 1 Theil
Jodkalium zugesetzt, in gut verschlossener Flasche aufbewahrt)
das beste Mittel, um sich zu überzeugen, ob ein Papier Chlor
in solchem Zustande enthält, der für die Haltbarkeit von Nachtheil sein kann.*) Es wird das zu prüfende Papier, gleichviel
ob geleimt oder ungeleimt, mit jenem Kleister überstrichen und
nach einiger Zeit zeigt sich bei Vorhandensein des Chlors eine
deutliche violette oder blaue Färbung. Es braucht kaum erwähnt zu werden, dass, wenn man beim Auswaschen des Halbzeuges die Entfernung des freien Chlors und der Säuren durch
Zusatz von Soda beschleunigte und das Papier daher Chlornatrium enthält, dieses Chlor des Chlornatriums durch jenen
Kleister nicht angezeigt wird, da es ja bereits in fester Ver-

---

*) Man kann auch das Papier nur mit einer Auflösung von Jodkalium be-
netzen; erscheinen hier und da dunkle Flecke, so enthält das Papier freies
Chlor oder freie Säure, die Reaction ist jedoch nicht so in die Augen fallend,
wie obige.

bindung sich befindet, in welcher es aber auch keinen in irgend einer Art nachtheiligen Einfluss auf die Haltbarkeit des Papiers ausübt. Es schien indess nöthig, hierauf aufmerksam zu machen, damit, wenn Stärkekleister kein Chlor angezeigt hat und solches dennoch in der Asche des Papiers gefunden worden ist, man nicht geneigt sei, der Methode den Vorwurf der Ungenauigkeit zu machen.

Jenes Chlor nun, welches durch kaustische und kohlensaure Alkalien nicht aus dem Papierstoffe entfernt, aber dennoch im fertigen Papier mittelst Jodkalium und Stärkekleister nachgewiesen werden kann, lässt sich nichtsdestoweniger durch Wasserstoff aus seiner Verbindung mit der organischen Substanz ausscheiden. Wenn man daher der Holländerflüssigkeit eine Substanz zusetzt, die auflöslich sich überall gleichmässig vertheilt und überall Wasser zersetzt, indem sie sich mit dem Sauerstoff zu einem unschädlichen Körper verbindet, während der Wasserstoff frei wird, so wird diese Substanz unbedingt ein vortreffliches Mittel sein, um den nachtheiligen Folgen des Chlorgehaltes im Papier vorzubeugen. — Solche Substanzen sind aber fast alle unterschweflig- und schwefligsaure Salze, und unter ihnen hat sich das schwefligsaure Natron durch bequeme Darstellung und Aufbewahrung als besonders geeignet zur Erreichung jenes Zweckes bewiesen. Schwefligsaures Natron nebst kohlensaurem Natron sind daher die wesentlichen Bestandtheile des in neuerer Zeit mit so grossen Anpreisungen in den Handel eingeführten Antichlors. — Wird dieses Antichlor in Wasser gelöst, dem auszuwaschenden Stoff im Holländer zugesetzt, so beginnt überall in der Flüssigkeit eine Wasserzersetzung, indem der Sauerstoff des Wassers an die schweflige Säure tritt und das schwefligsaure Natron in schwefelsaures Natron (Glaubersalz) verwandelt, während der Wasserstoff mit dem Chlor Chlorwasserstoffsäure erzeugt, die augenblicklich auf das kohlensaure Natron einwirkt, die Kohlensäure austreibt und Chlornatrium (Kochsalz) bildet. Es entstehen also zwei unschädliche Salze und der Zeug wird vollständig von Chlor befreit. Man setzt das Antichlor erst der Masse zu, wenn man den Waschprocess bald beschliessen will; man braucht alsdann nur geringe Mengen von demselben, da nur das an organische Substanz gebundene Chlor dadurch entfernt werden soll. Die Quantität schwankt zwischen $\frac{1}{2}$ und 2 Loth und richtet sich nicht nur nach der Güte des Antichlors, d. h. nach dessen Gehalt an schwefligsaurem Natron, sondern auch ganz besonders, ob der Stoff in der Gasbleiche oder in Chlorkalkauflösung gebleicht wurde und wie lange er der Wirkung des Chlors oder der Chlorkalkauflösung ausgesetzt war; es ist hier wiederum anzurathen, den Zeug mit dem Jodkaliumkleister zu untersuchen, ehe man das Waschen aufhebt, denn bewirkt dieser noch eine blaue Färbung, so ist noch zu wenig Antichlor hinzugethan. Das käufliche Antichlor zeigt aber auch eine sehr wechselnde Güte, so dass die obigen Quantitäten oft sehr bedeutend überschritten werden müssen, und da die Darstellung des schwefligsauren Natrons so überaus einfach ist, so kann dem Fabrikanten nur gerathen werden, sich das Antichlor selbst anzufertigen. Ein in irgend einem Zweige der Fabrikation angestellter zuverlässiger Arbeiter kann die Darstellung zugleich nebenbei besorgen.

Die einfachste Methode der Darstellung möchte wohl folgende sein: Man mengt 1 Pfund fein geriebenes krystallisirtes kohlensaures Natron mit 10 Loth Schwefelblumen und erhitzt das Gemenge in einer Porzellanschale unter fortwährendem Umrühren, wodurch sich eine Schwefelleber bildet, die beim stärkeren Erhitzen in schwaches Glühen geräth und zu schwefligsaurem Natron verbrennt. Diese Masse kann, mit kohlensaurem Natron oder Kali vermengt, unmittelbar als Antichlor benutzt werden, denn ein etwaiger Antheil unverbrannten Schwefelnatriums ist nicht nachtheilig, indem derselbe nach und nach sich ebenfalls zu schwefligsaurem Natron oxydirt.

Krystallisirt und in reinster Form erhält man das schwefligsaure Natron, wenn man in eine Auflösung von Natron oder kohlensaurem Natron bis zur Neutralisation schwefligsaures Gas leitet.

Um den Fabrikanten in den Stand zu setzen, auch dieses Fabrikat sich selbst zu bereiten, müssen wir die Operation etwas genauer beschreiben.

Schweflige Säure heisst das stechend riechende, stark zum Husten reizende Gas, welches an der Luft verbrennender Schwefel ausstösst. Man erhält dasselbe Gas, wenn man der höheren Oxydationsstufe des Schwefels der Schwefelsäure durch oxydirbare Körper den Sauerstoff entzieht, welchen sie mehr als die schweflige Säure enthält. Solche oxydirbare Körper sind unter vielen anderen Stroh, Holz in Form von Sägespähnen, Kohle u. s. w. Diese überall leicht zu beschaffenden Substanzen werden hauptsächlich zur Darstellung grösserer Mengen schwefliger Säure angewandt.

In einem geräumigen Kolben (Fig. 32) wird 1 Gewichtstheil gepulverte Kohle mit 12 Gewichtstheilen concentrirter englischer Schwefelsäure vermischt und am besten über der Spirituslampe erhitzt. Bei erhöhter Temperatur beginnt sehr bald die desoxydirende (Sauerstoff entziehende) Wirkung der Kohle auf die Schwefelsäure; diese letztere verliert den dritten Theil ihres Sauerstoffs und geht in schwefligsaures Gas über, während der Kohlenstoff durch Aufnahme jenes Sauerstoffs in Kohlensäure verwandelt wird. Schweflige Säure und Kohlensäure treten gemeinschaftlich durch das Gasleitungsrohr in das Zwischengefäss C, welches zum Theil mit Wasser gefüllt ist, in welches das Gasleitungsrohr b einige Linien tief eintaucht. Die beiden gasförmigen Säuren sind mithin genöthigt, ihren Weg durch das Wasser fortzusetzen, welches allen mitgeführten Dampf, alle mechanisch fortgerissene Schwefelsäure und Kohlenstaub zurückhält. Die Oeffnung des Zwischengefässes ist durch einen doppelt durchlöcherten Kork verschlossen, in dessen eine Bohröffnung ein etwa $\frac{3}{8}$ Zoll weites, an beiden Enden offenes Glasrohr befestigt ist, welches bis auf die Oberfläche des Wassers reicht, und durch welches das Gasleitungsrohr b in das Zwischengefäss eintritt. Es vertritt dieses weitere Rohr die Stelle eines besonderen Sicherheitsrohres, denn wenn durch irgend welche Ursachen in dem Kolben a eine Abkühlung oder in der Fortsetzung des Apparates eine Stopfung eintritt, so kann in letztem Falle nur ein sehr geringer Theil des Wassers aus dem Zwischengefässe in den Kolben a übertreten, es wird, sobald es in dem Rohre b in die Höhe steigt, sehr bald die untere Oeffnung des weiteren Rohres frei und erlaubt ein Entweichen der sich ansammelnden Gase. Steigt aber das Wasser in Folge einer Abkühlung des Kolbens a, so kann ebenfalls nur ein geringer Theil des Wassers bis in diesen Kolben gelangen, da, sobald die untere Oeffnung des Rohres b frei wird, wiederum die Luft Zutritt hat, und diese verhindert denn auch, dass aus dem letzten Apparat die Flüssigkeit in das Zwischengefäss steigen kann. Die zweite Durchbohrung nämlich des Korkes, welcher die Oeffnung des Zwischengefässes verschliesst, dient zur Aufnahme eines zweiten

Gasleitungsrohres *d*, welches Kohlen- und schweflige Säure in die Auflösung von kohlensaurem Natron führt. Die Kohlensäure des letzteren wird durch die schweflige Säure aus ihrer Verbindung ausgeschieden und schwefligsaures Natron gebildet, welches man nach dem Abdampfen der Auflösung in prismatischen Krystallen erhält. — Diese Art der Darstellung hat den Uebelstand, dass man schwer den Moment erkennt, wo die Umwandlung des kohlensauren Natrons in schwefligsaures erfolgt ist; man wird leicht zu viel schwefligsaures Gas hinzutreten lassen, und dann ein mit saurem schwefligsaurem Natron vermischtes schwefligsaures Salz bekommen, oder zu wenig, und einen Theil kohlensaures Natron unzersetzt lassen. — Beide Beimengungen sind zwar der Anwendung des Salzes als Antichlor in keiner Weise hinderlich, da kohlensaures Natron ohnehin dem schwefligsauren Salze beigemischt wird und das saure schwefligsaure Natron gleiche Veränderung wie das neutrale erleidet, allein sie geben zu falschen Schlüssen über die Wirksamkeit des Mittels Veranlassung, und wer eine geringe Mühe mehr nicht scheut, wird immer das vollkommenere Produkt dem weniger reinen vorziehen. Um jenes aber zu erhalten, setzt man die Hälfte einer kaustischen Natronlösung der Einwirkung von schwefligsaurem Gase aus, bis die Auflösung deutlich sauer reagirt, was an der Röthung des blauen Lackmusspapiers leicht zu erkennen ist. In der Auflösung ist nur saures schwefligsaures Natron enthalten, welches man durch Zusatz der zweiten Hälfte der Natronlösung in das neutrale Salz verwandelt, das beim Abdampfen in Krystallen anschiesst.

Das im Handel vorkommende **wasserfreie Antichlor**, welches auf die Art bereitet wird, dass man 1 Pfd. Sägespähne mit 3 Pfd. Schwefelsäure von 66° Beaumé in einem Glaskolben erhitzt, das sich entwickelnde Gas durch Wasser leitet, und dann auf 4 Pfund wasserfreies kohlensaures Natron, welche auf mit Leinewand überspannten Eisenringen schichtweise in einem passenden Gefässe vertheilt sind, ist ein Gemisch von saurem kohlensaurem und schwefligsaurem Natron.

Dass das Antichlor, auf welche Weise auch immer bereitet, gegen den Zutritt der Luft gut geschützt aufbewahrt werden muss, geht aus seiner leichten Oxydirbarkeit, der zu Folge es ja sogar das Wasser zu zersetzen im Stande ist, zur Genüge hervor, und jedes käufliche oder längere Zeit aufbewahrte Antichlor enthält grössere oder geringere Beimischungen von schwefelsaurem Natron.

Bisweilen findet man als Antichlor das unterschwefligsaure Natron angegeben, z. B. Polyt. Journal von Dingler, Jahrg. 1846, Bd. C, S. 76; Deutsche Gewerbezeitung Nr. 43,. 1846; Journal für Papier- und Pappenfabrikation, 5. Heft. — Dieses unterschwefligsaure Salz entsteht, wenn man schwefligsaures Natron mit Schwefel behandelt; es tritt alsdann die schweflige Säure an noch einmal so viel Schwefel, als sie selbst enthält, die Hälfte ihres Sauerstoffs ab, und Schwefel und schweflige Säure gehen dadurch in unterschweflige Säure über, die mit dem Natron sich verbindet. Eine Auflösung dieses Salzes setzt nach und nach Schwefel ab und verwandelt sich in schwefligsaures Salz, welches dann, wie schon erwähnt, durch Wasserzersetzung in schwefelsaures übergeht. — Es leuchtet hiernach von selbst ein, dass es fehlerhaft ist, unterschwefligsaures Natron als Antichlor zu benutzen, denn dem schon fertigen Antichlor, dem schwefligsauren Natron, noch einmal so viel Schwefel beizubringen als es bereits enthält, und welcher erst wieder ausscheiden muss, ehe die Wirksamkeit beginnt, ist offenbar Vergeudung an Materialien und Zeit. — Zwar giebt es noch andere Darstellungsmethoden, doch laufen sie bei näherer Betrachtung fast alle auf die hier angegebene heraus, wenigstens ist keine einfacher als die Darstellung des schwefligsauren Natrons. *)

Sobald nun durch Waschen und Antichlor alle durch die Bleiche dem Halbzeuge imprägnirten, dem Papier nachtheiligen Substanzen entfernt sind, wird der Holländer verschlagen und durch successives Annähern der Walze an das Grundwerk der Halbzeug nach und nach in Ganzzeug verwandelt.

Wir haben bereits mehrfach erwähnt, dass, je weicher und langgemahlener der Stoff, desto kerniger und fester das daraus erhaltene Papier sei, und dass solcher Stoff nur durch nicht übereilte Arbeit und durch mässig scharfe Grundwerk- und Walzenschienen gewonnen werden könne. Schräg gestellte Grundwerkschienen, scharfe Messer in Walze und Grundwerk, rasches

---

*) Statt des schwefligsauren Natrons kann auch Zinnchlorür — erhalten durch Auflösen von Zinndrehspähnen in Salzsäure bei überschüssig vorhandenem Zinn — als Antichlor benutzt werden, da dasselbe, mit freiem Chlor in Berührung kommend, es sehr begierig anzieht und in Zinnchlorid übergeht.

Senken der **Walze**, werden allerdings die Arbeit in hohem Grade fördern und in Quantität erwünschte Resultate geben, allein das Fabrikat wird in Rücksicht der Qualität viel zu wünschen übrig lassen. In England ist man ganz vorzüglich darauf bedacht, die Qualität nicht der Quantität zu opfern und hat sogar neuerdings vielfältig mechanische Vorrichtungen angewandt, um die Arbeit des Holländers an eine bestimmte Zeitdauer zu binden und diese von dem Ermessen des Arbeiters unabhängig zu machen.

Eine solche mechanische Vorrichtung ist die von Thomas Wrigley erfundene und beschriebene *Self-acting ragengine*[*]), welche die Aufgabe gelöst haben soll: in einem Minimum von Zeit und mit einem Minimum von Kraftaufwand ein Maximum guten Stoffes herzustellen.

Wir würden nicht im Stande sein, diese Vorrichtung deutlicher zu beschreiben, als es der Verfasser des unten näher bezeichneten Schriftchens gethan hat, und da wir uns hierdurch zugleich am vorurtheilfreisten beweisen, so wollen wir uns in folgender Darstellung der eigenen Worte jenes Verfassers bedienen.

Fig. 31. Seitenansicht eines mit dem Selbstarbeiter versehenen Holländers.

Fig. 33. Seitenansicht des Selbstarbeiters.

Fig. 34. Obere Ansicht des Selbstarbeiters.

Fig. 35. Profil des Steigrades.

a) Gestell des Selbstarbeiters. Es wird entweder an die Stelle der bisherigen Lichter- (Stell-) Schraube auf dem Rande des Holländers befestigt, oder an letzteren seitwärts ein kleines Untergestell angebracht, worauf der Selbstarbeiter zu stehen kommt. Da der Apparat sehr kleine Dimensionen hat, so findet sich der erforderliche Raum an jedem Holländer.

b) Triebscheibe mit 3 Einschnitten von abnehmendem Durchmesser.

c) Kleine, mit *b* correspondirende Triebscheibe, die am äussersten Ende der Walzenstange befestigt ist, und von der aus, mittelst eines Laufbandes, die Scheibe *b* in Bewegung gesetzt wird.

---

*) Beschreibung des patentirten Holländers von Th. **Wrigley**, Papierfabrikanten in **Burg Lancashire**. Aus dem Englischen übersetzt von **W. G. Siegen**. **1847.**

d, d', f, f', g, g') Ein System von endlosen Schrauben und Getrieben, um die Schnelligkeit der ersten Bewegung zu reduciren.

h) Bolzen, welcher, gerade wie die bisherigen Lichterschrauben, am Ende des Lichters (Tragebank) befestigt ist.

i) Stellmutter am oberen Ende des Bolzens h.

k) Doppelarm, durch welchen der Bolzen h vierkantig hindurch geht.

l) Das Steigrad. Dasselbe wird in das horizontale Rad g' eingelegt und hierdurch in Bewegung gesetzt; diese Bewegung ist indess durch die Vorgelege bis auf ungefähr eine halbe Drehung in zwei bis drei Stunden heruntergebracht. Der Doppelarm k ruht auf dem oberen Rande des Steigrades, dessen Form Fig. 35 zeigt. Diese Form hat den Zweck, die Holländerrolle zu irgend einer beliebigen Zeit und mit beliebiger Geschwindigkeit auf die Platte zu senken, solche eine gewisse Zeitlang in dieser Lage zu lassen und nachher wieder zu lüften. Wie sich diese Bewegungen vom Steigrad aus der Holländerrolle mittheilen, ist aus der Zeichnung leicht ersichtlich, da nämlich der auf dem Rande des Steigrades aufliegende Doppelarm k die ganze Last der Rolle trägt, womit er durch den Lichter und den Bolzen h in Verbindung steht. Wie sich nun das Steigrad mit seinen ab- und ansteigenden Flächen unter dem Doppelarm k wegschiebt, muss sich auch die Holländerrrolle senken oder heben; so lange indess die horizontalen Partieen des Randes den Doppelarm passiren, kann die Rolle ihre Lage nicht verändern. So lange der Doppelarm k auf der Fläche 0—2, Fig. 35, ruht, bleibt die Walze gleichmässig weit von der Platte entfernt, wie solches beim Waschen erforderlich ist. Von 2 bis 10 passirt der Arm die absteigende Fläche und nähert dadurch die Rolle immer mehr der Platte. Von 10 bis 16 ist der Rand horizontal und bleibt also, so lange dieser Theil passirt, die Rolle in gleichmässigem Contakt mit der Platte. Der Grad, in dem dieser Contakt stattfinden soll, also die Pressung zwischen Rolle und Platte, war vorher mittelst der Stellmutter regulirt worden. Die Steigung von 16—20 bewirkt schliesslich wieder eine Hebung der Walze, um den Stoff zu (schlagen) klären. Der obere Rand des Steigrades dirigirt solchergestalt die Bewegung der Rolle; er muss deshalb gestaltet werden, wie das zu verarbeitende Material es erfordert. Das Steigrad l ist deshalb so in das horizontale Rad g' eingelegt, dass es leicht und schnell herausgenommen und durch ein anders geformtes ersetzt werden kann. Die Zeit, welche der Stoff überhaupt im Holländer zubringen soll, wird natürlich durch die verschiedenen Schnelligkeiten regulirt, die durch die correspondirenden Einschnitte der beiden Triebscheiben b c bewirkt werden. Welche Zeitverhältnisse aber die verschiedenen Operationen des Waschens, Senkens, Mahlens und Schlagens zu einander haben sollen, dies wird durch die Gestalt bestimmt, welche man dem oberen Rande des Steigrades l giebt. Wie stark endlich der Holländer während des Mahlens auf der Platte liegen soll, bestimmt die Stellmutter i.

Eine Zwingschraube, damit die Stellmutter i sich nicht von selbst drehe, ferner eine Vorrichtung, um das Heben der Rolle auch mit der Hand bewirken zu können, und endlich eine Vorrichtung, wodurch sich das Rädchen f ausrückt, wenn das Steigrad l einen halben Umgang gemacht hat, der Holländer also fertig ist, sind auf der Zeichnung weggelassen, um sie nicht unnöthig zu compliciren.

Um vorher zu bestimmen, wie stark ungefähr die Rolle auf die Platte gelassen werden soll, rückt man das kleine Getriebe f aus und dreht das Steigrad mit der Hand, bis der Doppelarm ungefähr bei 8, Fig. 35, aufliegt. Nun senkt man mittelst der Stellmutter i die Rolle so lange, bis man sie eben leise die Platte berühren hört. Die Stellmutter wird nun durch eine kleine Zwingschraube befestigt, das Steigrad zurückgedreht, bis der Arm k bei 0 aufliegt, der Holländer eingetragen und der Selbstarbeiter in Gang gesetzt. Weiss man bereits die Zeit, die der betreffende Stoff zum Waschen und zur Verkleinerung nothwendig hat, so legt man das Laufband in einen solchen Einschnitt der Triebscheiben, welcher mit dieser Zeit correspondirt. Wie die Verkleinerung des Stoffes voranschreitet, zeigt es sich, ob wohl der Stoff klein genug werde innerhalb der Zeit, die das Steigrad zu einer halben Drehung nöthig hat. Je nachdem man sieht, dass er zu lang oder zu kurz werden würde, senkt oder hebt man die Rolle noch etwas mittelst der Stellmutter i.

In neun Fällen unter zehn wird man es unnöthig finden, beim

Wechseln mit verschiedenen Sorten ein anders geformtes Steigrad einlegen zu müssen; die Regulirung der Zeit durch die verschiedenen Einschnitte in den Triebscheiben, oder das Heben und Senken der Rolle durch die Stellmutter wird in den meisten Fällen genügen.

Es bedarf blos einer gründlichen Untersuchung der Principien des Selbstarbeiters, um zu der festen Ueberzeugung zu gelangen, dass er für jeden Zweck dienen kann, und mit dieser Ueberzeugung und nur wenig Erfahrung wird es jedem leicht werden, ihn allen verschiedenen Sorten oder Verhältnissen anzupassen. —

Ein erfahrener, umsichtiger und aufmerksamer Arbeiter kann auch durch den vollkommensten Mechanismus nicht ersetzt werden, und so ist denn auch nicht zu läugnen, dass ein solcher Arbeiter mit scharfen Schienen in der Walze, wie sie auch bei Anwendung des Selbstarbeiters in Brauch sind, einen gleich guten, ja wohl noch besseren Stoff in gleicher, vielleicht noch kürzerer Zeit liefern wird; denn während es in seiner Gewalt steht, die Walze eben so langsam dem Grundwerke zu nähern, als es der Selbstarbeiter thut, ist er zugleich im Stande, die geringsten Nüancirungen des Zeuges zu beachten und den Gang des Holländers darnach zu reguliren, die Walze längere Zeit in einer Lage festzuhalten, wenn es die Natur des Stoffes erheischt, oder sie rascher zu senken, wo es der Zeug erlaubt. Allein es ist eben die Schwierigkeit, solche Tag und Nacht mit gleicher Aufmerksamkeit ihrem Geschäfte obliegende Arbeiter zu finden, und in Ermangelung dieser muss zugestanden werden, dass der eben beschriebene Mechanismus allen billigen Anforderungen entspricht, und die enorme Vergrösserung des Betriebes, wie solche jene angeführte Schrift nachweist, vornehmlich in der Regelmässigkeit ihren Grund hat, welche durch diese Vorrichtung in die Arbeit gebracht wird. Uebrigens hat dieser Selbstarbeiter kleine Dimensionen; er ist compakt in seiner Form, dauerhaft in seinen Theilen und lässt sich leicht, und meistens ohne Aenderung des Bestehenden, an jedem Holländer anbringen, daher seine Einführung mit keinen Schwierigkeiten verbunden ist. Nur muss der Fabrikant, nachdem er sich einen Selbsarbeiter hat anfertigen lassen, nicht glauben, dass er nun aller Mühe und Aufsicht überhoben sei, sondern im Gegentheil wird seine Aufmerksamkeit anfänglich doppelt in Anspruch genommen werden.

Wir überlassen es einem Jeden, sich in der angeführten Schrift des Näheren zu belehren, und machen nur noch darauf aufmerksam, dass die Einführung des Selbstarbeiters ganz besonders da auf Schwierigkeiten stossen wird, wo eine sehr wechselnde Wasserkraft zum Betriebe benutzt wird, und wo man im Ganzzeugholländer Halbzeug aus sehr verschiedenen Lumpen mit einander mischt. Hierin mag auch die Ursache liegen, dass viele Fabriken, die sich bereits des Selbstarbeiters bedienten, denselben wieder verworfen haben.

Bezüglich der Mischung des Halbzeuges im Ganzzeugholländer werden überhaupt sehr häufige Fehler begangen, die bedeutende Verluste zur Folge haben. Das beste Verfahren ist unbedingt, zu jeder Papiersorte auch eine bestimmte Lumpensorte zu verwenden. Fabriken jedoch, die sich vorzugsweise mit der Anfertigung gewisser Papiersorten beschäftigen, werden fast nie im Stande sein, dasselbe aus ein und derselben Lumpensorte anzufertigen, sondern sie werden sich genöthigt sehen, auch die übrigen Nummern ihrer Sortirung durch Kochen und Bleichen zur Anfertigung jenes Papiers tauglich zu machen; allein bei der Vermischung der verschiedenen Sorten ist die grösste Aufmerksamkeit nöthig; denn es ist klar, dass ein bedeutender Verlust unvermeidlich ist, sobald man den Halbzeug einer an sich feinen Lumpe mit dem gebleichten Halbzeuge einer starken, gekochten Lumpe vermischt, da, während die letztere noch immer zu waschen nöthigt, erstere bereits anfängt, in feinen Stoff verwandelt zu werden. Bei zwei Halbzeugsorten, deren relative Festigkeit man einigermaassen kennt, wird man diesen Uebelstand zum grossen Theil dadurch beseitigen können, dass man die feinere, geringeres Waschen erfordernde später einträgt als die stärkere; allein mehr als zwei Sorten zu mengen, erscheint durchaus verwerflich. Dagegen kann es sogar oft vortheilhafter sein, zwei Sorten auf einmal zu vermahlen als eine, wenn man nämlich Leinen mit Kattun vermischt. Ein solcher Zusatz von Kattun ist ganz besonders bei Druckpapieren in mehrfacher Hinsicht zu empfehlen. Erstens bekommt das Papier dadurch einen gewissen Grad von Weichheit und nimmt die Druckerschwärze besser an, als ein nur aus leinenen Lumpen verfertigtes; dann bleicht sich Kattun viel leichter als Leinen, so dass er zur Weisse des Papiers viel beiträgt, und endlich verbessert und beschleunigt ein Zusatz von Kattun die Arbeit im Holländer. Um nämlich einen langen und weichen Stoff zu erhalten, ist es, zumal bei scharfen Schienen in Walze und Grundwerk, von Wichtigkeit, den Holländer möglichst stark zu betragen; die grössere Masse des sich alsdann gleichzeitig zwischen Walze und Grundwerk hindurchdrängenden Halbzeuges sind die Schienen der ersteren nicht im Stande zu durchschneiden, sondern es findet vielmehr ein Zerquetschen und Zerreissen statt, wie es zur Erzeugung eines guten Stoffes nothwendig ist. Hat man aber den Holländer nur mit Halbzeug von einer kräftigen Lumpenart betragen, so ist klar, dass, je stärker die Betragung, desto länger auch die zur Vollendung des Zeuges erforderliche Zeit sein wird, daher die gute Beschaffenheit des Papiers nur auf Kosten der Quantität erlangt werden kann. Dadurch jedoch, dass Kattun als Mittel zur Füllung des Holländers benutzt wird, wird einerseits die schneidende Wirkung der bei einander vorbeistreichenden Schienen der Walze und des Grundwerks vermieden, andererseits die Arbeit, da die Masse des schwer zu bewältigenden Halbzeuges nur gering ist, beschleunigt. Je nach der verlangten Festigkeit des darzustellenden Papiers kann der Zusatz von Kattun bis zu 20 Procent der Halbzeugmasse gesteigert werden; ein noch grösserer Zusatz jedoch macht das Papier weich, leicht zerreissbar und giebt ihm einen schlechten Angriff. Auch hier ist es wieder sehr vortheilhaft, nicht mit den Waschscheiben, sondern mit der Waschtrommel zu arbeiten, da diese dem sonst unvermeidlichen Verluste an Kattun vorbeugt.

Von einem noch bei weitem nachtheiligeren Einfluss auf die Festigkeit des Papiers ist ein Zusatz von Wolle; schon 4 bis 5 Procent geben ein rauhes, weiches Papier ohne allen Angriff; daher man höchstens noch die halbwollenen Hadern zur Anfertigung von Papier benutzt, und zwar, da Wolle sich überdiess viel schwerer bleicht als Leinen und Baumwolle, die farbigen zu Lösch-, die weissen zu Druckpapieren. Die rein wollenen Hadern thut der Papierfabrikant gut, anderweitig zu verwerthen; sie geben als stickstoffhaltige, leicht verwesende Substanz einen guten Dung, und werden auch vielfältig zur Darstellung des Cyaneisenkaliums (Blutlaugensalz) benutzt; die weissen werden überdiess oft wieder aufgetrennt und anderweitig verarbeitet, und ihr Absatz ist daher gegenwärtig leicht und zu hohen Preisen.

VII. Das Weissen des Papieres.

Die Ueberschrift dieses Abschnittes wird Viele etwas befremden, allein sie scheint im Gegensatz zum „Bläuen des Papieres" am geeignetsten, um den Zusatz farbloser oder weisser
Substanzen zur fertigen Papiermasse zu bezeichnen. In Rücksicht auf diesen in neuerer Zeit besonders häufig gewordenen
Zusatz ist bereits p. 74 die Umhüllung farbiger Substanzen mit
ungefärbten Stoffen als eine 4te Art des Bleichens hervorgehoben worden. Eine solche Umhüllung kann auch von keinem
Standpunkte aus gemissbilligt werden, sobald dadurch der Güte
des Fabrikats kein Nachtheil zugefügt wird. Allerdings werden
hierzu auch Substanzen angewendet, bei denen nicht in Abrede
gestellt werden kann, dass der Fabrikant durch ihren Zusatz
einen unerlaubten Vortheil beabsichtigt. Hierzu gehört besonders der Schwerspath oder Baryt (schwefelsaure Baryterde),
der, ausser dass er das Gewicht des angefertigten Papiers bedeutend erhöht, die Eigenschaften desselben in keiner Weise
verbessert. Im Gegentheil ist sein bedeutendes specifisches Gewicht (4,3 bis 4,5) die Ursache, dass seine Anwendung mit
mancherlei Uebelständen verknüpft ist. Denn einmal fällt der
Schwerspath schon im Holländer stark zu Boden, wenn derselbe
nicht einen sehr guten Zug hat, wodurch Verluste bedingt werden; dann aber sammelt er sich auch auf der Maschine vorzugsweise an der unteren Seite an, wodurch das Papier zwei
verschiedene Flächen erhält, von denen die eine überdies eine
unangenehme Härte besitzt. Frei von diesem Fehler der Schwere
sind Schlemmkreide und Gyps, die unter dem Namen Mehlweiss, Lenzin u. s. w. den Papierfabrikanten angeboten und
häufig zur Erzielung grösserer Weisse angewendet werden.
Beide Stoffe suspendiren sich allerdings sehr leicht in Wasser,
allein sie haben wieder den Nachtheil, dass sie ungeleimtes
Papier sehr staubig machen, was namentlich bei Druckpapieren wegen der dadurch veranlassten Nothwendigkeit einer häufigeren Reinigung der Druckerpressen und Maschinen als ein
grosser Fehler bezeichnet werden muss. Schwerspath, Kreide
und Gyps haben überdies alle drei keine Verwandtschaft zur
vegetabilischen Faser, so dass nur ein verhältnissmässig geringer Theil in die Papiermasse übergeht und der Rest sich theils
in den Holländern und Vorrathsbütten zu Boden setzt, wie dies

namentlich bei Schwerspath der Fall ist, theils von dem auf
der Maschine abfliessenden Wasser mitgeführt wird und daher
Vorrichtungen zum Auffangen dieses Wassers und Zurückpum-
pen nach den Holländern vorhanden sein müssen, wenn nicht
ein bedeutender Verlust stattfinden soll. — Bei weitem vortheilhafter in allen diesen Beziehungen erweist sich der reine Thon,
die so häufig in der Natur vorkommende Verbindung von Kieselsäure und Thonerde (Aluminiumoxyd). Der in der Papierfabrikation angewandte Thon, der unter dem Namen Bleichererde, *china clay* u. a. dem Fabrikanten offerirt wird, ist ein
sehr reiner Porzellanthon, der, wie es scheint, vorzugsweise aus
Holland zu uns gebracht wird.*) Die Anwendung dieses Thons
ist aber entschieden mit grossen Vortheilen verknüpft, sowohl
was die Qualität als Quantität des angefertigten Papiers betrifft.
Der Thon deckt eine Menge kleiner Unreinigkeiten, macht dass
das Papier weniger transparent ist, befähigt es einer grossen
Glätte, erhöht ungemein die Weisse desselben und ist den zum
Färben angewandten Farbstoffen in keiner Weise nachtheilig,
sondern befördert im Gegentheil deren Verbindung mit der organischen Faser, zu welcher er selbst eine grosse Anziehungskraft besitzt. In Folge dieser Anziehungskraft bleibt nun auch
der grösste Theil des Thons in der Papiermasse und bewirkt
eine sehr erhebliche Vermehrung des Gewichtes des gefertigten
Papieres. Bei Anfertigung von mittelfeinen Druckpapieren und
einem Zusatz von circa 12 pCt. Thon kann man annehmen,
dass die Gewichtsvermehrung des gefertigten Papieres mindestens 6 Procent betrage; zieht man hierbei in Betracht, dass
diese 6 pCt. keine Arbeitskraft erheischten, ja dieselbe Weisse
des Papiers viel weniger gebleichten Stoff erforderte, so ist leicht
ersichtlich, dass die Anwendung des Thons für den Fabrikanten von wesentlichen pecuniären Vortheilen begleitet ist. Das
mit einem Zusatz von Thon angefertigte Druckpapier zeichnet
sich durch schöne Weisse und Glätte, feines Ansehen und guten Angriff höchst vortheilhaft vor solchem ohne Thon aus; es
bewährt sich beim Druck ausserordentlich, verursacht keinen
Staub, nimmt die Farbe leicht an, die schnell trocknet, ohne

---

*) Eine aus Hamburg erhaltene Probe dieses Thons bestand in 100 Thei-
len aus 35,94 Thonerde, 44,79 Kieselsäure, 3,00 Eisenoxyd, 0,31 kohlensaure
Kalkerde, 0,23 Magnesia, 15,73 Wasser.

abzuziehen oder durchzuschlagen, und giebt eine klare, reine Schrift.*) —

Einen nicht nur weniger günstigen, sondern sogar ungünstigen Einfluss übt dagegen der Thon bei der Anfertigung von geleimten Papieren aus. Das Papier wird durch einen Zusatz von Thon zwar schön weiss und glatt, hält aber schlecht im Leim, so dass die Quantität desselben bedeutend vermehrt werden muss, um ein brauchbares Fabrikat zu erhalten. Diese nachtheilige Wirkung erklärt sich ungezwungen aus der physischen Beschaffenheit des vegetabilischen Leims und des Thons. Der Thon, in feiner Vertheilung an der organischen Faser haftend, Wasser stark anziehend, im feuchten Zustande bildsam, durch Reibung an den erwärmten Walzen bedeutende Glätte annehmend; der vegetabilische Leim in seiner physischen Beschaffenheit sich den Harzen nähernd, zusammenhängend, als feste Masse die Poren des Papiers füllend, unauflöslich in Wasser und ohne Anziehung für dasselbe. Durch Vermischung dieser beiden Eigenthümlichkeiten, auf denen ihre Wirksamkeit wesentlich beruht, muss diese unbedingt geschwächt werden; der Harzleim, mit Thon in feiner Vertheilung vermischt, verliert an Cohärenz und das Papier erscheint schlechter geleimt.

Es wird daher von den Lieferanten der sogenannten Bleicherde bei ihrer Anwendung auch ein grösserer Zusatz von Leimmasse vorgeschrieben und anempfohlen, die Bleicherde mit Kartoffelstärke anzurühren. Letzteres Verfahren wird auch angerathen, wo man einen möglichst starken Zusatz von Bleicherde beabsichtigt. — Allein der Verbrauch von grösseren Mengen Leim oder Kartoffelstärke dürfte den durch Anwendung des Thons bedingten pecuniären Vortheil bedeutend schmälern und daher als Schlussresultat sich herausstellen, dass die Anwendung von Thon nur bei Anfertigung von ungeleimten Druck- und Packpapieren zu empfehlen ist, und zwar auch nur in so weit, als damit grössere Weisse und bessere Appretur bezweckt wird. Wollte man aber bei Packpapieren, um grössere Ge-

---

*) Der Thon macht das Papier, während es den Trockenapparat passirt, auffallend + electrisch, so dass eine Leidener Flasche bis zum Funkengeben geladen werden kann; in wie weit sich hieraus neue Schwierigkeiten für eine gewisse Art von Schneidemaschinen ergeben, lassen wir aus Mangel an Erfahrung dahingestellt.

wichtsmengen zu erhalten, bis an 40 bis 45 Procent Thon zusetzen, so würde man dadurch die Festigkeit dieser Papiere auf unverzeihliche Weise schwächen.

Das Verfahren bei der Anwendung des Thons ist ausserordentlich einfach und ganz dasselbe wie bei der Anwendung von Schlemmkreide u. s. w.; Leimen, Färben u. s. f. gehen ihren gewöhnlichen Gang. Die für einen Holländer bestimmte Quantität Thon wird in einem Eimer mit Wasser zu einem Brei angerührt und durch ein Sieb der fertigen Masse zugefügt, worauf nach einigen wenigen Umdrehungen der Walze behufs sorgfältiger Mischung der Holländer entleert wird. — Was endlich den Einkauf des Thons anbetrifft, so hat der Fabrikant hauptsächlich auf dessen Wassergehalt ein aufmerksames Auge zu richten, da dieser zwischen sehr weiten Grenzen schwankt, und eine Bleichererde, von der versichert wird, dass sie nicht mehr als 10 Procent Wasser enthalte, oft über 20 Procent hat. Die Ermittelung des Wassergehaltes ist indess sehr leicht. Man hat zu dem Ende nur nöthig, eine gewogene Menge Bleichererde in einem Platin- oder Porzellantiegel zu glühen; der Gewichtsverlust, den sie hierdurch erleidet, rührt von ihrem Gehalt an Wasser her.

VIII. Vom Bläuen des Papiers.

Auf die Darstellung der farbigen Papiere einzugehen, liegt ausserhalb der Grenzen, welche dieses Buch sich gesteckt hat, allein auch das weisse Papier wird nur selten ohne alle Farbe dargestellt. Das Weiss selbst des aus gebleichtem Stoff gefertigten Papiers ist matt und mit einem Stich in's Gelbe, daher man durch einen geringen Zusatz von blauer Farbe, ähnlich wie durch das Bläuen der Wäsche, seinen Glanz und Lüstre zu erhöhen sucht.

Die gewöhnlichen (Concept-) Papiere bläut man durch fein gemahlene dunkelblaue Lumpen; allein wenn man diese auch noch so fein mahlt, so bleibt doch jedes einzelne Fäserchen dem Auge sichtbar, und es wird dadurch nur ein günstigerer Totaleindruck bewirkt. Zur Erzeugung einer gleichförmigen bläulichen Färbung hingegen können Indigo, Berlinerblau, Schmalte und künstlicher Ultramarin benutzt werden.

Soll Indigo zum Bläuen des Papiers angewandt werden, so

wird derselbe in fein geriebenem Zustande mit concentrirter Schwefelsäure übergossen. Es entsteht eine tief dunkelblaue Auflösung, welche, abgeschäumt und mit Wasser gehörig verdünnt, der fertigen Papiermasse im Holländer zugesetzt wird. Der bedeutende Preis des Indigo's, so wie der Umstand, dass hierbei freie Säure kaum zu vermeiden ist, haben jedoch denselben fast gänzlich aus der Zahl der Mittel zum Bläuen des Papiers verdrängt.*)

Das Berlinerblau besteht aus zwei Cyanverbindungen des Eisens, zwischen deren Cyangehalt ein gleiches Verhältniss obwaltet, wie zwischen dem Sauerstoffgehalt des Eisenoxyds und Oxyduls, und die als Cyanid und Cyanür von einander unterschieden werden: es ist mithin, so wie alle im Handel vorkommenden Modificationen desselben, das Pariserblau, Erlangerblau, Mineralblau u. s. w., die sich nur durch verschiedene Grade des Farbentons, der Reinheit u. s. w. von einander unterscheiden, eine Verbindung von Eisencyanid mit Eisencyanür. Diese Verbindung wird im Grossen dargestellt und kommt in prismatischen Stücken in den Handel, welche sich leicht pulvern und mit Wasser zu einem gleichförmigen Brei anrühren lassen, von welchem man eine hinreichende Menge der Masse im Holländer zusetzt. Da das Berlinerblau nur auf nassem Wege dargestellt wird, so erspart der Papierfabrikant mindestens die durch das Trocknen desselben verursachten Fabrikationskosten, wenn er sich seine Farbe selbst bereitet, was überdies mit keinen Schwierigkeiten verknüpft ist.

Das im Grossen durch Erhitzen von kohlensaurem Kali (Pottasche) mit thierischer Kohle (man wandte früher vorzugsweise Blutkohle hierzu an, daher der Name) gewonnenene Blutlaugensalz ist eine Verbindung von Eisencyanür mit Cyankalium (Kaliumeisencyanür). Wird die Auflösung dieses Salzes zu einer Eisenoxydauflösung gegossen, so entsteht augenblicklich ein schön dunkelblau gefärbter Niederschlag, indem der Sauerstoff des Eisenoxyds an das Kalium tritt, Kali bildend, während das Cyan, an das Eisen des Oxyds übergehend, Eisencyanid erzeugt, welches mit dem Eisencyanür des Blutlaugen-

---

*) Um den Werth eines käuflichen Indigo's zu ermitteln, kann die von Penny vorgeschlagene Methode empfohlen werden (Polytechnisches Journal von Dingler, Bd. CXXVIII, p. 208).

salzes Berlinerblau bildet. Setzt man hingegen die Lösung von Kaliumeisencyanür zur Auflösung eines Eisenoxydulsalzes, so wird wiederum ein Austausch des Sauerstoffs des Oxyduls gegen das Cyan des Cyankaliums stattfinden, aber nicht Eisencyanid, sondern Eisencyanür gebildet werden, welches mit dem Eisencyanür des Blutlaugensalzes gemeinschaftlich als weisser Niederschlag sich zu erkennen giebt. Dieser weisse Niederschlag wird jedoch bei Zutritt von Luft sehr bald blau, indem ein Theil des Cyanürs unter Aufnahme von Sauerstoff sein Cyan an einen andern Theil abgiebt und denselben in Cyanid verwandelt, welches sich mit unverändertem Cyanür zu Berlinerblau verbindet.

Unter den Eisenpräparaten ist aber gerade ein Oxydulsalz, das schwefelsaure Eisenoxydul, grüner Vitriol, dasjenige, welches im Grossen und oft als Nebenprodukt gewonnen, am leichtesten und billigsten zu haben ist, daher auch dieses vorzugsweise zur Darstellung der blauen Farbe benutzt wird.

Der Eisenvitriol bildet im frisch bereiteten Zustande bläulich grüne, schiefe rhomboïdale Prismen darstellende Krystalle, welche 45,58 Procent Wasser enthalten. An trockner Luft verlieren die Krystalle Wasser und zerfallen zu einem weissen Pulver; zugleich nimmt ein Theil Oxydul Sauerstoff aus der Luft auf und geht in Oxyd über, wodurch sich die anfänglich durchsichtigen Krystalle mit einem gelben Salze beschlagen und ein schmutziges Ansehen erhalten. Dieses schmutzige Ansehen, so wie überhaupt diese Veränderung, ist aber der Anwendung des Eisenvitriols zur Darstellung der blauen Farbe in keiner Weise nachtheilig, sondern da, wie wir gesehen haben, gerade das Eisenoxydsalz, mit Blutlaugensalz vermischt, augenblicklich Berlinerblau erzeugt, so wird der Eisenvitriol, je mehr Oxyd er enthält, desto besser zur Darstellung dieser Farbe sein. — Dagegen ist eine Beimischung von Kupfer im Eisenvitriol, die ziemlich häufig angetroffen wird, für die Reinheit der Farbe von sehr schädlichem Einfluss, und daher anzurathen, dass man sich vor der Anwendung des Vitriols von der Abwesenheit des Kupfers überzeuge, was mit grosser Leichtigkeit dadurch geschieht, dass man in die Vitriolauflösung ein Stück blankes Eisen (Draht, alte Messerklingen u. s. w.) taucht; bleibt dasselbe rein, so ist kein Kupfer vorhanden, welches, in geringster Quantität dem Vitriol beigemischt, bald einen rothen Ueberzug von metallischem Kupfer auf dem eingetauchten Eisen verursacht.

Bei der Darstellung der Farbe werden nun 4 Theile Kalium-eisencyanür (Blutlaugensalz) und 5 Theile Eisenvitriol in heissem Wasser aufgelöst und die Lösungen in einem mehr hohen als breiten Bottich, der in verschiedenen Höhen mit Holzstöpseln zu verschliessende Oeffnungen hat, mit einander vermischt. Nachdem der augenblicklich entstehende hellblaue Niederschlag sich abgesetzt hat, lässt man die darüber stehende klare Flüssigkeit ab und rührt darauf mit frischem Wasser durch. Absetzen des Niederschlags, Ablassen und Erneuern des Wassers, so wie Umrühren werden nun öfters wiederholt, wobei die Farbe des Niederschlags beständig an Intensität gewinnt.

So wie durch Sauerstoff das Eisencyanür theilweis zerlegt und dadurch die Bildung von Cyanid möglich wird, so wird der gleiche Process nur noch schneller durch Chlor angeregt. Kommt Chlor mit Eisencyanür in Berührung, so wird wiederum ein Theil zerlegt, indem sich Eisenchlorid erzeugt und das durch Chlor verdrängte Cyan mit einem andern Theile Eisencyanür Cyanid bildet. Die Umwandlung erfolgt hierbei rasch und vollständig, und da überdies das Eisenchlorid auflöslich und durch das Waschwasser fortgeführt wird, so wird hierbei eine viel feinere Farbe als durch Einwirkung von Sauerstoff erhalten, bei welcher letzteren das erzeugte braune Eisenoxyd in der Farbe verbleibt. — Um aber Chlor auf das Eisencyanür wirken zu lassen, hat man nur nöthig, dem Niederschlage eine Auflösung von Chlorkalk zuzusetzen, und zwar hat man auf 5 Pfund Eisenvitriol, je nach der Güte desselben, 2 bis 3 Pfund Chlorkalk anzuwenden. Statt des Chlorkalks kann man sich zur Oxydation des Eisenoxyduls auch der Salpetersäure bedienen, welche noch kräftiger wirkt. 5 Pfund Eisenvitriol werden in Wasser gelöst und zu der erwärmten Auflösung 4 Pfund Salpetersäure nach und nach zugesetzt, die Auflösung von schwefelsaurem Eisenoxyd alsdann behufs der Vertreibung des Stickstoffoxydes bis nahe zum Kochen erhitzt und darauf die Auflösung von dem gelben Cyaneisenkalium zugesetzt. — Es hat diese Darstellung der blauen Farbe den Uebelstand, dass sich in sehr grosser Menge Stickstoffoxydgas bildet, welches theils durch plötzliches Entweichen ein Uebersteigen der Flüssigkeit über die Wände des Gefässes zur Folge haben kann, theils indem es sich, sobald es mit der atmosphärischen Luft in Berührung kommt, augenblicklich zu salpetriger Säure oxydirt, die mit der Darstellung beschäftigten Leute ausserordentlich belästigt.

Das Berlinerblau wird von verdünnten Säuren nicht verändert, dagegen wirken alkalische Flüssigkeiten zersetzend darauf ein, indem das Alkali seinen Sauerstoff an das Eisen abtritt und sich dagegen mit dem Cyan verbindet. Da nun die Harzauflösung bei Anwendung des vegetabilischen Leimes stets alkalisch reagirt, so findet man oft angegeben, dass in der Masse geleimtes Papier nicht mit Berlinerblau gefärbt werden darf; indess würde dies nur dann der Fall sein, wenn man die Farbe früher als den Leim in den Holländer geben wollte. Ist hingegen die Harzseife bereits durch Alaun zersetzt, so wird die Flüssigkeit im Holländer eher eine schwache saure als alkalische Reaction zeigen, und es ist eine Zersetzung des Berlinerblaus nicht mehr zu befürchten; nur hat man zu berücksichtigen, dass das Thonerdesalz, als Mordant wirkend, eine. viel vollständigere Bindung des Farbstoffes durch die organische Faser veranlasst, als dies bei ungeleimten Papieren der Fall ist, daher bei geleimten Papieren oder auch bei solchen, denen Thon zugesetzt wurde, eine viel geringere Quantität Farbe anzuwenden ist.

Wenn man sich das Berlinerblau nicht selbst bereitet, sondern dasselbe fertig kauft, hat man darauf zu achten, dass es nicht mit Stärkemehl vermischt sei. Eine solche Beimengung wird sehr leicht erkannt, wenn man eine geringe Menge Berlinerblau etwa eine halbe Stunde mit Wasser kocht, erkalten lässt, filtrirt und dem Filtrat einige Tropfen einer alkoholischen Jodtinktur zusetzt. Ein blauer Niederschlag verräth die Gegenwart des Stärkemehls.

Das Berlinerblau giebt dem Papiere nur eine matte, meist grünliche Färbung, daher es auch nur zum Bläuen von ordinären und mittleren Papiersorten benutzt wird, dagegen bei feineren die Schmalte und der künstliche Ultramarin zu gleichem Zwecke angewandt werden.

Die Schmalte, durch Zusammenschmelzen von Quarzpulver (Kieselsäure), Pottasche und Kobaltoxyd gewonnen, ist ein durch letzteres blau gefärbtes Glas, welches, auf einer Mühle gemahlen und geschlemmt, als feines Pulver in den Handel gebracht wird. Die Schmalte besitzt eine feurige Farbe und giebt mit Wasser angerührt und der Masse im Holländer zugesetzt, dem Papier ein angenehmes, frisches Ansehen; sie leidet jedoch an zwei Uebelständen, nämlich sehr grosser Härte und Schwere. Die erstere verursacht eine starke Abnutzung der Schreibfedern, was allerdings bei Anwendung von Stahlfedern weniger zu bemerken ist, als bei den gewöhnlichen Gänsefedern, wohingegen die letztere bewirkt, dass das Papier auf der einen Seite, welche auf dem Metalltuche der Maschine zu unterst lag, stets stärker gefärbt erscheint, als auf der anderen. — In diesen letzten beiden Beziehungen wird die Schmalte unbedingt durch den künstlichen Ultramarin übertroffen, welcher zugleich an Farbenpracht nicht hinter ihr zurückbleibt.

Unter Ultramarin *(outre mer)* wird eine wegen ihrer Aechtheit und Farbenpracht in der Oelmalerei sehr geschätzte blaue Farbe verstanden, welche man durch Pulvern und Schlemmen des Lasursteines *(Lapis Lazuli)* erhält, eines Minerals, welches auf Gängen im älteren Gebirge in Sibirien am Baikalsee, in der kleinen Bucharei und besonders in China vorkommt, und aus Kieselsäure, Kalk-, Talk- und Thonerde, Natron, Eisenoxydul und Schwefelsäure besteht. — Das seltene Vorkommen des Minerals macht die daraus bereitete Farbe zu einer der theuersten in der Malerei, und so lange man auf das natürliche Fossil beschränkt war, war an eine Anwendung des Ultramarins in grösserem Maassstabe nicht zu denken. — Durch sorgfältige chemische Analysen indess von der Zusammensetzung des Lazursteines unterrichtet, gelang es Gmelin, ein Kunstprodukt darzustellen, dessen Pulver eine dem Ultramarin nur wenig nachstehende blaue Farbe giebt, welche daher künstlicher Ultramarin genannt wird. Zur Darstellung des künstlichen Ultramarins giebt Gmelin folgendes Verfahren an:

Man löst wasserhaltende Kieselerde in einer Auflösung von kaustischem Natron in Wasser auf und setzt so viel Thonerdehydrat zu, dass auf 35 Theile wasserfreie Kieselerde etwa 30 Theile wasserfreie Thonerde kommen*). Die Masse wird unter fleissigem

---

*) Käuflicher Alaun, durch einmaliges Umkrystallisiren gereinigt, ist zur Darstellung der Thonerde tauglich, da ein unbedeutender Eisengehalt nicht schädlich, sondern vielmehr eher nützlich zu sein scheint. Die gefällte Thonerde braucht nur so weit getrocknet zu werden, dass sie etwa 10 pCt. was-

Umrühren zum trocknen Pulver abgeraucht, welches zuerst fein gerieben, dann mit etwas Schwefelblumen innig vermengt wird. Darauf wird eine Mischung aus gleichen Theilen trocknem, einfach kohlensaurem Natron und Schwefelblumen oder fein geriebenem Schwefel zugesetzt und zwar so viel, als das trockne Pulver (Ultramarinbasis) vor der Zumischung der Schwefelblumen betrug. Das Ganze wird auf das Innigste gemengt und in einem guten Thontiegel von einer ziemlich eisenfreien Masse, der wo möglich ganz voll werden muss, fest eingestampft. Der mit einem gut schliessenden Deckel versehene Tiegel wird nun so schnell als möglich zum Glühen gebracht und zwei Stunden lang in starker Rothglühhitze erhalten. Ein rasches Glühendwerden der Masse ist für das Gelingen der Operation sehr wesentlich. — Nach dem Erkalten erhält man eine grünlich-gelbe Masse, die durch abermaliges Erhitzen unter Zutritt der atmosphärischen Luft blau wird.

Im Grossen dargestellt wurde der künstliche Ultramarin zuerst in Frankreich durch Guimet; jedoch gegenwärtig kann man denselben auch aus deutschen Fabriken, namentlich aus Nürnberg, zu mässigen Preisen beziehen, und die feineren Papiere werden in neuester Zeit fast ausschliesslich durch künstlichen Ultramarin gebläut.

Es ist die Gmelin'sche Darstellungsweise in neuerer Zeit von Robiquet, Tiremon, Winterfeld, Prückner, Brunner und anderen sehr vervollkommnet worden und giebt hierüber die schätzenswerthe Schrift: „Die Ultramarin-Fabrikation von J. P. Dippel, Cassel 1854" genaue Auskunft. Eben dieser Schrift ist auch die hier folgende Prüfungsmethode entnommen, da dieselbe in der That auch vom streng chemischen Standpunkte aus nichts zu wünschen übrig lässt. Der Ultramarin unterscheidet sich seinem Aeussern nach von allen andern blauen Farben hauptsächlich durch seine zarte und markige Eigenschaft, Tiefe und Intensität. Als einfaches chemisches Mittel, den Ultramarin von anderen blauen Farben zu unter-

---

serfreie Thonerde enthält; zu stark getrocknet wird sie in der alkalischen Kieselerdelösung hart und lässt sich nicht so leicht gleichförmig vertheilen. Nimmt man viel weniger Thonerde als angegeben, z. B. 20 Thonerde auf 35 Kieselerde, so erhält man eine grünlich-blaue Verbindung, die sich sandig anfühlt, aber eine ausserordentliche Dauerhaftigkeit besitzt, indem sie eine sehr heftige Glühhitze aushält, ohne zerstört zu werden.

scheiden, ist das Uebergiessen desselben mit Salzsäure zu empfehlen, wobei eine völlige Entfärbung eintritt und sich Schwefelwasserstoffgas entwickelt, welches durch den stinkenden Geruch leicht zu erkennen ist.

Indigozusatz entdeckt man dadurch, dass dieser beim Erhitzen in purpurfarbigen Dämpfen entweicht. Bergblau nimmt beim Erhitzen eine grünliche, zuletzt schwarze Farbe an. Berliner-blau wird beim Erhitzen dunkler und durch Kochen mit Kali-lösung braun. Eine Versetzung mit Schmalte erkennt man an der Unzerstörbarkeit der Farbe durch Säuren. — Rührt man Ultramarin mit irgend einer schleimigen Flüssigkeit, z. B. Leim-wasser, Gummiauflösung u. s. w. zusammen und es bildet sich eine rothe, braune oder überhaupt schmutzige Masse auf der Oberfläche der Flüssigkeit, so enthält der Ultramarin überflüs-siges Schwefelnatrium, welches bei der Anwendung die Farbe veränderlich macht. — Mit Oel angerieben darf guter Ultramarin in einem glühenden Tiegel oder auf einem glühenden Eisenblech sich nicht entfärben. — Da dem Ultramarin nach dem Blaubrennen oft Thon zugesetzt wird um hellere Nüancen zu erzeugen, so verdienen im Allgemeinen die dunkleren Sorten, bei denen solche Fälschungen nicht vorkommen können, den Vorzug. Chlor und freie Säuren wirken zersetzend auf den künstlichen Ultramarin und hierauf gründet sich eine von Bernheim*) vorgeschlagene Methode, den käuflichen Ultramarin zu prüfen. Zu einer be-stimmten Menge (100 Gran) Ultramarin giesst man so lange aus einer Burette Schwefelsäure, die vorher mit ihrem 10fachen Gewicht Wasser verdünnt worden ist, hinzu, bis die blaue Farbe in eine röthliche umgeändert ist. Je grösser die Menge der verbrauchten Schwefelsäure, desto besser ist der Ultramarin. Diese Probe giebt zugleich Gelegenheit, eine Beimengung von Schmalte zu entdecken, welche durch die Säure nicht zerstört wird, sondern ihre blaue Farbe unverändert behält. Eben so giebt sich hierbei eine Vermischung mit Kreide durch unter Aufbrausen entweichende Kohlensäure zu erkennen.

Eine nicht nur auf Ultramarin, sondern auf alle farbigen Pulver anwendbare vergleichende Prüfungsmethode haben Guimet**) und Barreswil***) empfohlen. Dieselbe besteht

---

*) Kunst- und Gewerbeblatt für Bayern, 1852. p. 38.
**) *Moniteur industr.* 1851, Nr. 1542. Dingler's polyt. Journ. CXX. p. 197.
***) *Journal de Pharmacie.* Dec. 1852. p. 443. Dingl. pol. J. CXXVII. p. 137.

darin, dass eine bestimmte Menge des zu untersuchenden Ultramarins so lange mit einem weissen Pulver, ersterer nimmt hierzu .die feinste Schlemmkreide, letzterer aus Auflösungen niedergeschlagene schwefelsaure Baryterde, mischt, bis die Mischung eine gleiche Farbennüance besitzt, wie eine deren Zusammensetzung genau bekannt ist.

Die Zersetzbarkeit des künstlichen Ultramarins durch Chlor und Säuren macht einige Vorsicht bei dessen Anwendung für geleimte Papiere nothwendig, wo es gut ist, vor dem Zusatz des Ultramarins den Alaun durch etwas Soda oder Ammoniak zu neutralisiren.

IX. Das Leimen des Papieres.

Bei der Anfertigung ungeleimter Papiere sind mit der Umwandlung des Halbzeuges in Ganzzeug die vorbereitenden Operationen beendet und es wird der fertige Stoff, höchstens nach Zusatz von Bleicherde und etwas Farbe, aus dem Holländer nach den Zeugbottichen der Maschine geleitet, um von dieser in Papier verwandelt zu werden. Anders verhält es sich mit Schreib- und überhaupt geleimten Papieren, welche meistens schon als Ganzzeug im Holländer ihren Leim erhalten. Man hat der Anwendung dieses sogenannten Büttenleims nicht ganz mit Unrecht vielfältige Nachtheile vorgeworfen, auf welche wir bald etwas näher einzugehen genöthigt sein werden, und man hat deshalb, namentlich in England, diese Leimmethode wieder verworfen und der älteren Methode den Vorzug gegeben. Indess in Deutschland, wo es auch den Käufern mehr um billige als gute Waare zu thun ist, hat fast allgemein die bequemere Methode die bessere verdrängt.

Die fertigen Büttenpapiere werden bekanntlich mit gewöhnlichem Tischlerleim geleimt, welchen sich die Fabrikanten meist selbst aus Hammelfüssen, Hasenfellen u. dgl. anfertigen. Durch Behandeln dieser Stoffe mit kochendem Wasser erhält man eine Auflösung von Gelatine (Leim) und Chondrin (Knorpelleim), aus welcher Alaun das letztere ausfällt. In diese durch ausgefälltes Chondrin verdickte Leimauflösung werden die fertigen Bogen eingetaucht und getrocknet. Das Trocknen geschieht natürlich dadurch, dass das Wasser aus dem Inneren des Papieres sich nach der Oberfläche zieht und von dieser aus verdampft; das aus dem Innern heraustretende Wasser führt aber den aufgelösten Leim mit sich und lässt solchen bei der Verdampfung an der Oberfläche zurück. Das auf diese Art geleimte Papier besteht daher aus 3 Schichten, 2 äussere aus Leim bestehend und einer inneren aus Papier; und in dieser physischen Beschaffenheit liegt der Grund, einmal, dass derartiges Papier an radirten Stellen, wo man also die Leimschicht entfernt hat, löscht, dann, dass es undurchsichtig ist, indem die beiden durchsichtigen Leimschichten durch die undurchsichtige Papierschicht von einander getrennt sind. — Sucht man aber das Trocknen durch künstliche Erwärmung zu beschleunigen, so wird die Verdampfung des Wassers gleichzeitig im Innern und an der Oberfläche erfolgen; hierdurch wird die Entstehung zweier getrennten Leimschichten gehindert und der zurückbleibende Leim ist gleichmässig durch die ganze Papiermasse verbreitet. — Hat man nun bei schnellem Trocknen dieselbe Quantität Leim angewendet, wie bei dem langsamen Trocknen, so wird das Papier unbedingt sich schlechter geleimt erweisen, da ja dieselbe Quantität Leim in grösserer Vertheilung vorhanden ist. Sucht man aber diesen Uebelstand durch eine grössere Quantität Leim zu beseitigen, so verursacht die Durchsichtigkeit desselben einen anderen: es wird nämlich das Papier selbst durchsichtig, gleich als wäre es mit Wachs getränkt.

Hierin liegt der Grund, warum thierischer Leim nicht ohne anderweitigen Zusatz zum Leimen des Papieres auf der Maschine benutzt werden kann.

D'Arcet, Braconnot und Canson verdienen vorzugsweise unter denen genannt zu werden, welche bemüht waren, ein allgemein gefühltes Bedürfniss zu beseitigen und die Maschinenpapierfabrikanten von der Last einer zweiten langsamen Trocknung zu befreien. Ihre Vorschriften sind vielfältig modificirt, indem fast jeder Fabrikant ein anderes Recept zur Leimbereitung benutzt, und glaubt im Besitze des einzig richtigen zu sein. Indess stimmen doch sämmtliche Vorschriften darin überein, dass sie zunächst die Darstellung einer Harzseife verlangen, welche dann im Holländer durch Alaun zersetzt wird. — Eine grosse Hauptsache bei der Anfertigung dieser Harz-

seife*) ist, dass das Harz in der kochenden alkalischen Flüssigkeit vollständig aufgelöst werde, und ist daher ein Ueberschuss
von Harz sorgfältig zu vermeiden; nicht so ist es mit dem Alkali, von welchem ein geringer Ueberschuss ohne nachtheiligen
Einfluss ist, daher auch die verschiedenen Vorschriften zum
Leimkochen geringe Unterschiede in den Quantitätsverhältnissen
darbieten, die jedoch nicht als wesentliche Verschiedenheiten zu
betrachten sind.

Folgende Vorschrift, mit der gehörigen Sorgfalt ausgeführt, wird stets ein zufriedenstellendes Resultat liefern: 300 Pfd.
Harz werden mit 180 Quart Wasser 8 Stunden hindurch in
einem kupfernen Kessel im Kochen erhalten, bis das Harz vollständig geschmolzen ist; darauf mässigt man das Feuer und
setzt eine Auflösung von 45 Pfd. krystallisirter Soda hinzu;
hierauf wird die Hitze wiederum verstärkt und so lange unterhalten, als noch eine Auflösung von Harz stattfindet, worauf
man nach und nach noch 20—45 Pfd. krystallisirte Soda, je
nach der Beschaffenheit des Harzes, in Auflösung zusetzt und
die Flüssigkeit so lange im Kochen erhält, bis alles Harz vollständig in Seife verwandelt ist, was man leicht an der Gleichartigkeit der Masse erkennt. Man erhält alsdann von 300 Pfd.
Harz nahe an 550—600 Pfd. Harzseife.

Es ist hier kaum nöthig hervorzuheben, dass bei Anfertigung der Harzseife die Anwendung von Dampfheizung dem
Erwärmen über freiem Feuer weit vorzuziehen ist, denn trotz
des fleissigsten Umrührens ist es fast unvermeidlich, dass sich
nicht etwas Harzseife am Boden festsetzt und, zu stark erhitzt,
sich bräunt und die Färbung des Leimes beeinträchtigt. —

Bei der Anfertigung von geleimten Papieren werden nun
180 Pfd. dieser Harzseife in heissem Wasser aufgelöst; man lässt
die Auflösung einige Zeit ruhig stehen, damit etwaige Unreinig-

---

*) Die Ausdrücke Harzseife und Seifenbildung sind unpassend, denn sie
geben zu dem Glauben Veranlassung, als finde bei der Einwirkung von Alkalien auf Harz derselbe Process statt, wie bei der Einwirkung von Alkalien
auf Oele und Fette, aus welcher die Seifen hervorgehen. Dies ist jedoch
nicht der Fall, denn bei dem Seifenbildungsprocess werden Oele und Fette
zunächst in Säuren (Stearinsäure, Margarinsäure und Oleïnsäure) verwandelt,
die sich mit dem Alkali zu einem Salzgemisch verbinden, welches den Namen
Seife führt, wohingegen das Harz sich unmittelbar mit dem Alkali verbindet.

keiten sich absetzen, und lässt sie dann durch ein enges Metalltuch in einen Bottich ab, welcher entweder gerade 600 Quart
hält, oder in welchen man wenigstens 600 Quart markirt hat.
Zu dieser Seifenauflösung fügt man darauf 120 Pfd. Stärkemehl,
in lauem Wasser vertheilt, und setzt alsdann noch so viel Wasser hinzu, bis genau 600 Quart vorhanden sind. — 20 Quart von
dieser Mischung einer Holländer-Leere zugesetzt, sind hinreichend, um gewöhnliches Schreibpapier vollkommen gut zu
leimen. Nach vollendeter Holländerarbeit, nachdem der Stoff
in Ganzzeug verwandelt ist, wird bei gehobener Walze die
Leimauflösung zugesetzt und nachdem sie etwa 10 Minuten
durchgeschlagen ist, durch die Auflösung von 5 Pfd. Alaun
zersetzt.

Planche in dessen oft citirtem Werke schreibt vor, zunächst 32 Pfund calcinirte Soda von 80 Procent kohlensaurem
Natron oder 70 Pfd. krystallisirte Soda, welche 36 Procent
kohlensaures Natron enthält, in 420 Pfd. Wasser aufzulösen
und mittelst 16 Pfd. Kalk, welcher vor dem Zusatz gelöscht
worden ist, zu kausticiren. Nachdem der kohlensaure Kalk sich
vollständig abgesetzt hat, lässt man die klare Auflösung ab
und löst in ihr unter beständigem Umrühren und 4—5stündigem
Kochen 200 Pfd. Harz auf. — Bei der Anwendung der hierdurch gebildeten Seife wird 1 Theil in etwa 20 Theilen heissem
Wasser aufgelöst, und nach 1—2stündigem Stehen von dem
sich etwa gebildeten Bodensatz abgezogen und in den Holländer gebracht. Will man dem Leim Stärkemehl zusetzen, so
wird dasselbe zunächst in lauwarmem Wasser suspendirt, dann
dem Leim zugegossen, umgerührt und etwa eine halbe Stunde
damit gekocht. Planche rechnet im Durchschnitt auf 3 Theile
Harz 2 Theile Stärkemehl. Die zur Zersetzung der Seife angewendete Quantität Alaun ist mindestens gleich der des aufgelösten Harzes. Ist Alaun der Färbung nachtheilig, so kann
statt dessen schwefelsaures Zink angewendet werden, wovon
1 Theil gleiche Wirkung hervorbringt wie 3 Theile Alaun.*)

Das Kausticiren der Soda vor der Auflösung des Harzes

---

*) Wird der mit vegetabilischem Leim geleimten Masse kurz vor dem
Leeren des Holländers etwas thierischer Leim zugesetzt, so soll hierdurch nach
Planche die Festigkeit bedeutend erhöht werden.

hat allerdings den Vortheil, dass dieselbe alsdann rascher erfolgt und nicht mit so starkem Aufschäumen verknüpft ist, wie bei Anwendung von kohlensaurem Natron, wo die Kohlensäure erst ausgetrieben werden muss, ehe das Harz sich mit dem Natron verbinden kann; indess dies dürfte auch der einzige Vortheil sein, denn dass, wie Planche behauptet, kaustisches Natron mehr Harz aufzulösen im Stande sei als kohlensaures, und zwar in dem bedeutenden Verhältnisse von 10 zu 6, sind wir nicht im Stande gewesen zu bestätigen.

Nach obigen Methoden zubereitet, besitzt die Harzseife die Consistenz einer etwas festen schwarzen Seife und eignet sich daher sehr wohl zu längerer Aufbewahrung. Wo man jedoch nur wenig geleimte Papiere anfertigt und nur dann und wann geringe Quantitäten Leim nöthig hat, thut man wohl, bei der Anfertigung des Leimes so viel Wasser anzuwenden, dass derselbe im vollkommen flüssigen Zustande erhalten wird. Man löst zu dem Ende 10 Pfund krystallisirte Soda in 108 Pfund (4 Eimer) Wasser auf, erhitzt bis zum Kochen und setzt alsdann nach und nach 30 Pfund klein gestossenes Harz zu, worauf man das Kochen bis zur vollendeten Seifenbildung unterhält, welche gewöhnlich innerhalb 4 bis 5 Stunden eingetreten ist. Das durch entweichende Kohlensäure verursachte Steigen der Flüssigkeit ist leicht durch einen geringen Oelzusatz zu dämpfen. Die Auflösung der fertigen Seife wird alsdann durch ein Sieb in einen Bottich abgelassen, in welchem man sie mit 40 bis 50 Pfund Stärke, die in lauem Wasser aufgelöst sind, vermischt und noch so viel Wasser zusetzt, dass die ganze Masse circa 1200 Pfund (44 Eimer) beträgt. Beim Leimen des Zeuges werden bei der Anfertigung von Schreibpapieren auf die Holländerleere 48 Pfund oder 2 Eimer dieser Auflösung zugesetzt und durch 5 Pfund in Wasser gelöstem Alaun niedergeschlagen. Bei Anfertigung von Packpapieren, welche theils wegen ihrer grösseren Dicke, theils wegen der festeren Lumpe, aus der sie bestehen, an und für sich dem Eindringen von Flüssigkeiten besser widerstehen, ist es natürlich erlaubt, von den hier angegebenen Quantitäten abzubrechen.

Das Stärkemehl spielt bei der Bereitung des vegetabilischen Leimes eine sehr untergeordnete Rolle und kann bei möglichst sorgfältiger Darstellung der Harzseife ohne Nachtheil gänzlich weggelassen werden; es giebt der Flüssigkeit im Allgemeinen

eine schleimigere Beschaffenheit, so dass der durch die Alaunauflösung verursachte Niederschlag sich langsamer senkt und
demzufolge gleichmässiger und vollständiger mit der Faser verbindet; daher denn auch bei Anwendung von Stärkemehl eine
geringere Quantität Leim nothwendig ist als im entgegengesetzten Falle. Dagegen wird ein aus braunem Harz dargestellter
dunkler Leim durch Stärkemehl heller in Farbe und zur Leimung feinerer Papiere geeigneter, und endlich dient das Stärkemehl ganz besonders, um Fehler bei der Leimbereitung zu ver-
bergen und unschädlich zu machen. — Die oben zur Bereitung
der Harzseife angegebenen Verhältnisse nämlich beziehen sich
natürlich auf reine Materialien und namentlich auf reine krystallisirte Soda, die mithin mindestens 37 Procent kohlensaures
Natron enthält. Hat man nun eine schwächere Soda angewendet, deren Natrongehalt zur vollständigen Auflösung des Harzes unzureichend war, oder wurde das Kochen zu gleichem
Zwecke nicht hinreichend lange fortgesetzt, so veranlasst das
nicht aufgelöste Harz ein starkes Ankleben des Papiers an den
Walzen der Maschine, wodurch die Arbeit sehr erschwert und
viel Ausschuss erzeugt wird, so wie nach dem Trocknen eine
Menge kleiner durchsichtiger Flecke im Papier. Diesen beiden
Uebelständen wird durch einen Zusatz von Stärkemehl vorge-
beugt; die klebrigen Harztheilchen umgeben sich dann in der
stärkehaltigen Flüssigkeit mit Mehltheilchen, wodurch sie die
Klebrigkeit gegen andere Körper verlieren, während ihnen zugleich ihre Durchsichtigkeit nach dem Erstarren genommen
wird.

Der Alaun ist ein Doppelsalz aus schwefelsaurer Thonerde
und schwefelsaurem Kali; erstere ist hier, wie bei dessen Anwendung in der Färberei, der wirksame Bestandtheil. Die Thonerde hat zu organischen Stoffen überhaupt eine sehr grosse
Anziehungsverwandtschaft: sie geht gerade keine chemische
Verbindung mit ihnen ein, allein sie setzt sich an ihrer Oberfläche und die organischen Stoffe an der ihrigen mit einer Kraft
ab, die im Stande ist, chemische Verbindungen aufzuheben, und
die daher jedenfalls in der wechselseitigen chemischen Beziehung zwischen Thonerde und organischer Substanz ihren Grund
hat. Wird nun der mit dem Ganzzeug innig vermischten Auflösung der Harzseife, die eine einfache Verbindung von Harz
mit Natron ist, in welcher das Harz die Stelle der Säure ver-

tritt, eine Auflösung von schwefelsaurer Thonerde zugefügt, so verbindet sich die Schwefelsäure mit dem Kali zu einem leicht auflöslichen Salze, während die Thonerde an das Harz tritt und eine unauflösliche Verbindung erzeugt, die in Folge jener erwähnten Anziehungsverwandtschaft der Thonerde sich vorzugsweise auf die einzelnen Theilchen des Ganzzeuges absetzt. Es ist also ein so behandeltes Papier durch seine ganze Masse hindurch geleimt, da gewissermassen jede Faser von harzsaurer Thonerde umgeben ist.

In Betreff der Reinheit der zur Darstellung des vegetabilischen Leims angewandten Materialien ist man beim Einkauf weniger Täuschungen und Nachtheilen ausgesetzt, als es bei Pottasche, Soda, Chlorkalk u. s. w. der Fall war, da schon ihr äusseres Ansehen auf die Güte und Reinheit derselben schliessen lässt.

Die Harze, deren man sich zur Bereitung der Harzseife bedient, gehören zu den ordinäreren Sorten, die namentlich von den verschiedenen Pinusarten gewonnen werden. Je weisser das Harz ist, desto heller von Farbe ist auch der daraus bereitete Leim, daher die hellgelben Harze der südlichen Gegenden, Italien, Frankreich, Amerika, vorzugsweise zu feineren Papieren angewendet werden, während die dunkler gefärbten Harze, so wie das Colophonium*), nur bei der Anfertigung von Mittel- und gröberen Papiersorten Anwendung finden. — Dass beigemengte Holztheile, Rinde, erdige und steinige Verunreinigungen sowohl bei den feineren als ordinären Sorten als Fehler zu betrachten sind, versteht sich von selbst.

Alaun ist eine Verbindung von schwefelsaurer Thonerde mit schwefelsaurem Alkali, die im krystallisirten Zustande 45,5 bis 47,7 Procent Krystallwasser enthält. Das Alkali ist entweder Kali, Natron oder Ammoniak, und die chemische Formel

---

*) Man versteht hierunter das von dem flüchtigen Oel befreite Harz der Terpentinsorten. So wie es in der Destillirblase zurückbleibt, hat es schon eine dunkle, im Durchsehen gelbbraun erscheinende Farbe, und war die Destillation nicht lange genug fortgesetzt, so ist es noch weich und bekannt unter dem Namen „gekochter Terpentin". Es wird dann in offener Luft geschmolzen, um es vom Wasser und noch rückständigem Oel zu befreien. Nach dem Erkalten bleibt eine etwas dunklere, harte und spröde Masse zurück, die Colophon ist.

des Alauns, so wie seine Zusammensetzung nach Mischungs
gewichten und Procenten der Bestandtheile, ist demnach für

1. Kalialaun
$KO,SO^3 + Al^2O^3, 3SO^3 + 24H^2O =$
$$\begin{cases} 588,856\,KO & = 9,9\,\text{pCt.} \\ 2003,000\,SO^3 & = 33,8\;\text{,,} \\ 641,800\,Al^2O^3 & = 10,8\;\text{,,} \\ 2699,520\,H^2O & = 45,5\;\text{,,} \end{cases}$$

2. Natronalaun
$NaO,SO^3 + Al^2O^3, 3SO^3 + 24H^2O =$
$$\begin{cases} 389,729\,NaO & = 6,8\;\text{,,} \\ 2003,000\,SO^3 & = 35,0\;\text{,,} \\ 641,800\,Al^2O^3 & = 11,2\;\text{,,} \\ 2699,520\,H^2O & = 47,0\;\text{,,} \end{cases}$$

3. Ammoniakalaun
$N^2H^6O,SO^3 + Al^2O^3, 3SO^3 + 24H^2O =$
$$\begin{cases} 324,980\,N^2H^8O & = 5,8\;\text{,,} \\ 2003,000\,SO^3 & = 35,0\;\text{,,} \\ 641,800\,Al^2O^3 & = 11,2\;\text{,,} \\ 2699,520\,H^2O & = 47,7\;\text{,,} \end{cases}$$

Natronalaun kommt wenig im Handel vor und wird derselbe
leicht erkannt an seiner grossen Löslichkeit und seinem Verhalten beim längeren Aufbewahren. Von Kalialaun lösen 100
Theile Wasser bei 10° nur 22,01 Theil auf, während von Natronalaun 110 Theile aufgelöst werden. — Sämmtliche Alaune
krystallisiren in regulären Octaedern oder Würfeln, welche
beide Krystallformen häufig gleichzeitig auftreten. Die Krystalle
des Kalialauns verändern sich an der Luft nicht, wohingegen
die des Natronalauns verwittern und zu Mehl zerfallen.

Ammoniakalaun oder auch Gemische von Kali- und Ammoniakalaun werden hingegen besonders in neuester Zeit häufig
dargestellt und angewendet, indem man zur Sparung der im
Preise hohen Kalisalze zu Gebote stehende ammoniakalische
Flüssigkeiten: gefaulten Urin, das ammoniakalische Destillat
von den Knochenbrennereien, von der Leuchtgasbereitung
u. s. w., zu gleichem Zwecke benutzt. — Der Gehalt an
Ammoniak lässt sich sehr leicht ermitteln; man hat zu dem
Ende nur nöthig, gleiche Theile von fein gepulvertem Alaun
und gelöschtem Kalk mit einander zu vermengen und mit
Wasser zu einem Brei anzurühren, worauf sich das Ammoniak sogleich durch seinen Geruch zu erkennen giebt. — Es
ist übrigens der Ammoniakgehalt des Alauns für dessen technische Benutzung nicht als ein Nachtheil, sondern im Gegentheil eher als ein Vortheil zu betrachten, da, wie aus obigen
Formeln ersichtlich, Kalialaun nur 10 Procent, Ammoniakalaun
hingegen 11 Procent Thonerde enthält; aber man sieht hieraus
überhaupt, dass man bei Anwendung des Alauns 89 bis 90
Procent fremde Substanzen (Wasser, Schwefelsäure und Alkali)

zu bezahlen genöthigt ist, die wenig oder gar nichts zu dessen Wirksamkeit beitragen. Es ist dies ein Uebelstand, der darin seinen Grund hat, dass die in der Natur vorkommenden Verbindungen — Alaunerde, Alaunschiefer, Alaunstein — aus denen die schwefelsaure Thonerde gewonnen wird, mit dieser zugleich schwefelsaures Eisenoxyd geben, welches Salz fast dieselbe Löslichkeit wie die schwefelsaure Thonerde besitzt, und durch einfache Krystallisation nicht von dieser getrennt werden kann. Man ist daher genöthigt, durch Zusatz von Alkalien die Bildung von Doppelsalzen zu veranlassen, welche grössere Unterschiede in ihrer Löslichkeit darbieten, so dass das schwer lösliche Thonerdedoppelsalz von dem Eisenoxydsalz durch Krystallisation leicht geschieden werden kann. — Daher darf man sich auch nicht wundern, dass fast jeder käufliche Alaun einen geringen Eisengehalt besitzt, welchen man sehr leicht an der blauen Färbung oder dem blauen Niederschlage erkennt, welcher entsteht, wenn man zu der Auflösung des Alauns eine Auflösung von gelben Kaliumeisencyanür (Blutlaugensalz) setzt. Bleibt die Auflösung hierbei völlig ungetrübt und ungefärbt, so ist dies ein Zeichen, dass der Alaun von Eisenoxyd völlig frei ist. Eine geringe Beimengung von Eisenoxyd macht den Alaun zur Leimbereitung nicht untauglich, dagegen würde eine grössere Menge den Papierstoff braun färben und Rostflecke verursachen, denn das Eisenoxyd wird wie die Thonerde durch das Alkali der Harzseife aus seiner Verbindung mit der Schwefelsäure ausgeschieden.

Um den Thonerdegehalt des Kalialauns zu bestimmen, genügt es, eine gewogene Quantität in einem bedeckten Porzellantiegel allmälig bis zum schwachen Glühen zu erhitzen. Der Alaun verwandelt sich hierbei, nachdem er zunächst schmilzt, durch Abgabe seines Wassergehaltes in eine poröse Masse (gebrannter Alaun), von deren Gewicht 0,198 Theile Thonerde sind. Man hat also das Gewicht des Rückstandes nur mit 0,198 zu multipliciren, um den Thonerdegehalt zu erhalten.[*)]

So lange die Darstellung der Schwefelsäure mit grösseren Kosten und in geringerem Umfange stattfand wie gegenwärtig, konnte an eine Darstellung der schwefelsauren Thonerde in

---

[*)] Ein in jeder Beziehung sehr reiner Kalialaun ist der sogenannte Patent-Alaun von Cunheim in Berlin.

einer andern Form als in der des Alauns füglich nicht gedacht werden, dagegen man in neuerer Zeit im Stande ist, mit Vortheil unmittelbar schwefelsaure Thonerde dadurch darzustellen, dass man schwach geglühten und gemahlenen Porzellanthon oder eisenfreien Töpferthon mit verdünnter Schwefelsäure in bleiernen Gefässen bis zur Sättigung der letzteren erhitzt. Die Masse wird darauf mit Wasser ausgelaugt und die Lauge so weit eingekocht, bis sie beim Erkalten zu einer festen Masse erstarrt, worauf sie in schickliche Formen ausgegossen und in platten, zolldicken Tafeln als concentrirter Alaun in den Handel gebracht wird.

Der concentrirte Alaun wird neuerdings vorzugsweise im nördlichen England, in Newcastle und Sowerby-Bridge dargestellt, und scheint in seiner reinsten Form durch die Formel $Al^2 O^3, 3 SO^3 + 18 H^2 O$ ausgedrückt werden zu können; er enthält alsdann 15,4 Procent Thonerde und 48,5 Procent Wasser. Allein der Wassergehalt und mit ihm natürlich auch der Thonerdegehalt schwanken in sehr weiten Grenzen; so enthielt eine von B. v. d. Becke in Hamburg unter dem Namen Aluminat bezogene schwefelsaure Thonerde 54,7 Procent Wasser und 12,4 Procent Thonerde. — Der Gehalt an Wasser und Thonerde ist sehr leicht und ganz auf dieselbe beim Kalialaun beschriebene Methode zu ermitteln. Eine abgewogene Menge des concentrirten Alauns wird in einem gewogenen Porzellantiegel successive bis zum schwachen Glühen erhitzt; der sich hierbei ergebende Gewichtsverlust rührt von entwichenem Wasser her. Der Rückstand ist schwefelsaure Thonerde, von welcher 0,30 Theile ihres Gewichtes reine Thonerde sind. Interessirt es Einen nicht, den Wassergehalt kennen zu lernen, so kann man eine gewogene Menge concentrirten Alauns in einem Platintiegel bis zur Weissgluth erhitzen, so lange sich noch Schwefelsäuredämpfe entwickeln; es bleibt hierbei nur Thonerde zurück, deren Gewicht man also unmittelbar bestimmen kann. — Diese leichte Untersuchungsart des concentrirten Alauns liess allerdings in dem veränderlichen Thonerde- und Wassergehalt kein grosses Hinderniss seiner Anwendung erblicken, und bedenkt man, dass man bei seinem Einkauf nicht genöthigt ist, ein in diesem Falle durchaus unwirksames Kalisalz mitzukaufen, so musste es theoretisch entschieden vortheilhafter erscheinen, concentrirten Alaun zur Leimbereitung anzuwenden. In der Praxis jedoch hat sich dies, wenigstens für den Verfasser dieses, nicht bestätigt: die schwefelsaure Thonerde enthält stets grosse Mengen Eisenoxyd (jenes oben angeführte Aluminat enthält davon an 2 Procent), so dass sie für feinere Papiere keine Anwendung finden kann. — Ob vielleicht dadurch, dass man die Darstellung der schwefelsauren Thonerde mit der Gewinnung der Stearinsäure vereinigt, wie Cambaceres*) vorgeschlagen hat, später ein reineres und gleich billiges Produkt in den Handel gebracht werden wird, müssen wir dahin gestellt sein lassen.

Geringere Grade von Festigkeit werden durch Anwendung gewöhnlicher Seifen erreicht, welche man gleich der Harzverbindung zersetzt; stearinsaure und margarinsaure Thonerde sind es alsdann, welche sich um die Papierfaser legen, die Poren des Papieres ausfüllen und das Eindringen von Flüssigkeiten verhindern. In neuerer Zeit dürfte jedoch nur selten diese Art der Leimung vorgenommen werden, da man durch geringe Quantitäten vegetabilischen Leimes dasselbe Resultat sicherer und mit geringeren Kosten erreicht. Nur die Wachsseife wird ihrer reinen Weisse wegen noch hier und da bei der Anfertigung feiner Schreibpapiere angewendet. Man stellt diese Wachsseife nach Canson auf folgende Weise dar: 2 Gewichtstheile kaustischer Natronlauge von 5° Beaumé werden mit 1 Gewichtstheil weissen Wachses so lange gekocht, bis eine vollständige Auflösung des letzteren erfolgt ist, worauf man dieselbe in das 3- bis 4fache Gewicht kochenden Wassers giesst und mit dieser Flüssigkeit 3 Gewichtstheile Stärkemehl, welches, um Klumpenbildung zu vermeiden, vorher mit kaltem Wasser angerührt worden ist, durch anhaltendes Umrühren so innig wie möglich vermengt. Von dieser Leimflüssigkeit fügt man dem Zeuge im Holländer so viel zu, dass auf die Leere 1 Pfund Wachs und 2 Pfund Natronauflösung kommen, und bewirkt die Zersetzung durch Zusatz von 1 Pfund Alaun im aufgelösten Zustande.

Man hat den in der Masse geleimten Papieren mehrere nicht unbegründete, auf ihre absolute Festigkeit und Oberflächenbeschaffenheit Bezug habende Vorwürfe gemacht, die hier etwas genauer betrachtet zu werden verdienen, zumal man geneigt gewesen ist und stellenweis noch ist, dieselben auf das Maschinenpapier überhaupt zu übertragen. — Unter absoluter

---

*) Polytechnisches Journal von Dingler, Bd. CXXVII, p. 301.

Festigkeit ist der Widerstand zu verstehen, welchen ein Papier dem Zerreissen entgegensetzt, und es ist dieselbe mithin verschieden von dem, was man den Angriff oder den Klang des Papiers nennt. Letzterer wird durch die Art und Weise des Trocknens bedingt und hängt mit einem gewissen Grade von Sprödigkeit zusammen, welchen das Papier bei schnellem Trocknen erhält, und ganz besonders wenn es hierbei in einem sehr gespannten Zustande sich befindet. Die absolute Festigkeit hingegen hängt bei sonst gleich guter Beschaffenheit des Ganzzeuges von der innigen und vollständigen Verfilzung der einzelnen Fasern ab, und eine kurze Ueberlegung lässt leicht erkennen, welchem Papiere, dem in der Masse oder dem im Bogen geleimten, in dieser Beziehung der Vorzug gebührt.

Bei dem in der Masse geleimten Papiere hatte sich die Leimsubstanz, die Verbindung von Harz und Thonerde, auf die organische Faser bereits niedergeschlagen, noch ehe dieselbe auf die Maschine gelangte; dieselbe hat dadurch ihre natürliche Weichheit, Biegsamkeit und Anziehung für das Wasser verloren, durch das Rütteln des Metalltuches geht das Wasser leicht fort und die einzelnen Fasern legen sich neben einander, ohne sich in einander zu verschlingen. Dagegen bei dem im Bogen geleimten Papiere hat die organische Faser, aus welcher der Bogen gebildet wird, wenn sie auf die Maschine kommt, noch alle ihre ursprünglichen Eigenschaften; sie ist weich, biegsam, zur Bildung von Löckchen geneigt und durch und durch von Wasser imprägnirt, welches sie hartnäckig zurückhält. Daher bildet (unter der Voraussetzung eines gut gemahlenen Ganzzeuges) die Gesammtmasse der Fäserchen einen langen, breiigen, das Wasser stark zurückhaltenden Stoff, welches letztere durch das Rütteln des Metalltuches der Maschine nur langsam entweicht und den einzelnen Fasern hinreichend Zeit lässt, der rüttelnden Bewegung folgend, sich nach allen Richtungen hin in einander zu verschlingen und zu verfilzen. Es ist somit klar, dass von aus gleich gutem Stoff gefertigten Papieren das ungeleimte eine grössere Festigkeit besitzen wird, als das in der Masse geleimte, und dass dies ganz allgemein der Fall ist, es mag das Papier auf der Maschine oder mit der Hand gefertigt worden sein. Erhält aber das bereits fertige Papier noch einen thierischen Leim, so wird dadurch von neuem seine Festigkeit vermehrt, denn, wie bereits auseinandergesetzt, bildet dieser Leim nach dem Trocknen auf beiden Seiten des Papiers eine zusammenhängende Schicht thierischer Gallerte, welche natürlich dem Zerreissen ebenfalls einen gewissen Widerstand entgegensetzt, der als eine Vermehrung der absoluten Festigkeit des Papiers betrachtet werden muss.

Die Erfahrung bestätigt vollkommen die Richtigkeit der hier aufgestellten Behauptungen, denn nach angestellten Versuchen ist die Festigkeit des in der Masse geleimten Papieres durchschnittlich um 25 pCt. geringer als die des im Bogen geleimten.*)

Ebenso übt, wenigstens für gewisse Zwecke, die Leimung in der Masse einen nachtheiligen Einfluss auf die Beschaffenheit der Oberfläche des Papiers aus. Bei dem mit thierischem Leime geleimten Papiere gleitet die Feder über den Gallertüberzug, bei dem in der Masse geleimten über die Papiermasse selbst. Beim Schreiben mit der Gänsefeder ist dieser Unterschied von geringer Bedeutung, ja, falls die Leimung zu stark oder das Satiniren übertrieben worden war, kann es sich auf dem thierisch geleimten Papiere weniger angenehm schreiben als auf in der Masse geleimten, allein jenes ist unbedingt diesem vorzuziehen beim Gebrauch von Stahlfedern und bei allen mit dem Zeichnen zusammenhängenden Operationen, dem Tuschen, Färben, dem Gebrauch der Reissfeder und des Gummi's. Letzteres besonders ist der wahre Probirstein für eine feste compacte Oberfläche. Beim in der Masse geleimten Maschinenpapier setzen sich Fäserchen in die Reissfeder, die Ränder der starken Striche werden nicht so scharf, beim Färben und Tuschen sinkt die Flüssigkeit zu schnell ein und das Gummi greift, wenn man eine Stelle nur etwas anhaltend damit reibt, die Oberfläche an, macht sie wollig, nimmt feine Striche der Reissfeder weg etc. Beim Zeichnenpapier zeigt sich demnach der Vortheil der thierischen Leimung und Lufttrocknung am evidentesten, und jeder, der sich mit Zeichnen beschäftigt, wird hiervon zu sagen wissen.

Diese allen in der Masse geleimten Papieren in gleicher Weise anhängenden nachtheiligen Eigenschaften haben die englischen Fabrikanten veranlasst, auch bei Maschinenpapieren die alte Leimmethode beizubehalten. Sie haben jedoch durch Einführung allerdings kostspieliger aber sehr zweckmässiger

---

*) Napier's *Encyclopaedia britanica.* Bd. 96.

Vorrichtungen es verstanden, den durch das Eintauchen der Bogen in die Leimauflösung und durch langsames Trocknen verursachten Zeitverlust fast auf Null zu reduciren; wir werden, beim fertigen Maschinenpapier angelangt, näher auf diese Vorrichtungen eingehen.

In Deutschland, wo hauptsächlich nur billiges Fabrikat auf guten Absatz rechnen kann, hat die Kostspieligkeit des englischen Verfahrens die Fabrikanten von der Nachfolge ihrer überseeischen Collegen abgeschreckt und sie vielmehr veranlasst, eine Methode aufzusuchen, welche die Vortheile beider bisher üblichen in sich vereine, nämlich Leichtigkeit und Billigkeit der Ausführung mit Festigkeit und tadelloser Oberflächenbeschaffenheit des Fabrikats. Man glaubte diese Resultate erreicht, wenn es gelänge, den thierischen Leim als Massenleim zu benutzen. Vornehmlich waren· es in neuester Zeit die Besitzer der wohl renommirten Papierfabrik Spechthausen bei Neustadt Eberswalde, Gebr. Ebart, welche derartigen Versuchen manche Opfer brachten, und nachdem sie bereits im Jahre 1845 ein Patent auf die Erfindung, **Papier mittelst Thierleims in der Masse zu leimen**, acquirirt hatten, in einem Rundschreiben im December 1847 erklärten, dass es ihnen zwar nicht gelungen sei, die Schwierigkeiten, welche sich der Benutzung des reinen animalischen Leims auf der Maschine entgegenstellen, ganz zu beseitigen, dass sie aber durch Anwendung dieses Leims und der Harzseife zu Resultaten gelangt seien, die bei voller Sicherheit des Erfolges auch in Rücksicht auf Oekonomie und bequeme Arbeit nichts zu wünschen übrig lassen, und dass sie um so weniger anstehen, ihre Erfahrungen den Papierfabrikanten anzubieten, als das auf solche Weise geleimte Papier, neben den bekannten Vorzügen des thierischen Leims, demselben mehr Klang und grössere Festigkeit zu geben, noch die wichtige Eigenschaft besitzt, durch die Gegenwart der Harzseife gegen den Angriff der Würmer geschützt zu sein. Die Herren Gebr. Ebart bieten ihr Verfahren als Geheimniss zum Kauf und verpflichten auch den Käufer, es als solches zu bewahren; es geht indess aus den Bedingungen des Kaufkontraktes hervor, dass sie sich, wie bei dem Leimen mit Harzseife des Alauns, so auch hier eines Niederschlagsmittels bedienen, um den thierischen Leim mit der Faser zu verbinden. Nach der chemischen Beschaffenheit der Leimsubstanz ist Alaun als Füllungsmittel nicht zu benutzen. Eine ge-

wöhnliche Alaunlösung bewirkt in einer Leimauflösung keine
Fällung, setzt man aber zu einer alaunhaltenden Leimflüssigkeit
eine Auflösung von Kali oder Natron, so fällt Leim in Verbindung mit basisch schwefelsaurer Thonerde nieder. Der Niederschlag sieht indess wie reine Thonerde aus und dürfte sich
schlecht als leimende Substanz bewähren. Dagegen sind unter
den mit geringen Kosten zu beschaffenden Substanzen als Niederschlagsmittel anwendbar: Chlorzinn, Gerbsäure, schwefelsaures Eisenoxyd. Chlorzinn, ein auch in der Färberei häufig
angewendetes Salz, giebt mit Leim ein weisses, zusammenhän-
gendes, sehr elastisches Coagulum, während Gerbsäure in der
Leimauflösung einen weissen, käseartigen Niederschlag erzeugt.
Bei Anwendung von Gerbsäure dürfte ein Zusatz von Alaun
oder irgend einem Thonerdesalz die Befestigung des Leims auf
der Faser sehr begünstigen. — Eine Auflösung von schwefelsaurem Eisenoxyd bewirkt in der Leimauflösung bei gewöhnlicher Temperatur keinen Niederschlag, erhitzt man aber die
Flüssigkeit oder vermischt sie mit einer alkalischen Lauge, so
fällt ein röthlichgelber zusammenbackender Niederschlag, welcher
eine Verbindung von Leimsubstanz mit schwefelsaurem Eisenoxyd ist. Dieser Niederschlag ist allerdings etwas stark gefärbt,
allein die Untersuchung der Asche eines auf Ebart'sche Art
geleimten Papieres ergab neben Thonerde einen starken Eisen-
oxyd-Gehalt, so dass es wohl möglich ist, dass ein Eisensalz
als Niederschlagsmittel benutzt wurde.*)

Ganz abgesehen aber davon, welches Niederschlagsmittel
sich als das vortheilhafteste bewähren möge, so geht doch schon
aus der Theorie, welche wir von beiden Leimmethoden entwickelt
haben, hervor, dass weder dieser noch irgend ein anderer Massenleim dem Papier alle diejenigen Eigenschaften in gleichem
Grade ertheilen kann, welche die Leimung im Bogen ihm giebt.
Denn lassen wir es einstweilen, bis zahlreichere Versuche vor-
liegen, dahingestellt, ob nicht der auf die Faser niedergeschlagene Thierleim ebenso wie die Harzseife einer innigen Ver-
schlingung oder Verfilzung hinderlich ist, und glauben es den
Gebr. Ebart, dass das nach ihrer Methode geleimte Papier an

---

*) Die qualitative Untersuchung der Asche eines Papieres aus der
Ebart'schen Fabrik ergab als unorganische Bestandtheile: schwefelsaures Kali,
Kalkerde, Thonerde, Eisenoxyd und geringe Spuren von Chlor.

Festigkeit keinem anderen nachstehe, so ist es doch rein unmöglich, dass es diejenige Oberflächenbeschaffenheit besitze, welche das im Bogen geleimte als Zeichnenpapier so gesucht macht. Denn wie schon erwähnt, der gewöhnliche thierische Leim ist eine Auflösung von Gallert in Wasser, daher jene diesem überall hin folgt, bis sie durch Verdampfung des letzteren an der Oberfläche des Papiers getrennt werden und die Gallert nun als eine zusammenhängende Schicht zurückbleibt. Der Ebart'sche Leim hingegen ist, wie die Harz-Thonerde, ein unauflöslicher Niederschlag, der sich auf der Faser befestigt und das Wasser entweichen lässt, ohne ihm auf die Oberfläche zu folgen, diese bietet daher wiederum Berg und Thal dar, erschwert die Wegnahme der Zeichnung durch Gummi, und kann an radirten Stellen durch einen nassen Schwamm die frühere Glätte nicht wieder erhalten.

Da überdies diese Leimungsmethode kostspieliger ist als die mittelst Harzseife, so ist es sehr fraglich, ob sie je einer ausgedehnten Anwendung sich erfreuen wird.

X. Die Papiermaschine.

Der durch sorgfältiges Waschen und Antichlor von Chlor und freier Säure befreite, lang und weich gemahlene, geleimte und gebläute Stoff wird nun aus dem Holländer in die Vorrathsbütte für die Maschine abgelassen, worin eine Rührvorrichtung ihn in steter Bewegung erhält, um das sich zu Bodensetzen von Zeug und Farbstoff zu vermeiden. Aus dieser Vorrathsbütte gelangt der Stoff durch verschiedene Vorrichtungen, die theils ein Reinigen desselben von fremden Substanzen, Sand, Knoten u. s. w., theils eine Regulirung des Zuflusses bezwecken, auf die Papiermaschine.

Die Papiermaschine, ursprünglich eine französische Erfindung, die vorzugsweise den Engländern ihre gegenwärtige Vollkommenheit verdankt, hat einen kaum glaublichen Umschwung in dem gesammten Industriezweige verursacht. Es ist höchst interessant und lehrreich, die von Robert angegebene Idee in allen Phasen ihres Wachsthums zu verfolgen und die durch Didot, Berte und Grevenich, Désétables, Leistenschneider, Bilbille und Lenteigne, Portier und Durieux, Brahma,

Denison und Harris, Gamble, Cameron, Foudrinier, Dickinson, Keferstein, Corty und Andere successive daran bewirkten Abänderungen und Verbesserungen kennen zu lernen, bis die Geschicklichkeit und Sachkenntniss eines Donkin und Chapelle eine Papiermaschine herstellten, welche man geneigt ist, als eine in allen ihren Theilen vollendete zu betrachten. — Hierauf indess, so wie überhaupt auf eine detaillirte Beschreibung dieses mechanischen Kunstwerks einzugehen, müssen wir verzichten, da namentlich die Grösse und Menge der hierzu erforderlichen Zeichnungen die uns gesteckten Grenzen überschreiten würden, und wir beschränken uns mithin auf eine allgemeine Darstellung der Maschine und ihrer Arbeit, so wie der neuesten daran angebrachten Verbesserungen.*)

Die Papiermaschinen zerfallen, je nach der Art der Aufspannung des Metalltuches, der sogenannten Form, in zwei Klassen. Bei der einen, den Maschinen mit gerader Form, den am häufigsten angewandten, besitzt die Form die Gestalt eines langen, endlosen, d. h. in sich selbst zurückkehrenden Gewebes, welches über parallele horizontale Walzen so gelegt und ausgespannt ist, dass sein oberer Theil eine völlig ebene Fläche

---

*) Ausführliche Beschreibungen von Papiermaschinen findet man in:

 Recueil des machines, instrumens et apparats qui servent à l'économie rurale et industrielle, par Le Blanc. III partie, 1 livraison.

 Annales de l'industrie française et étrangère. Tom I. Paris 1824, pag. 334.

 Kunst- und Gewerbeblatt des polytechnischen Vereins für Baiern. 1828. S. 447.

 Verhandlungen des Vereins zur Beförderung des Gewerbfleisses in Preussen. Jahrg. für 1850, p. 106.

Eine auffallende Erscheinung ist es, dass, während die besten in Deutschland arbeitenden Maschinen aus England eingeführt sind, und die englischen Papiere sich eines vortheilhaften Rufes erfreuen, man gerade in England, und zwar in den renommirtesten Fabriken, veraltete und unvollkommene Maschinen arbeiten sieht. Allein es ist diese Thatsache wiederum aus der daselbst herrschenden Leimmethode leicht erklärlich, denn da gerade die besseren Papiere einen thierischen Leim bekommen und ihre letzte Appretur erst nach dem abermaligen Trocknen durch Walzen zwischen Metallplatten erhalten, so ist es sehr gleichgültig, in welchem Zustande, ob rauh oder glatt, der Bogen die Maschine verlässt. Es folgt hieraus natürlich, dass, wie es auch der Fall ist, mittlere und ordinäre Sorten, die gleich von der Maschine in den Handel kommen, weit eher eines neuen und vollkommenen Maschinensystems bedürfen, als feine.

bildet, vgl. Fig. 36. An der einen schmalen Seite dieser Fläche fliesst der Zeug auf dieselbe; zugleich macht die Form durch die Umdrehung der Walzen, über welche sie gelegt ist, eine gleichförmig fortschreitende Bewegung von der eben erwähnten schmalen Seite nach der gegenüberstehenden, wo das gebildete Papier durch eigene Walzen abgenommen und der weiteren Behandlung überliefert wird. — Bei den Maschinen der zweiten Klasse, den Cylindermaschinen, ist die Form ein hohler, mit Draht überzogener, horizontal liegender Cylinder, der sich um seine Achse dreht. Diese Cylinderform ist auf beiden Seiten durch zwei kupferne Böden geschlossen, von denen jedoch der eine an der Stelle des Zapfens durchbrochen ist, um das in die Form eindringende Wasser entweichen zu lassen. Die Form liegt nämlich bis nahe zur Hälfte in einem Kupfertroge, der stets gleichmässig mit Papiermasse angefüllt erhalten wird. Das Wasser dieser Masse dringt durch das Sieb der Form in das Innere derselben, während der Papierstoff auf der Oberfläche des Cylinders haften bleibt, am obersten Punkte der Peripherie von einer mit Filz überzogenen Walze abgenommen, auf ein Filztuch ohne Ende übertragen und dann in gleicher Weise weiter behandelt wird, wie bei den Maschinen mit gerader Form. Es ist, so viel bekannt, mit derartigen Maschinen noch nicht gelungen, andere als starke und grobe Papiersorten, Packpapiere und Tapetenpapiere zu erzeugen, wohingegen mit denen der ersten Klasse alle Papiere, von den feinsten Postpapieren an bis zu den stärksten Packpapieren, gleich vollkommen gefertigt werden können, daher auch nur diese hier ausschliesslich Berücksichtigung verdienen.*)

Zu grösserer Uebersichtlichkeit kann man die sämmtlichen Theile der Papiermaschine nach ihren Funktionen in 5 Gruppen vereinigen: 1) Die Zeugbütte nebst den Vorrichtungen, durch welche die flüssige Masse in Bewegung und dadurch in stets gleicher Mischung erhalten, von Knoten und anderen Unreinigkeiten gereinigt, und ihr Zufluss nach der Form regulirt wird. 2) Die Form selbst. 3) Der Pressapparat, aus einer Anzahl

---

*) Eine ziemlich genaue Beschreibung und Abbildung einer Cylindermaschine befindet sich in dem technischen Wörterbuche von Karmarsch und Heeren, 2. Bd. p. 577. — Angefertigt sind solche Maschinen worden von A. Köchlin et Comp. in Mühlhausen im Elsass,

Walzen bestehend, zwischen welchen das lange, auf der Form unausgesetzt sich bildende Papierblatt durchgeht, um grösstentheils vom Wasser befreit und zugleich verdichtet zu werden. 4) Der Apparat zum Trocknen und Glätten, hauptsächlich aus hohen metallenen Walzen, die durch Dampf geheizt werden, bestehend. 5) Ein Haspel, um welchen das fertige Papier sich aufwickelt.

Die Zeugbütten, deren gewöhnlich zwei vorhanden sind, haben je nach dem Umfange des Geschäfts und den vorhandenen Localitäten sehr verschiedene Dimensionen, gewöhnlich sind sie im Stande, 6 bis 7 Holländerleeren aufzunehmen. In ihrem Innern bewegt sich eine hölzerne Rührvorrichtung, die an einer stehenden Welle befestigt ist, welche durch den Boden der Bütten hindurchgeht und von unten ihre Bewegung erhält. Aus den Zeugbütten wird der Stoff durch ein am Boden derselben angebrachtes, mit einem Hahn zu verschliessendes Rohr entweder unmittelbar nach einem runden hölzernen Kasten geleitet, worin er mit Wasser verdünnt und mittelst eines Schöpfrades auf die Maschine gehoben wird, oder einer Vorrichtung zugeführt, die den Zweck hat, der Maschine, es mag dieselbe langsam oder schnell arbeiten, und es mögen die Zeugbütten ganz oder nur zum Theil angefüllt sein, stets dieselbe Menge Stoff zuzuführen. — Die Wichtigkeit solcher Zeugregulatoren springt in die Augen, denn bei der bedeutenden Menge Papier, welche eine Maschine täglich liefert, erwächst dem Fabrikanten ein nicht unbedeutender Verlust, wenn der Ballen nur um einige Pfunde schwerer gearbeitet wird als nöthig ist, während zu leichte Waare nicht nur durch Decortrechnung pecuniären Nachtheil bedingt, sondern auch den Ruf der Fabrik mit der Zeit untergräbt. Die Zeugregulatoren indess, als Zwischenglied zwischen Zeugbütten und Maschine, können im günstigsten Falle nur bewirken, dass der Maschine in jeder Zeiteinheit ein gleiches Volumen des in den Bütten enthaltenen Stoffes zugeführt wird. Dieser Stoff selbst aber kann dick- oder dünnflüssig sein, und daher ein stärkeres oder schwächeres Papier geben, je nachdem die Holländer stärker oder schwächer betragen wurden und wenig oder viel Wasser beim Entleeren nachgegeben wurde. Es wird demnach durch derartige Regulatoren nur dann ein sicheres Resultat erzielt werden, wenn schon bei der Betragung der Holländer darauf gesehen wird, dass stets gleich viel Halbzeug derselben Hadern mit gleich viel **Wasser** verarbeitet werde; dies ist aber rein unmöglich, und demnach auch die Wirkung der Zeugregulatoren keine absolute. In diesem Umstande mag neben der Unvollkommenheit mancher Apparate selbst die Ursache liegen, dass die wenigsten der bisher construirten Regulatoren von Seiten der Fabrikanten Beifall fanden und man, wo dergleichen angebracht worden waren, sie nach kurzer Zeit wieder entfernte. Allein ist ein Regulator gut construirt, so dass er, unabhängig von der in den Zeugbütten enthaltenen Stoffmenge, der Maschine stets ein gleiches Volumen Stoff zuführt, und lässt er ohne Unterbrechung des Ganges der Maschine leicht eine Veränderung dieses Volumens zu, so wird er dem aufmerksamen Maschinenführer jedenfalls zur Erreichung eines gleichförmigen Papieres wesentliche Dienste thun, denn während sich ohne Regulator der Zufluss des Stoffes in jedem Augenblick verändert, hat er bei Anwendung desselben nur darauf zu achten, ob durch das Hinzukommen einer Holländerleere die Dichtigkeit des Stoffes verändert wurde. Mit gutem Gewissen kann nun der in Fig. 37 und 38 dargestellte Regulator als ein solcher empfohlen werden, der, so weit nach dem eben Gesagten eine Regulirung möglich ist, allen Anforderungen entspricht.

E und F sind kupferne Röhren, welche am unteren Boden der Zeugbütten den Stoff aufnehmen und nach dem ebenfalls kupfernen, senkrechten, im unteren Theile mit einer Erweiterung versehenen Rohre J führen, dessen unterste Oeffnung durch das konische Ventil c verschlossen wird. Um zunächst dem Papierstoffe den Fortgang durch diese Oeffnung möglich zu machen, muss das Ventil c an der schwachen Messingstange C mittelst der Hand in die Höhe gehoben werden, später hingegen wird das Heben und Senken des Ventils durch den Schwimmer B veranlasst. Aus dem Rohre J tritt nämlich der Stoff in einen hölzernen Kasten, der durch eine hölzerne Scheidewand in zwei Abtheilungen getheilt ist, die am unteren Theile der Scheidewand mit einander communiciren. In den ersteren kleineren Theil passt ziemlich genau der Schwimmer B, der an einer Schnur hängt, die über die Riemscheibe k läuft und an dem anderen Ende ein Gegengewicht zu dem Schwimmer B trägt. Auf der Welle der Riemscheibe k sitzt gleichzeitig das Excentricum b, welches durch seine Bewegung den einarmigen Hebel m, so wie die daran befestigte Stange C hebt oder senkt, und somit das Ventil *c* öffnet oder schliesst und den Zufluss von Stoff regulirt. Es ist indess klar, dass Schwimmer und Ventil nur dann das Zuströmen reguliren können, wenn auch der weitere Abfluss nach der Maschine hin stets derselbe bleibt. Denn es leuchtet ein, dass, wenn dieser Abfluss beständig wächst, der Schwimmer immer tiefer sinkt, bis das Ventil so weit als nur möglich geöffnet ist. Dieser Abfluss wird nun durch die doppelte aus Kupfer gearbeitete archimedische Schraube A regulirt; dieselbe erhält ihre Bewegung durch mehrere Zwischenvorrichtungen von der auf der Betriebswelle befestigten Riemscheibe n, diese überträgt nämlich zunächst mittelst eines Riemens die Bewegung auf die kleinere Riemscheibe o, welche auf derselben Welle wie die konische Trommel P befestigt ist. Von P wird die Bewegung an eine ganz ähnliche, nur umgekehrt liegende Trommel P' mittelst eines Riemens übertragen, dessen Stellung durch den mittelst der Schraube r und der Handhabe s beweglichen Wagen q bestimmt wird. Auf der Welle der Trommel P' sind zugleich die Riemscheiben t von verschiedener Grösse behufs Nachspannung des sich dehnenden Riemens, befestigt, welche durch einen Riemen mit dem Scheibensystem t' communiciren, dessen Welle gleichzeitig das Zahnrad u trägt, welches unter einem stumpfen Winkel in das Zahnrad u' eingreift, das auf der Welle der Schraube befestigt ist. Es ist nun klar, dass von der Stellung des die beiden Trommeln P und P' verbindenden Riemens die Geschwindigkeit der Schraube abhängt; wird derselbe mittelst des Wagens q nach s hingerückt, so wird die Peripherie von P kleiner, die von P' grösser, und die Bewegung der letzteren mithin verlangsamt, dagegen der Riemen bei entgegengesetzter Verrückung um eine grössere Peripherie bei P und um eine kleinere von P' läuft, daher die Bewegung der letzteren und mit ihr die der Schraube nothwendig zunimmt. Die Schraube A schüttet den in die Höhe gehobenen Stoff in die Abtheilung V aus, von wo derselbe durch das kupferne Bohr v weiter nach dem Schöpfrade und der Maschine geleitet wird. —

Wie bemerkt, gewährt dieser Regulator nur die Garantie, dass in gleichen Zeiten auch gleiche Volumina Stoff der Maschine zugeführt werden; allein sobald in diesen gleichen Volumen ein verschiedenes Verhältniss des Wassers zur trocknen Papiermasse vorhanden ist, so wird nichts desto weniger das daraus hervorgehende Papier verschieden stark ausfallen, und es ist daher auch bei Anwendung dieses Regulators unerlässlich, dass die Stärke des Papiers ab und zu geprüft werde. Es geschieht dies gewöhnlich durch Abwiegen eines Bogens; allein in neuester Zeit hat Rieder eine Vorrichtung, Piknometer genannt, an der Maschine angebracht, vermittelst welcher man in jedem Augenblick die Stärke des Papieres aus den Angaben eines Zeigers erfährt. Zwischen Trockenapparat und Haspel nämlich läuft das Papier an der einen Seite zwischen zwei kleinen Walzen durch, welche mit einem sehr fein fühlenden Hebel in Verbindung stehen. Dieser Hebel wirkt dann durch eine Uebersetzung auf einen Zeiger, der auf einem Gradbogen oder Zifferblatte die jedesmalige Dicke des fertigen Papieres in Zahlen anzeigt.*)

Eine bedeutend einfachere und der Maschine selbst zur Zierde gereichende Vorrichtung zur Regulirung des Zeugzuflusses, die sich gleichwohl ebenfalls sehr gut bewährt haben soll, ist folgende: In einen Messingcylinder von etwa 20 Zoll Höhe und 10 Zoll Durchmesser passt genau ein Kolben, der mittelst eines über den Kopf des Cylinders angebrachten Bügels und einer Schraube in jeder beliebigen Höhe innerhalb des Cylinders festgestellt werden kann. Am Boden hat der Cylinder zwei diametral gegenüberstehende Oeffnungen von je etwa 3 Zoll Quadrat, welche durch messingene Schieber dicht verschlossen werden können. Die eine dieser Oeffnungen gestattet dem aus den Vorrathsbütten kommenden Zeug den Eintritt in den Cylinder, während derselbe durch die andere Oeffnung weiter zur Maschine befördert wird, und es ist nun die Einrichtung getroffen, dass die beiden mit dem Getriebe in Verbindung stehenden Schieber sich abwechselnd öffnen und schliessen, so dass sie also nie zu gleicher Zeit zu oder offen sind. Damit ferner die im Cylinder befindliche Luft sich nicht der vollständigen Füllung desselben mit Ganzzeug widersetze, ist der Kolben durchbohrt, und ein Kugelventil, welches durch den einströmenden Zeug gehoben wird, schliesst ihn erst, sobald er vollständig angefüllt ist. Der Raum innerhalb des Cylinders bildet also die Maasseinheit des zu verarbeitenden Stoffes, und von seiner Grösse, so wie von der Geschwindigkeit, mit welcher

---

*) Dingler's polytechnisches Journal, Bd. 105, p. 315.

sich die Schieber öffnen und schliessen, wird auch die Stärke des Papieres abhängen.*)

Der aus dem Regulator heraustretende Zeug wird darauf nach einem runden Behälter geleitet, in welchem entweder ein aus vier circa 4 Zoll starken kupfernen, gebogenen Röhren bestehendes Kreuz oder ein hölzernes Schöpfrad läuft, mittelst welchen der Zeug auf die Maschine gehoben wird.

Der Stoff wird entweder im Schöpfrade mit der nöthigen Menge Wasser vermischt, oder es geschieht dies in der nächsten Abtheilung, in welcher zu dem Ende eine mit grosser Geschwindigkeit sich bewegende Rührvorrichtung angebracht ist. Aus dieser gelangt der Zeug durch Schützvorrichtungen, die eine gleichmässige Vertheilung des Zeuges nach der Breite bezwecken, auf den Sandfang, einer 2 bis $2\frac{1}{2}$ Fuss langen Ebene, die mit Messing- oder Zinkstäben belegt ist, zwischen denen Sand und schwerere Theile sich ablagern. Dem Sandfange folgt der Knotenfang, welcher aus einem System von dreikantigen Messingstäben, die in einem Messingrahm, auf zwei starke Kupferdrähte aufgeschoben, so befestigt sind, dass sie sämmtlich mit einer Kante nach unten gerichtet sind und mithin an der oberen Seite eine Ebene bilden; durch zwischen die Stäbe eingeschobene Messingblättchen von verschiedener Stärke werden die einzelnen Stäbe für feinere oder gröbere Papiere mehr oder weniger genähert. Damit diese Spalten sich nicht durch die Knoten verstopfen, wird der Rahm durch ein eingezacktes Rad in rascher Aufeinanderfolge ein wenig gehoben und wieder fallen gelassen.**)

Die Reinigung des Stoffes von Sand und Knoten ist unstreitig bei der Anfertigung von feinen Papieren von der grössten Wichtigkeit, allein wenn auf das Sortiren, Schneiden und Kochen der Lumpen die gehörige Sorgfalt verwendet wurde, so dürfte ein Sand- und ein Knotenfänger, beide vorausgesetzt gut construirt, sich als vollkommen ausreichend erweisen, und

---

*) Derartige Regulatoren werden sehr gut von der Maschinenbauanstalt des Herrn G. Sigl in Berlin angefertigt.

**) Eine sehr vortheilhafte Art von Knotenfängern wird gegenwärtig von den Mechanikern Joh. Steiner und Joh. Mannhardt in München dargestellt; siehe Polytechnisches Journal von Dingler, Bd. CX, p. 1. — Noch ein anders construirter Knotenfänger ist beschrieben in dem polytechnischen Centralblatt von Schwedermann, 1853, 1. December, Lieferung 23.

man muss es wohl als eine etwas übertriebene Sorgsamkeit bezeichnen, wenn Planche 4 Sandfänger, jeder von 6 Fuss Länge, und 4 Knotenfänger anwendet.

Der von den Knoten befreite Zeug fliesst zwischen den Stäben hindurch in die darunter befindliche Bütte, und gelangt aus dieser durch eine Schützvorrichtung über einen Lederstreifen, oder, wie man es in England häufig findet, über einen Streifen von mit Gummi elasticum überzogenen leinenen Stoff auf das Metalltuch. Die Anwendung von Schützvorrichtungen zum Auflassen des Zeuges auf die Maschine wird seltener angetroffen, als sie es verdient, denn es gewährt dieselbe den Vortheil, dass der Zeug mit mehr Kraft auf das Metalltuch fliesst und das Wasser weiter mit fortgeht, wodurch eine vollständigere Verfilzung der Papierfasern möglich wird. Indess ist es nothwendig, 3 Schützöffnungen anzubringen, denn je nachdem der Zeug sehr weich oder resch gemahlen ist, findet bei einer Schützöffnung leicht eine ungleiche Vertheilung auf dem Metalltuch statt. Weicher Zeug hält das Wasser lange zurück, derselbe vertheilt sich daher auch sehr gleichförmig, wohingegen kurz gemahlener Zeug das Wasser schnell fahren lässt und daher bei einer Schützöffnung das Papier am Rande schon merklich schwächer wird als in der Mitte, welchem Uebelstande durch 3 Oeffnungen leicht abgeholfen wird.

Das Metalltuch oder die Form $a\,b$ (Fig. 36) bildet mit seinem oberen Theile eine vollkommen horizontale Fläche, welche zunächst der Brustwalze c durch 48 kleinere hohle Kupferwalzen unterstützt wird, die in der Nähe des Leders fast ohne Zwischenraum neben einander liegen, weiterhin aber mehr von einander entfernt stehen, weil der Papierbogen, wenn er dorthin gelangt, nach dem Verluste einer grossen durch das Sieb abgelaufenen Wassermenge schon einige Consistenz hat, und eine zu nahe Lage der Walzen den Wasserabfluss selbst erschweren würde. Die Zapfen dieser Walzen liegen in eisernen Schienen, die mit dem Rahmen der Maschine verbunden sind, daher dessen Seitenbewegung mit erhalten. — Diesen kleinen Walzen folgen in weiterer Entfernung noch einige grössere, bis von der Leitwalze d die Form schräg abwärts steigt, durch die beiden kupfernen, mit Schläuchen aus Filztuch überzogenen Kupferwalzen $e\,e'$ hindurchgeht und unterhalb über verschiedene Spann- und Leitwalzen wiederum zurückkehrt. Die Bewegung der Form geht von der unteren Walze *e'* aus, welche mittelst einer Einrückung jeden Augenblick leicht mit dem Getriebe in Verbindung gesetzt, aber eben so auch getrennt werden kann. Während die Form sich vorwärts bewegt, erhält sie zugleich eine rüttelnde Seitenbewegung durch ein stellbares Excentricum, welches mittelst eines Hebelarmes mit dem Maschinenrahmen *f* in Verbindung steht. Diese rüttelnde Bewegung verursacht die Filzung des Papierstoffes und ersetzt die Bewegung der Form durch den Arbeiter bei der Anfertigung von Büttenpapier. Die Form *(wire)* ist ein Metalltuch aus Messingdraht, auf einem eigens hierzu construirten eisernen Webstuhl gewebt. Beim Einlegen eines solchen neuen Metalltuches ist die grösste Achtsamkeit darauf zu verwenden, dass sämmtliche Leit- und Spannwalzen genau parallel stehen und das Tuch auf beiden Seiten der Maschine vollkommen gleich gespannt werde, widrigenfalls sich dasselbe sehr bald verzieht und schadhaft wird. — Es versteht sich indess von selbst, dass auch die Güte des Drahtes und sorgfältige Anfertigung einen sehr wesentlichen Einfluss auf die Haltbarkeit des Tuches ausüben. Die Metalltücher von **Kufferath** in Mariaweiler bei Düren stehen mit Recht in einem ausgezeichneten Rufe.*) Man hat die Haltbarkeit der Metalltücher durch eine galvanische Verzinnung zu erhöhen gesucht, und sind die sogenannten versilberten Tücher nichts anderes als verzinnte; jedoch dürfte dies wohl nur da der Fall sein, wo ausschliesslich Schreibpapiere gefertigt werden und die beständige Einwirkung von Alaunauflösung eine Oxydation des Messingdrahtes zur Folge haben kann. Zinn widersteht dieser Einwirkung viel besser und es lässt sich daher denken, dass in einem solchen Falle die Verzinnung gute Dienste leisten kann. Bei Anfertigung von Druckpapieren hat Verfasser dieses noch keinen entschiedenen Vorzug der verzinnten Metalltücher wahrnehmen können. — Einen ganz wesentlichen Vortheil dagegen gewähren die sogenannten umsponnenen Metalltücher, wie solche in neuester Zeit von **Wangner** in Beutlingen u. a. angefertigt werden. Der Kettfaden dieser Tücher besteht aus einem von 6 Messingdrähten umsponnenen Zwirnfaden (an Stelle des letzteren wird gegenwärtig ebenfalls

---

*) Seit Kurzem werden auch in Berlin wieder dergleichen Metalltücher von J. **Müller** angefertigt, welche dem Verfasser von mehreren Seiten empfohlen worden sind.

ein Messingdraht genommen), und hat ein solches Tuch bei einem ersten Versuch 2200 Centner mittelfeines Papier geliefert.

Um die Breite des Papiers bei seiner Erzeugung willkürlich verändern zu können, dienen die Deckelriemen g, welche, auf zwei eisernen Schienen verschiebbar, einander nach Belieben genähert oder von einander entfernt werden können, nach welcher Entfernung sich auch die Verlängerung oder Verkürzung zweier kupfernen (auf der Zeichnung nicht angegebenen) Lineale richtet, welche theils eine gleich starke Vertheilung des Stoffes auf der Form, theils ein Zurückhalten von Schaumblasen bezwecken. Um auch während des Ganges der Maschine die gegenseitige Entfernung der Formdeckel verändern zu können, was theils bei Formatwechsel, theils besonders deshalb wünschenswerth ist, weil das Papier auf dem Trockenapparat oft nicht ganz in demselben Maasse schwindet und daher der Schneidemaschine bald ein zu breiter, bald ein zu schmaler Rand gelassen wird, haben Braun und Donkin die Deckelriemenleiter so mit einander verbunden, dass man mittelst einer einfachen Schraube ihre gegenseitige Entfernung auf das Genaueste reguliren kann *(adjustable deckles, charriot)*. Die Deckelriemen, aus mit Gummiauflösung getränkten baumwollenen Bändern oder, wie in neuester Zeit, aus Gutta-Percha*) gefer-

---

*) Die Gutta-Percha wird von dem Gutta-Percha- oder Gutta-Tuban-Baume gewonnen, welcher, in die Familie der Sapotaceen gehörend, vorzugsweise auf der Insel Singapore, dann aber auch auf der ganzen malayischen Halbinsel bis Pinang, ferner auf Borneo und den meisten umliegenden Inseln einheimisch ist. Um die Gutta zu gewinnen, haut man die ausgewachsenen Bäume, die bei einem Durchmesser von 2 bis 3 Fuss eine Höhe von 60 bis 70 Fuss besitzen, nieder, macht in die Rinde in Abständen von 12 bis 18 Zoll ringsum Einschnitte und stellt eine Cocosnussschaale, Palmenscheibe u. s. w. unter den gefällten Stamm, um den aus jedem frischen Einschnitte ausschwitzenden Milchsaft aufzufangen; dieser wird alsdann bis zum Kochen erhitzt, um die wässrigen Theile zu entfernen, worauf er nach dem Erkalten zu einer festen Masse erstarrt. In reinem Zustande ist die Gutta-Percha von gräulichweisser Farbe, wie sie aber im Handel vorkommt, hat sie einen mehr röthlichen Ton, welcher von Rindenstückchen herrührt; sie ist fettig anzufühlen und riecht lederartig. Einige Minuten lang in Wasser von 52° R. getaucht, wird sie weich und bildsam, so dass ihr jede beliebige Gestalt gegeben werden kann, die sie beim Erkalten beibehält. Man fertigt aus Gutta-Percha auch Treibrieme, die sich da, wo sie feucht gehen und eine Erwärmung durch Reibung nicht zu befürchten ist, recht gut bewährt haben; im Allgemeinen giebt aber Verfasser dieses den Lederriemen den Vorzug.

tigt, laufen endlos über die Leitungsrollen *h h*, und haben dieselbe Geschwindigkeit wie die Form, auf welcher sie genau aufliegen. Sie erhalten wie diese die Bewegung von der Walze *e*, auf deren Welle an der Betriebsseite zu dem Ende eine kleine Riemscheibe befestigt ist, von welcher mittelst eines Riemens die Bewegung einer auf der Welle *i* aufsitzenden zweiten Scheibe, also zugleich den Scheiben mitgetheilt wird, über welche die Deckelriemen gespannt sind. Dadurch, dass diese bald nachdem sie die Form verlassen haben, durch den Wassertrog *k* geleitet oder mit Wasser bespritzt werden, werden sie von allem anhängenden Papierstoffe gereinigt. Das Wasser dieses Troges wird wie das durch die Form abfliessende auf dem hölzernen Tische *l* gesammelt und von da dem Schöpfrade zugeführt, so dass der darin suspendirte Farb- und Papierstoff nicht verloren geht. — Zwischen dem Troge und den ersten Presswalzen gleitet die Form dicht über einen Kasten weg, der durch das Kupferrohr *m* mit einer Luftpumpe in Verbindung steht. Als letztere ist vortheilhaft der Glockenapparat (Fig. 39) anzuwenden, der wegen der geringen Anschaffungs- und Unterhaltungskosten, so wie wegen der geringeren Reibung und demzufolge geringeren Kraftaufwandes den Vorzug vor den sauber gearbeiteten Maschinen, in denen sich ein Kolben luftdicht in einem Metallstiefel auf- und abbewegt, verdient. In den Kasten *A* treten durch den Boden 3 Kupferröhren *g*, welche sich in dem einen Hauptsaugrohre *m* (Fig. 36) vereinigen. Der Kasten *A* ist mit Wasser angefüllt, jedoch nur so weit, dass die Enden der Röhren *g* über die Oberfläche des Wassers hervorragen; die Enden dieser Röhren sind durch Klappen *a* verschlossen, welche sich nach oben öffnen. Ueber jede dieser Röhren taucht ein unten offener, oben kuppelförmig geschlossener Cylinder in das Wasser, welcher ebenfalls an dem oberen Theile mit einem nach aussen sich öffnenden Ventil *h* versehen, an der eisernen Stange *c* befestigt ist, mittelst welcher dieselben durch eine mit 3 excentrischen Scheiben versehene Kurbelstange an den Leitstangen *f* auf- und niedergeführt werden. Das Spiel der Maschine leuchtet nun aus der Figur selbst ein: sobald sich nämlich ein Cylinder hebt, wird die Luft im Innern desselben verdünnt, es öffnet sich die Klappe *a* und die Luft aus dem Kasten *n* (Fig. 36) strömt nach, sobald aber der Cylinder heruntersinkt, drückt die Luft selbst die Klappe *n* zu und öffnet dagegen die Klappe *h*, durch welche sie entweicht, und da nun während der Bewegung der Maschine stets ein Cylinder im Steigen begriffen ist, so findet auch ein ununterbrochenes Saugen von Luft aus dem Kasten *n* statt. Bei dem Ersatz dieser Luft durch die äussere Atmosphäre, welcher nur durch den nassen Papierstreif auf dem Metalltuche möglich ist, wird gleichzeitig ein grosser Theil Wasser aus diesem ausgezogen, so dass das Papier in einem viel trockneren Zustande unter die erste Presse gelangt, wodurch ein öfteres Reissen desselben an dieser Stelle vermieden wird. —

Die Bewegung des Saugeapparats erheischt natürlich eine bestimmte Kraft, die, wenn sie auch eine Pferdekraft bei weitem nicht erreicht, doch geschafft werden will. Das Verdienst, diese Kraft zu sparen, wollte ein gewisser Collin (Polytechnisches Journal von Dingler, Bd. CXV, p. 23) sich erwerben, und er schlug daher vor, am unteren Boden des unter dem Metalltuch befindlichen Vacuumraumes ein einfaches, mit einem Hahne versehenes Rohr anzubringen. Es wird nun zunächst der Vacuumraum mit Wasser gefüllt, und, nachdem die Maschine in Gang gesetzt ist, der untere Hahn so weit geöffnet, dass nur so viel Wasser abfliesst, als dem Papier entzogen wird. Herr Collin hat jedoch hierbei ausser Acht gelassen, dass das durch den unteren Hahn abfliessende Wasser nicht nur Wasser aus dem Papier nach sich zieht, sondern auch Luft, welche durch die dünne Papierschicht auf dem Metalltuche durchdringt, so dass es unvermeidlich ist, dass mehr Wasser aus dem Vacuumraum abfliesst, als aus der Papiermasse hinzukommt, derselbe daher sehr bald leer wird und die Wirksamkeit des Apparates aufhört.

Denselben Zweck, Erzeugung grösserer Festigkeit des nassen Papieres durch möglichste Entfernung des Wassers, hat auch die kleine Walze *o*, welche zwischen der Luftpumpe und der ersten Presse auf dem Metalltuche liegt, und deren Oberfläche aus zwei über einander liegenden Metalltüchern von verschiedener Maschengrösse besteht, von denen das feinere die äussere Peripherie bildet. Eine mit einem Tuchstreifen besetzte Leiste streicht von dieser Trockenwalze die anhaftenden Papiertheilchen ab. — Einen so entschiedenen Vortheil übrigens die Anwendung der Luftpumpe gewährt, indem sie einen bedeutend schnelleren Gang der Maschine gestattet, so gering ist die Wirksamkeit dieses kleinen Trockencylinders, den man in den meisten Fällen entbehren kann; namentlich bei Anfertigung von starken Papieren ist es nicht rathsam, sich seiner zu bedienen, da durch die Knoten desselben seine Oberfläche sehr leidet und wegen der feinen Arbeit der Preis eines solchen Cylinders verhältnissmässig hoch ist.

In neuester Zeit dienen diese Siebwalzen *(Dandy rollers, Egoutteurs)* weniger zum Entwässern des Papiers, als um demselben das Ansehen des mit der Hand gefertigten (geripptes Papier, *laid paper*) zu geben und Wasserzeichen darin anzubringen. — Es bekundet zwar im Allgemeinen keinen sehr guten Geschmack, mittelst neuerer und vollkommenerer Methoden die Erzeugnisse der älteren, unvollkommeneren nachzuahmen, die Anwendung des gerippten Papiers hat jedoch insofern wenigstens eine praktische Seite, als es einer unsicheren Hand das Schreiben in gerader Linie erleichtert. Dagegen ist es geradezu als eine Verirrung des Geschmacks zu bezeichnen, wenn in neuerer Zeit das sogenannte Damastpapier *(Damast laid paper)* in Mode gekommen ist, wobei die Rippen, d. h. die Schussdrähte der Siebwalze, nicht gerade laufen, sondern zwischen den einzelnen, etwa 1 Zoll von einander entfernten Nähdrähten in schiefer Richtung abwechselnd auf- und absteigen. Nicht bloss die Durchsicht, sondern auch das ganze äussere Ansehen des Papiers wird hierdurch verdorben.

Um das Papier mit Wasserzeichen zu versehen, kann man dieselben, statt wie bei Anfertigung von Büttenpapier auf die Form, auf die Dandyrollers aufnähen. Es ist aber diese Methode nur da gut anwendbar, wo hinter der Papiermaschine eine Querschneidemaschine thätig ist, denn dann kann man, wenn für jedes Format ein besonderer Dandyroller vorhanden ist, es wohl leicht so einrichten, dass das Wasserzeichen stets an eine bestimmte Stelle des Bogens trifft; jedoch wo das Papier auf einen Haspel aufgewickelt wird, würde bei Anwendung dieser Methode das Wasserzeichen bei jeder Haspelumdrehung um eine Papierstärke aus seiner Stelle verrückt werden.

Ausser dieser, vorzugsweise in England üblichen Methode, Wasserzeichen im Papier hervorzubringen, müssen noch die französische und deutsche erwähnt werden, erstere von Montgolfier, letztere von Schäuffelen zuerst ausgeführt. Montgolfier presst die Wasserzeichen auf der ersten Trockenwalze mittelst gravirter Rollen in das Papier; sie haben daher einen sehr scharfen Rand und sind auf der einen Seite als Vertiefung sichtbar. Indem die Bewegung der Rollen mit der des Haspels verbunden ist, wird es möglich gemacht, dass auch ohne Querschneidemaschine die Zeichen doch stets an derselben Stelle des Bogens eingedrückt werden. Dass aber für jedes Format besondere Rollen nothwendig sind, versteht sich von selbst. Schäuffelen endlich presst die Wasserzeichen erst beim Satiniren in den trocknen Bogen, indem er die Zeichen auf die Glanzpappen auflegt. Die Zeichen drücken sich nach dieser Methode allerdings am schönsten ab, allein die Glanzpappen leiden sehr und die Methode wird hierdurch sehr kostspielig.

Die erste Presse, die sogenannte Nasspresse, besteht aus zwei kupfernen Walzen (Gautschwalzen), welche beide mit wollenen Schläuchen *(manchon en feutre)* überzogen sind. Die untere, 8 bis 12 Zoll im Durchmesser gross,*) wird, wie schon erwähnt, von dem Metalltuche umschlungen, welches darüber nach unten seinen Weg nimmt. Diese untere Gautschwalze, so wie die Brust- oder Stirnwalze, die auch meistens gleichen Durchmesser haben, haben die ganze Last und Spannung des Metalltuches auszuhalten und müssen daher ganz besonders dauerhaft construirt werden. Das Metalltuch hat eine mittlere Länge von 26 bis 28 Fuss, über die man jedoch in neuerer Zeit möglichst hinauszugehen sucht. Bei einem langen Metalltuche nämlich hat auch bei einem schnellen Gang der Maschine das Wasser vollständig Zeit, sich von der Masse zu trennen, was einen sehr vortheilhaften Einfluss auf das Papier ausübt. Escher in Zürich hat daher dem Metalltuch eine Länge von 34 Fuss und darüber gegeben. Es sind jedoch diese allzu langen Metalltücher auch mit manchen Uebelständen verbunden, indem auf ihnen sich sehr leicht Wasserstreifen im Papier erzeugen. Es sind dies Querstreifen, die man sehr häufig bei dicken und insbesondere bei dicken farbigen (blauen und grünen) Papieren beobachtet und die man am besten bemerkt, wenn das Licht von der Seite auf den Bogen fällt oder wenn man schief darüber hinwegsieht. Die Ursache dieser Schatten-

---

*) Mit Recht giebt man in neuerer Zeit den die Bewegung der Maschine bestimmenden Walzen einen möglichst grossen Durchmesser, um bei ruhiger Achsenumdrehung eine grosse Peripheriegeschwindigkeit zu erhalten.

streifen liegt, wie Oechelhäuser*) sehr richtig bemerkt, in der
Elasticität, d. h. in dem durch sie verursachten stossweisen Vorrücken des Metalltuches. Dasselbe erhält von der Gautschwalze
aus seine Bewegung und muss alle anderen im Siebe befindlichen Walzen mit herumnehmen; zudem wird seine Oberfläche
mit dem Gewichte des nassen Papierstoffes beschwert, welches
insbesondere bei dickem Papier gar nicht unbeträchtlich ist.
Alle diese Reibungen zu überwinden, erfordert eine gewisse
Anstrengung vom Metalltuch, die sich auch durch die verschiedenen Spannungen des oberen vorrückenden und des unteren
zurückkehrenden Theiles bekundet. Hierdurch kommt es, dass
das Vorrücken des Metalltuches an dem Punkte, wo der Stoff
auffliesst, nicht gleichmässig, sondern in Folge der Elasticität
gleichsam stossweise oder vibrirend vor sich geht, was sich
durch das Gefühl, häufig sogar mit dem Auge wahrnehmen
lässt. Die Vertheilung des Papierstoffes in der Richtung der
Länge des Siebes geschieht also nicht gleichmässig, sondern
er lagert sich in abwechselnd dickeren und dünneren Schichten.
Indem diese nun unter der Presswalze eine verhältnissmässig
stärkere und schwächere Pressung erleiden und auch auf dem
Trockenapparat verschieden schnell trocknen, werden sie als
Streifen in der Ansicht des Papieres bemerkbar. Bei farbigen
Papieren wird jeder stärker gepresste und schneller getrocknete
Punkt heller, daher auch bei diesen solche Streifen mehr in die
Augen fallen. Dieser Fehler zeigt sich überdies im verstärkten
Maasse, wenn die Gautschwalze eine im Verhältniss zum Durch-
messer sehr dünne Welle hat, oder wenn die Triebscheibe weit
von der Walze entfernt ist, so dass schon in der Uebertragung
der Bewegung von der Triebscheibe auf die Peripherie der
Gautschwalze ein gewisses Vibriren stattfindet. Maschinen mit
Gautschwalzen von geringem Durchmesser und kurzen Metall-
tüchern leiden daher auch viel weniger an diesem Fehler. Ausserordentlich solide Construction der die Bewegung übertragen-
den Wellen und Achsen, so wie starke und gehörig gespannte
Riemen tragen viel zur Verminderung der Schattenstreifen bei.
Vielleicht liessen sie sich ganz entfernen, wenn man die Brust-

---

*) Bericht über die auf den diesjährigen Gewerbeausstellungen zu Paris
und Gent ausgestellten Maschinen, Metalle, Metallwaaren und Papiere. Dem
Reichsministerium des Handels erstattet von W. Oechelhäuser, 1849.

walze durch einen Riemen von dem Vorgelege der Gautschwalze aus in Bewegung setzte, anstatt sie von dem Metalltuch
schleppen zu lassen.

Die obere Gautschwalze lastet auf der unteren nicht allein
vermöge ihrer eigenen Schwere, sondern überdies mit dem
Drucke, welchen zwei mit Gewichten versehene Hebel hervorbringen. Die Zapfen dieser Walze werden nicht von Lagern,
sondern von schrägen Flächen getragen, auf welchen sie frei
aufliegen. Statt dieser Hebel und Gewichte findet man in neuerer Zeit mittelst einer Schraube verschiebbare Lager, durch
welche man die obere Walze nach Bedürfniss mehr oder weniger gegen die untere anpressen kann. Der anzuwendende
Druck richtet sich nach der Beschaffenheit des Zeuges, indem
man denselben nur dann erhöhen wird, wenn ein schwierig gemahlener Zeug das Wasser schwer von sich giebt. Man wird
im Allgemeinen zu berücksichtigen haben, dass ein starker
Druck auch das Metalltuch stark angreift und derselbe daher,
wo es der Zeug erlaubt, zu vermeiden ist. Ein mit Filztuch
bekleideter Schaber und ein ununterbrochen darauf geleiteter
Wasserstrahl reinigen die obere Walze von anhängenden Papiertheilchen. Der Durchmesser der oberen Gautschwalze ist
stets grösser als der der unteren und beträgt 10 bis 12 Zoll.

Es ist, damit über die ganze Breite des Metalltuches, die bei
grösseren Maschinen über 5 Fuss beträgt, ein gleichmässiger Druck
stattfinde, wesentlich nothwendig, dass die Schläuche auf beiden
Presswalzen so fest aufliegen, dass auch bei stärkerem Anpressen
der oberen gegen die untere keine Falten sich bilden. Es müssen daher die Schläuche ursprünglich etwas enger sein, als die Peripherie
der Walzen es fordert; sie werden alsdann auf Leistenhölzer mittelst
Keile so weit aufgetrieben, dass sie mit Mühe sich aufziehen lassen,
welche Operation man durch ein Bestreichen der Kupferwalzen mit
Graphit oder Seife erleichtert. Der aufgezogene Schlauch wird alsdann mittelst eines Holzes möglichst in die Länge gedehnt, um
dadurch den Durchmesser zu verkürzen, und die beiden Enden
des gedehnten Schlauches um die Walzenachse festgenäht; endlich, wenn noch eine Falte sich herausdrücken lässt, bringt man
ihn durch Behandeln mit warmen Wasser zum Einlaufen.

Das durch die Maschen des Metalltuches abfliessende Wasser, so wie das, welches zum Reinigen der Deckelriemen und
der oberen Gautschwalze diente, enthält stets Papiermasse in

Suspension, so wie auch namentlich beim Beginn und Aufhören der Arbeit mit der Maschine eine nicht ganz unbedeutende Menge Stoff zu Boden fällt. Um diesen Stoff wieder zu gewinnen, bringt man entweder unter der Maschine Tische und Kasten an, in welche er sich ansammelt, oder man bedient sich eines eigens construirten Zeugfanges. Es wird nämlich sämmtliches abfliessende Wasser in einen Kasten geleitet, der etwa 4 Fuss lang, 2 Fuss 4 Zoll breit und eben so hoch ist und in welchem sich ein Drahtcylinder ganz ähnlich den früher beschriebenen Waschtrommeln, nur stärker construirt, befindet; an diesem Cylinder, der sich nur langsam dreht, setzt sich der Zeug fest, während das Wasser in den Cylinder eintritt, von den Schaufeln erfasst wird und durch die Hohlachse abfliesst. Der auf dem Cylinder haftende Zeug wird auf eine mit Filz überzogene Holzwalze übertragen und zeitweise von dieser abgenommen. (Diese Zeugfänge geben das beste Bild der Cylindermaschinen.)

Nach dem Austritte aus der ersten Presse wird das Papier mittelst eines Schwammes von dem Metalltuche abgenommen und auf ein durch die hölzernen Walzen pp angespanntes Filztuch ohne Ende gelegt, welches an beiden Seiten mit ledernen Riemen eingefasst ist, die durch Messingrädchen festgehalten und geleitet werden, so dass auch in der Breite stets die Spannung erhalten wird. Die Einfassung der Filze mit Lederriemen und die Spannrädchen hat man hier und da entbehren zu können geglaubt, indem man die hölzerne Leitwalze vor der ersten schweren Presse von der Mitte nach beiden Seiten hin mit spiralförmigen Furchen versieht, die das Zusammengehen des Filzes hindern, oder indem man dem Filz überhaupt nur eine sehr schwache Spannung giebt. Es ist dies jedoch nur da möglich, wo eine schmale Maschine bei sehr langsamen Gange arbeitet, bei breiten, schnell arbeitenden Maschinen würde sich der Fabrikant nur selbst schaden, wollte er die Ausgabe für Leitriemen und Spannrädchen scheuen. — Das Filztuch führt das Papier unter die zweite Presse, die aus zwei gusseisernen, glatt polirten massiven, 10 Zoll im Durchmesser haltenden Walzen besteht, von denen die obere wiederum mehr oder weniger gegen die untere fest gedrückt werden kann. — Bei dem Uebergange des Papiers von der ersten Presse auf den ersten sogenannten Nassfilz tritt zugleich Luft zwischen Papier und Filz, welche, wenn das Gewebe des letzteren sehr fest ist, nicht entweichen kann, sondern vor der schweren Presse das Papier zu Blasen aufbläht, die alsdann beim Durchgange durch die Presse Falten im Papiere veranlassen. Da jedoch andererseits ein festes Gewebe für die Haltbarkeit der Filze vortheilhaft ist (die halb geköperten Tücher scheinen sich am besten zu bewähren), so muss man darauf bedacht sein, diese Luftblasen auf andere Weise zu entfernen. Es gelingt dies leicht, indem man unter dem Filz, dicht vor der schweren Presse, einen Kasten anbringt, aus welchem mittelst der Luftpumpe die Luft ausgesaugt wird, oder wenn man das Papier von dem Filz abhebt und über die kleine, mit Filztuch überzogene Kupferwalze q laufen lässt, so dass es erst beim Eintritt in die Presse wieder mit dem Filztuch in Berührung kommt. — Es ist sehr häufig der Fall, dass Filztücher, die neu keine Falten verursachen, dies nach der Wäsche thun; es rührt dies von einer durch die Seife veranlassten Filzung her, und man thut daher wohl, die Seife gänzlich zu vermeiden und nur Soda beim Waschen anzuwenden. 1 Pfd. calcinirte Soda wird in 100 Pfund Wasser aufgelöst, darauf der Filz 24 Stunden in dieser Lauge geweicht und dann mit frischem Wasser unter stetem Klopfen mit runden Hölzern ausgewaschen. — Die obere Walze (in neuester Zeit auch oft die untere), welche unmittelbar das Papier berührt, wird durch einen, mittelst eines Gewichtes eng angedrückten stählernen Schaber sorgfältig von anhängenden Papiertheilchen gereinigt. Ueber die untere fliesst das ausgepresste Wasser hinweg in eine unter ihr befindliche Abzugsrinne und es ist hierdurch allerdings dieser unteren Walze eine, wenn auch durch die fortwährende Bewegung sehr geschwächte Möglichkeit und Veranlassung zum Rosten gegeben. Um dies gänzlich zu vermeiden, überzieht Planche die unteren Cylinder der zweiten so wie der dritten Presse mit Kupfer. (Eine wohl übertriebene Aengstlichkeit.)

Es geschieht namentlich bei der Anfertigung von geleimten Papieren, wenn das Harz unvollständig aufgelöst war, oft, dass das Papier sehr stark an der oberen Walze haftet und daher entweder überhaupt schwer fortzuleiten ist, oder doch wenigstens oft abreisst und sich auf die Walze aufzuwickeln sucht. In diesem Falle ist es vortheilhaft, die Walze mit Terpentinöl (Kienöl), welches auflösend auf das Harz wirkt, zu bestreichen oder zu beiden Seiten auf den Schaber mit Terpentinöl getränkte

Flanelllappen aufzulegen, weil namentlich an den Seiten das Papier leicht anklebt.

Das aus der zweiten Presse heraustretende Papier wird über die kupferne Leitwalze *r* hinweg der dritten Presse *ss'* zugeführt. Die Construction dieser Presse ist der zweiten ganz gleich, nur dass, der Platzersparniss wegen, die Ausspannung des Filzes nach oben hin stattfindet und nun die früher untere Seite des Papiers von der drückenden Walze berührt wird, wodurch bei gleicher Behandlung beider Seiten auch einer gleichen Glätte vorgearbeitet wird. Das oberhalb der Walze *s'* hervortretende Papier wird darauf unter der Spannwalze *t* hinweg nach dem durch Wasserdampf geheizten Trockenapparat geleitet. Dieser Apparat besteht aus 3, oft auch aus 4 grösseren gusseisernen Cylindern*) von drei Fuss Durchmesser, von denen der erste nur schwach, die folgenden dagegen immer stärker erwärmt sind, so dass das um sie herumgeführte Papier vollständig trocken den Apparat verlässt. Bei seinem Umlaufe um diese Cylinder wird das Papier wiederum durch Filze geleitet und gegen die Cylinder gedrückt. Die einzelnen Theile des Apparats sind aus der Betrachtung der Figur leicht verständlich. *u, u, u* Dampfleitungsröhren; an der entgegengesetzten Seite des Cylinders sind Heberröhren angebracht, die, fast bis an den untersten Theil des Cylinders reichend, bewirken, dass der eintretende Dampf nicht unmittelbar wieder aus denselben heraustreten kann, sondern das condensirte Wasser zunächst herausdrängen muss, wodurch bezweckt wird, dass einmal die Cylinder nicht durch eine grosse Wassermasse erschwert werden, dann aber auch, dass der Dampf kräftiger erwärmend wirke. *v v' v* sind hölzerne oder besser gusseiserne Leitwalzen für die beiden Trockenfilze der unteren und oberen Cylinder; *w, w, w* sind kupferne Leitwalzen für das Papier, welches folgenden Weg zurücklegt: nachdem es unter der Walze *t* weggeführt ist, wird es auf der Walze *v* auf den Trockenfilz aufgelegt und von diesem um den Cylinder herumgeführt, darauf über die Walzen *w w'* weg dem zweiten Cylinder zugeleitet, tritt es bei *v'* wiederum zwischen Filz und Cylinder ein, passirt die Pressung *x*, wird darauf von dem abwärtsgehenden Filz abgenom-

---

*) Bisweilen ist selbst ein fünfter etwas kleinerer Cylinder vorhanden, der dann zum Trocknen des Filzes bestimmt ist.

men, der Pressung *y* übergeben, läuft um den oberen Trockencylinder und wird endlich unter der Walze *w"* weg dem Haspel
oder dem Satinirwerk, oder der Leimvorrichtung, oder der
Schneidevorrichtung zugeführt.*)

Dieser so eben beschriebene Trockenapparat, der bisher mit
unwesentlichen Modificationen und nur in geringerer oder grösserer Vollkommenheit in sämmtlichen Fabriken angetroffen wurde,
ist mit einem bedeutenden Verbrauch von Brennmaterial verknüpft, der daher entspringt, dass die Flamme des angewendeten Brennmaterials nicht unmittelbar zur Heizung der Trockencylinder benutzt, sondern erst Wasser in Dampf verwandelt
werden muss, von welchem jene ihre Wärme empfangen. Dabei muss dem Dampf im Dampferzeuger schon eine bedeutende
Spannung gegeben werden, um ihn so stark zu erhitzen, dass
er noch nach der Abkühlung durch eine ziemlich lange Röhren-
leitung ziemlich heiss in die Cylinder gelangt. Zur Beseitigung
dieses Uebelstandes haben die Herren Chapelle in Paris einen
Trockenapparat construirt, der im Princip allerdings eine grosse
Ersparniss von Brennmaterial verspricht.**) Der erste Cylinder
nämlich nimmt von der einen Seite die sich durch die Verbrennung auf einem benachbarten Heerde entwickelte Flamme nebst
Rauch auf, von der entgegengesetzten dagegen geringe Wasser-
mengen, die sich im Innern des Cylinders erhitzen und ihm eine
überall gleichmässige Temperatur mittheilen. — Der Rauch und
die Gase, welche aus dem Ofen ausströmen, durch den Cylinder
gehen und denselben auf der entgegengesetzten Seite wieder
verlassen, werden durch einen Kanal in den zweiten Cylinder
geführt, den sie ebenfalls mittelst Wasserstrahlen erwärmen.
In gleicher Weise wird ein dritter und, wenn nöthig, auch ein
vierter Cylinder geheizt. Es ist ersichtlich, dass die Wärme
dieser verschiedenen Cylinder von dem ersten bis zum letzten
nach und nach abnehmen muss, daher auch das Papier zuerst
über den letzten, d. h. am wenigsten heissen Cylinder geleitet
wird. Fig. 40 zeigt einen senkrechten Durchschnitt dieses Apparates nach der Achse des Trockencylinders. Der gusseiserne

---

*) Maschinen der hier angegebenen Construction werden in grosser Voll-
endung und preiswürdig von der Maschinenbauanstalt von G. Sigl in Berlin
verfertigt

**) Dingler's Polytechn. Journal, Bd. CXXIV, p. 203.

Cylinder *A* ist an beiden Seiten mit den Deckeln *B* verschlossen, die aus einem Stück mit den hohlen Zapfen gegossen sind, welche in den Lagern *C* ruhen. Ueber den einen Zapfen greift möglichst dicht das Röhrenstück *D*, welches über einer gusseisernen Glocke *E* angebracht ist, die ihrerseits als Ofen dient. Unten ist die offene Glocke mit einem Rost *F* versehen, auf den man das Brennmaterial durch die Thür *G* wirft.

An dem obern Theil des Röhrenstückes *D* sind zwei Klappen oder Ventile *H* und *H'* angebracht um die Verbindung des Ofens mit dem Innern des Cylinders oder der Esse *I* zu unterbrechen. Soll demnach der Apparat in Betrieb gesetzt werden, so öffnet man das Ventil *H* und schliesst *H'*, so dass Flamme und Rauch genöthigt sind, in den Cylinder einzutreten. —

Das Ende des zweiten Zapfens wird gleichfalls von einem Rökrenstück *K* aufgenommen, durch welches Flamme und Rauch abziehen, um nach dem zweiten Cylinder geführt zu werden. Im Innern der Röhre *K* und des Zapfens ist eine kleine Röhre *M* angebracht, durch welche geringe Mengen Wasser in das Innere des Cylinders gespritzt werden.

Ob dieser Apparat frei von Uebelständen sein wird, muss die Erfahrung lehren, wir fürchten, dass die Dichtung zwischen den Flammen und Rauch zu- und ableitenden Röhren und den sich beständig umdrehenden Zapfen leicht unvollkommen werden und dann Rauch in den Maschinenraum treten und das Papier verunreinigen kann. Ueberhaupt wird der Apparat im Innern sehr häufige Reinigung erfordern und würden wir daher unbedingt der Anwendung von erwärmter Luft zu gleichem Zwecke den Vorzug geben.

Die Zeit, innerhalb welcher der flüssige Papierstoff in fertiges Papier verwandelt, diesen letzten Apparaten überliefert wird, hängt von der Geschwindigkeit der Walze *z* ab, welche durch eine Muffe mit der Hauptwelle in unmittelbare Verbindung gesetzt wird, von welcher allen übrigen Theilen die Bewegung theils durch Zahnräder, theils durch Riemscheiben mitgetheilt wird. Als mittlere Geschwindigkeit aber der Walze *z* sind 12 bis 13 Umdrehungen in einer Minute anzunehmen, und da die Peripherie derselben circa 30 Zoll beträgt, so lässt sich hieraus die mittlere Leistung einer Maschine leicht berechnen.

Bei der Führung der Maschine ist es nun unbedingt nothwendig, dass zwischen den Geschwindigkeiten der einzelnen

Theile die genaueste Uebereinstimmung stattfinde, damit nirgends das Papier durch zu langsame Fortbewegung sich anhäufen, oder durch zu rasches Anziehen abgerissen werden kann. Man bewirkt diese Uebereinstimmung für jede einzelne Papiersorte durch Vergrösserung oder Verkleinerung der betreffenden Riemscheiben, indem man Filzstreifen auf dieselbe auflaufen lässt, wenn die Bewegung der damit zusammenhängenden Theile verlangsamt oder abnimmt, wenn sie beschleunigt werden soll.

Auf eine elegantere und genauere Weise geschieht diese Regulirung durch ausdehnbare Riemscheiben, deren Construction aus Fig. 41 ersichtlich ist. Mittelst eines Schlüssels wird die Schraubenmutter v, welche mit dem konischen Rade v' zusammenhängt, gedreht. Dieses Rad ist selbst die Mutter für ein Schraubenstück v'' (Fig. 42), mittelst dessen ein Scheibensegment vom Mittelpunkt entfernt oder demselben genähert wird, und da das konische Rad v' auch die übrigen Räder in Bewegung setzt, so findet auch die Veränderung der Stellung sämmtlicher Scheibensegmente gleichzeitig und in demselben Sinne statt. — So sinnreich jedoch diese Erfindung ist, so dürfte doch in den meisten Fällen die zuerst erwähnte einfachere und weniger kostspielige Methode den Vorzug erhalten*), zumal bei ihr die Regulirung der Geschwindigkeit während des Ganges der Maschine viel leichter und schneller bewerkstelligt wird als durch die veränderliche Riemscheibe.

In den „Verhandlungen des Vereins zur Beförderung des Gewerbefleisses in Preussen", Jahrgang 29, Seite 106, findet sich die Beschreibung einer Maschine, die in sehr wesentlichen Punkten von der hier beschriebenen abweicht. Dieselbe ist von Th. Joh. Marshall in Daitfort bei London gebaut und in der den Herren Ebbinghaus, Tillmann und Grothe gehörenden Arnsberger Papierfabrik aufgestellt worden. — Ausser dass Zeugregulator, Sandfang, Knotenfang, Trockenapparat, Satinirwerk, Schneidemaschine in ihrer Construction mehr oder minder von den hier beschriebenen entsprechenden Apparaten abweichen, besteht eine principielle Verschiedenheit in der Construction der Nassmaschine. Der Rahmen nämlich, über welchen das Metalltuch ausgespannt ist, ist um eine horizontale Achse beweglich,

---

*) Es verdient kaum erwähnt zu werden, dass auch zur Vergrösserung und Verkleinerung des Haspels dieselbe Vorrichtung benutzt werden kann.

so dass derselbe verticale Schwingungen macht, während im Allgemeinen horizontale Schwingungen gebräuchlich sind. *) Es dürfte sehr sehwer sein, die Construction dieser Maschine ohne Zeichnung vollständig zu verdeutlichen, und sehen wir uns genöthigt, diejenigen, welche näher mit derselben bekannt zu werden wünschen, auf jene Verhandlungen zu verweisen, um so mehr, als die Besitzer der genannten Fabrik sich keineswegs günstig über Princip und Construction der ganzen Maschine und ihrer Theile (mit Ausnahme des Trockenapparates) aussprechen und daher wohl nicht zu erwarten steht, dass dieselbe eine ausgedehnte Verbreitung finden wird. — Unsere sofortigen Bedenken waren: 1) die verticale Schüttelung kann nur den Zweck haben, den Austritt des Wassers aus der Papiermasse zu erleichtern, während die horizontale Bewegung gleichzeitig die innige Verfilzung der Zeugfasern bewirkt. 2) Dieser in der Durchsicht zum Vorschein kommende Mangel an Verfilzung, der, beiläufig gesagt, auch auf die Haltbarkeit des Papiers nur einen nachtheiligen Einfluss ausüben kann, muss um so bemerkbarer werden durch die enorme Kürze des Metalltuches, welches kaum halb so lang als die gewöhnlichen ist. 3) Erscheint es nothwendig, dass bei fortgesetztem Gange der Maschine der Eingriff der Räder 13 und 14 und die ganze Welle 10 bedeutend leiden. 4) Dürfte die wenn auch sehr geringe Vibration der beiden Gautschwalzen bei feinen Papieren und fein gemahlenem Stoff mancherlei Uebelstände im Gefolge haben. — Ueber die letzten beiden Bedenken hat Verf. keine nähere Kenntniss, ob sie gegründet sind oder nicht, die ersteren jedoch sind es nach einer gütigen Mittheilung von Seiten der Herren Besitzer vollständig. Aus dieser geht hervor, dass, mit Ausnahme der Trockencylinder, sämmtliche Theile der Maschine überaus mangelhaft waren, so dass sie theils gänzlich verworfen, theils wesentlich modificirt werden mussten. In ursprünglicher Gestalt bestehen nur noch die zwei Paar Presswalzen, die Luftpumpen, die Trocken-Cylinder und der Satinir-Apparat,

---

*) Dieses Princip ist übrigens nicht ganz neu, denn Verf. dieses hat eine Zeichnung vor Augen gehabt, die bereits aus dem Jahre 1846 herrührte und einem amerikanischen Modelle entlehnt sein sollte. Die Zeichnung war von dem früher in Heilbronn wohnhaften Maschinenbauer Widmann ausgeführt und stimmte, selbst was den Trocken-Apparat anbetrifft, vollkommen mit der hier in Rede stehenden überein.

welcher letztere jedoch auch bei weitem nicht genügt. Gänzlich beseitigt wurde die Schneidemaschine, umgebaut endlich der Zeugregulator mit Knotenfang, so wie die Nassmaschine. Das kurze Metalltuch liess nur einen langsamen Gang zu und lieferte ein in der Durchsicht unschönes, wolkiges Papier. Es ist dieser Uebelstand zum grössten Theil durch eine sehr bedeutende Verlängerung der ganzen Nassmaschine beseitigt worden, jedoch wenn nicht durch andere Rücksichten davon abgehalten, würden die Besitzer der Maschine gern eine noch grössere Länge geben und zu der alten Schüttelungsart zurückkehren. — Der höchst liberalen Offenheit, mit welcher diese Mittheilungen dem Verf. gemacht wurden, wird Jeder zu Dank verpflichtet sein, dem durch dieselben ein theures Lehrgeld erspart worden ist.

XI. Leimmaschinen.

Wie schon S. 214 erwähnt, wird in England auch das Maschinenpapier fast ausschliesslich mit thierischem Leim geleimt, wozu mehr oder weniger vollkommene Apparate in Anwendung sind. Das einfachste Verfahren ist, dass das trockene Papier zwischen zwei mit Schläuchen überzogene Walzen durchgeleitet wird, von denen die untere in heissen thierischen Leim eintaucht, worauf es abermals durch drei Trockencylinder getrocknet und auf den Haspel aufgewickelt wird. Hierbei kommen jedoch zwei Uebelstände in Betracht: einmal ist es nicht möglich, ungeleimtes Papier durch die heisse Leimauflösung durchzuziehen, ohne dass eine Erweichung und Abreissen stattfände, das Papier muss daher schon einen schwachen Büttenleim erhalten haben. Schon geleimtes Papier kann aber andererseits bei dem einmaligen raschen Durchgehen durch die Leimwalzen nur eine sehr geringe Menge der Leimauflösung in seine Poren aufnehmen. Ferner ist die nachfolgende Trocknung zu schnell, um sowohl dem Thierleim seine Eigenschaften zu bewahren, als auch dem Bogen die Festigkeit wie durch Lufttrocknung zu geben. Die Wirksamkeit dieses Verfahrens steht daher in keinem Verhältniss zu dem damit verbundenen Aufwand von Zeit, Kosten und Ausschuss. — Zur Hebung dieser Uebelstände hat man 2 Paar Leimwalzen, die etwa 25 Fuss aus einanderstehen und 5 Trocken-Cylinder, deren Temperatur sehr allmählig steigt, angewendet. — Besser ist jedoch unbedingt das folgende Verfahren: das

Papier wird in der Bütte möglichst schwach geleimt und vor
dem Durchleiten durch den heissen Leim nicht vollständig getrocknet, sondern es passirt blos einen $2\frac{1}{2}$ Fuss im Durchmesser
haltenden Trockencylinder. Nach dem Durchleiten wickelt sich
der Bogen auf eine Trommel, deren 4 Stück in einem beweglichen Rahmen angebracht sind. Nach ungefähr einer Stunde
leitet man das Papier auf die folgende leere Trommel und so
fort, bis die vierte an die Reihe kommt, worauf man das Papier
von dem ersten Haspel auf die Trockenwalzen führt. Derselben
sind fünf vorhanden, von denen die beiden ersten mit Filz überzogen sind, um einen möglichst geringen Wärmegrad für das
erste und gefährlichste Stadium des Trocknens herzustellen.
Hierdurch sowohl, als indem der Leim 2 bis 3 Stunden Zeit
hat, den Bogen zu durchdringen, wird offenbar eine viel bessere
Leimung erzielt, als nach der ersten Methode möglich war.

Endlich giebt es noch Maschinen für Anwendung des Thierleims, deren Mechanismus zwar äusserst weitläuftig ist, die aber
auch alle Vortheile der normalen Leimung fast vollkommen erreichen. Das Papier wird auf einer gewöhnlichen Maschine gemacht, getrocknet und in Rollen von 1 bis 2 Ctr. aufgewickelt.
Diese Rollen bringt man auf die sogenannte Leimmaschine,
welche den Bogen durch heissen Leim führt, und hierauf auspresst, dies alles aber auf so subtile Weise, dass er nur
wenig oder gar nicht in der Bütte geleimt zu sein braucht, und
doch durch diese Operation nichts leidet. Hierauf wieder auf-
gerollt, lässt man dem Leim mehrere Stunden Zeit, um den
Bogen recht durchdringen zu können, worauf die Rollen nach
der dritten Station der Trockenmaschine gebracht werden. Diese
besteht aus einem Systeme von abwechselnden Windrädern und
schwach erwärmten Oefen oder Cylindern; der Bogen wird langsam zwischen denselben durchgeleitet, aber so, dass er mehrere
Zoll stets von der Oberfläche der Oefen entfernt bleibt. Er
macht auf diese Weise einen Weg von mehr als 200 Fuss,
worauf er so weit trocken ist, um ohne fernere Gefahr für den
Leim eine grosse schwach erwärmte Trockenwalze passiren zu
können. Das so gefertigte Papier steht so wenig dem auf die
alte Art geleimten nach, dass man in der Praxis keinen Unterschied mehr dazwischen macht. *)

---

*) W. Oechelhäuser. Ueber den Stand der Papierfabrikation in Gross-

Der thierische Leim wird in England vorzugsweise aus den Häuten von weissen, sehr starken Ochsen bereitet, dieselben lässt man zunächst in einem angesäuerten Wasser weichen, wäscht sie darauf und kocht sie dann so lange, bis die Leimsubstanz vollständig extrahirt ist. Zum Leimen des Maschinenpapiers wird der Leim viel stärker angewendet als zum Leimen von Büttenpapier, auch setzt man dem Leim etwas Seifenauflösung zu, um ein zu rasches Trocknen des Papiers zu verhindern.

XII. Satiniren des Papiers.

Um dem Papiere die im Handel gewünschte Glätte zu geben, dienen besondere Apparate, die theils in unmittelbarer Verbindung mit der Maschine stehen, so dass das Papier sie früher passirt, ehe es zum Haspel oder der Schneidemaschine gelangt, theils von ihr getrennt sind, in welchem letzteren Falle dann das Papier bogenweise zwischen Zink- und Kupferplatten geglättet wird. Zwei mit der Maschine verbundene Satinirwerke sind in Fig. 36 dargestellt; sie bestehen aus zwei polirten eisernen Walzen, die über und unter einer Trockenwalze angebracht sind. — In Frankreich hat man in letzter Zeit Versuche gemacht, das Papier durch polirte marmorne Walzen zu glätten, welche sich ausserordentlich schnell drehen, während das Papier unter gelindem Druck darüber hinweggeführt wird. Doch scheinen der praktischen Anwendbarkeit grosse Schwierigkeiten entgegenzustehen, unter andern auch, dass jedes Schmutzfleckchen durch die rasche Drehung der Walze in einen langen Strich verwandelt wird. — Aber auch mittelst der ersten Vorrichtungen erhält theils das Papier nicht den höchsten Grad der Glätte, theils sind sie da nicht anwendbar, wo das Papier nach seiner Vollendung erst mit thierischem Leime geleimt wird, und man findet daher in den vollkommeneren Fabriken meistens besondere Satinirapparate, d. h. Walzwerke, auf welchen die Papierbogen zwischen Kupfer- und Zinkplatten oder Glanzdeckeln geglättet werden.

---

brittannien und Frankreich. Verhandlungen des Vereins zur Beförderung des Gewerbfleisses in Preussen. Berlin, 1846. Die ausgezeichnetsten Leimmaschinen construirt Bryan Donkin in London; man vergleiche jedoch auch Millbourn's Leimmaschine, Dingler's polyt. Journal, Bd. CV. S. 403.

Die Glätte, welche polirte Kupferwalzen einem mit thierischem Leime geleimten Papiere geben, ist unbedingt die höchste, welche man überhaupt zu erreichen im Stande ist; man muss sich indess vor zu starkem Druck hüten, weil sonst der Bogen leicht eine dunkelbläuliche Färbung erhält, wie man nicht selten bei englischem Papiere wahrnimmt. Die Glättmaschinen haben in Grossbrittannien gewöhnlich drei Walzenpaare hintereinander, wodurch man das Papier nur ein- bis zweimal durchgehen zu lassen braucht. In Frankreich satinirt man entweder zwischen Zinkplatten, oder, indem man abwechselnd eine Zinkplatte und einen Glanzdeckel nimmt. Alle diese Methoden sind dem bei uns gebräuchlichen Glätten zwischen blossen Glanzdeckeln vorzuziehen, indem hierdurch der Bogen aus einander gedehnt und weicher wird und ein hoher Grad von Glätte, namentlich bei grossen und dicken Papieren nicht zu erreichen ist. Das Walzen zwischen Metallplatten verschönert auch die Durchsicht auf eine ganz eigenthümliche Weise, was man besonders in England bemerkt, wo das Papier, wie es aus der Maschine kommt, eine sehr wolkige Durchsicht hat. Hat man dem Papier auf eine der früher beschriebenen Methoden Wasserzeichen gegeben, so räth Planche sich zum Satiniren eines Kalanders zu bedienen, bei welchem das Papier zwischen Papier- und Metallwalzen durchgeleitet wird, welche die Zeichen nicht so eindrücken wie zwei Metallwalzen. —

XIII. Schneiden des Papiers.

Schliesslich muss auch diese Operation in den Kreis der Betrachtung gezogen werden, denn so einfach dieselbe an sich ist, so lassen sich doch dabei durch Anwendung zweckmässiger Maschinen nicht unbedeutende Vortheile erzielen. In der Regel lässt man das Papier sich ruhig auf den Haspel aufwickeln, schneidet dann, sobald eine hinreichende Menge sich auf demselben befindet, die Papiermasse nach einer Linie durch, die parallel der Achse des Haspels ist, breitet sie auf einem grossen Tische aus und zerschneidet sie aus freier Hand mit Hülfe eines Formatbrettes in Bogen. — Da jedoch bei jeder Umdrehung des Haspels der Halbmesser desselben für das aufzuwickelnde Papier um eine Papierstärke zunimmt, so wird, wenn auch der Haspel ursprünglich so gestellt war, dass die Höhe oder Breite eines Bogens einen aliquoten Theil seiner Peripherie bildete, doch je grösser die aufgewickelte Papiermasse wird, von jedem einzelnen Blatte beim Zertheilen in Bogen ein immer grösserer Theil übrig bleiben, und wenn auch diese Papierabfälle wiederum benutzt werden, so wird durch Beseitigung derselben nicht blos Ersparung von Stoff, sondern ganz besonders von Arbeit erzielt. Die durch das Zerschneiden mit der Hand verursachten Abfälle können auf 8 bis 10 Procent der ganzen Fabrikation angenommen werden, woraus der Nutzen einleuchtet, der einer Fabrik aus der Anwendung von Schneidemaschinen erwächst. Dennoch sieht man derartige Maschinen noch verhältnissmässig wenig, namentlich in Deutschland, angewendet, wovon der Grund darin zu suchen ist, dass es allerdings nach vielen missglückten Versuchen erst in neuerer Zeit gelungen ist, Maschinen für den Querschnitt herzustellen, welche allen billigen Anforderungen genügen. Als ihrem Zweck am vollkommensten entsprechend, sind von diesen Maschinen die von **Hoffmann** in Breslau construirte und die von **Debergue** und **Spreafico** vor einigen Jahren in Frankreich eingeführte zu bezeichnen, deren Beschreibung wir hier folgen lassen.

An der Maschine von **Debergue**, welche Fig. 43 und 44 abgebildet ist, unterscheidet man vier Hauptbewegungen: die der Speisecylinder, welche das Papier von den Haspeln abrollen; die der kreisförmigen Messer, welche den Längenschnitt ausführen; die der Klinge zum Querschnitt und endlich die Bewegung des endlosen Filzes, welcher die geschnittenen Bogen fortführt.

Die Maschine ruht auf zwei gusseisernen Ständern AA, welche parallel gestellt und unter sich durch eiserne Querstangen $a\,a$ verbunden sind. Die Bewegung geht von der Welle B aus, auf welcher die Riemscheibe C befestigt ist; durch das Getriebe B' (siehe Fig. 44) und das Zahnrad D' wird sie auf die Welle D übertragen. Das Schwungrad E bezweckt Regulirung der Bewegung. An dem einen Ende der Welle D ist eine runde gusseiserne Sebeibe F befestigt, welche in einem Schiebestück den Zapfen f trägt, der nach der Grösse der zu schneidenden Bogen mehr oder weniger von dem Mittelpunkt der Scheibe entfernt wird. Der Zapfen f hält das eine Ende der Leitstange G und bildet damit eine Kurbel um den Mittelpunkt der Welle D. Die Leitstange G ist an ihrem andern Ende mit dem um den

Zapfen J oscillirenden Eingriffssegmente H verbunden, und ertheilt diesem während der Drehung der Scheibe F eine Hin- und Herbewegung, die um so grösser ist, je weiter f vom Mittelpunkt der Scheibe absteht. — Das Rad K, welches sich frei um die Welle L bewegt, und an seiner Peripherie den Winkel von Schmiedeeisen M trägt, an dessen oberen Theile eine Sperrklinke m befestigt ist, greift in das Segment H ein und erhält dessen hin- und hergehende Bewegung. Bewegt sich nun das Rad K in der Richtung des Pfeiles, so greift die Sperrklinke in die Zähne des Sperrrades N und zwingt dasselbe, der Bewegung des Rades K zu folgen und eine bestimmte Strecke zu rotiren. Bewegt sich hingegen das Rad K bei dem Rücklaufe des Segmentes H nach der entgegengesetzten Richtung, so gleitet die Feder m über die Zähne des Rades N hinweg, während nun die am unteren Theile desselben angebrachte Feder m' in die Zähne eingreift und das Rad N festhält. Auf der Welle L des Sperrades ist gleichzeitig das Rad O (Fig. 43) befestigt, welches in das an dem Ende des Cylinders Q angebrachte Getriebe P eingreift. Der Cylinder Q bildet mit dem darüber liegenden Q', der mit seinem ganzen Gewichte auf ihm ruht, die Presse, welche das Papier von den Rollen R, R^1, R^2 abrollt und unter die Messer führt. An dem andern Ende der Walze Q ist eine Riemscheibe q befestigt, die mittelst eines Riemens eine andere Riemscheibe s von gleichem Durchmesser bewegt, die mit dem unteren Cylinder einer zweiten Presse zusammenhängt, welche in Allem der ersten gleicht. Zwischen diesen beiden Pressen, welche nach derselben Richtung mit derselben Geschwindigkeit sich bewegen und das Papier in starker Spannung halten, wird dasselbe durch die Scheiben $t\,t'$, die auf den Wellen $T\,T'$ aufsitzen, der Länge nach zerschnitten, indem die kleinen Riemscheiben t^3 und t^4 ihnen die Bewegung übertragen, welche sie vermittelst des Riemens b^2 von der Riemscheibe B^2 erhalten, die auf der Bewegungswelle B aufsitzt. Nachdem auf diese Weise der Längenschnitt bewirkt ist, bleibt noch der Querschnitt auszuführen. Das von den Cylindern R, R^1, R^2 sich abwickelnde, durch die Spannrollen r, r^1, r^2 gespannt erhaltene Papier gelangt zu dem Ende, nachdem es die beiden Pressen passirt, unmittelbar nach dem Austritt aus der zweiten auf ein Querstück U, welches ein wenig geneigt und an welchem mittelst Schrauben die Stahlklinge u befestigt ist. Eine andere eben solche Klinge *u*', befestigt an jeder ihrer Enden an die Hebel *V*, auf deren Verlängerungen *v* die Schnecken *D*² wirken, fällt dicht an der Klinge *u* herab und schneidet das Papier. Die Verlängerung *v* endigt in einen Haken, an welchem das Gewicht *V*' hängt, dessen Last den Hebel anzieht und die Klinge *u*' sogleich wieder in die Höhe hebt, sobald der durch die Schnecken *D*² bewirkte Druck nach oben aufhört.

Nach der obigen Auseinandersetzung des Mechanismus, welcher das Papier unter die Messer führt, leuchtet ein, dass während einer halben Umdrehung der Scheibe *F* die zwei Pressen in Bewegung sind, dass aber während der anderen Hälfte der Umdrehung sie sowohl wie das Papier in Ruhe verharren; während dieser letzteren Periode dagegen treten die Schnecken *D*² an die Hebel *v* und nöthigen das Quermesser herabzugehen und die Papierblätter nach der Breitenrichtung zu zertheilen. Während dieses Schnittes wird das Papier durch das Brett *X*, dessen unterer Rand mit Filz bekleidet ist, gepresst und festgehalten. Dieses Brett *X*, dessen durchbohrte Enden durch die Säulen *X*' geleitet werden, ist an zwei Riemen *x* aufgehangen, die über die kleinen Scheiben *x*' laufen und an den Armen *v*' befestigt sind, welche mit dem Hebel *V* zusammenhängen und folgt mithin der Bewegung des Messers *u*'.

Das in Bogen zerschnittene Papier fällt von selbst auf den endlosen Filz *Y*, welchen die Walzen *y* leiten, und wird von diesem durch dazu angestellte Knaben oder Mädchen abgehoben. Der Filz *Y* erhält seine Bewegung durch die kleine Riemscheibe *y*¹ und den Riemen *y*²; die zwei Gewinde *y*³ dienen, um die Walzen *y* von einander zu entfernen und dem Filz die nöthige Spannung zu ertheilen, in der Breite wird er durch die Spannrädchen *y*⁴ straff gehalten, zwischen denen die Ledereinfassung desselben läuft.

Die Construction der Hoffmann'schen Schneidemaschine ist aus Fig. 45 ersichtlich. Durch die lose und feste Riemscheibe *a* wird die Maschine bewegt und zwar zunächst die obere conische Trommel *b*, welche wieder auf die untere conische Trommel *c* vermittelst des durch die Schraube *d* verstellbaren Riemens *f* die Bewegung überträgt. Von der Trommelwelle *b* erhält die Betriebsscheibe *g* und durch diese der Längenschnitt *h* seine Bewegung. Dieser ist genau so eingerichtet, wie an allen anderen dergleichen Maschinen und besteht aus zwei

Wellen, die verstellbare Kreismesser haben. Die Leitwalzen k führen nun den Bogen zum Querschnitt. An dem verstellbaren Halter l befindet sich ein festes gut geschliffenes Messer quer durch die Maschine. Die durch die Räder n und n^1 bewegte Welle m trägt an einem quer durch die Maschine liegenden Flügel zwei ebensolche lange Stahlmesser, von denen eins dem anderen gegenübersteht, und die beide beim Umdrehen die Flügelwelle m von der vorderen Seite nach der hinteren Seite gegen das von l befestigte Messer zum Schnitt gelangen.

Dieser Schnitt muss möglichst schnell geschehen um den Bogen im Laufe nicht aufzuhalten, und dient dafür die Bewegung durch die Frictionsscheiben o, p, q. Die beiden runden Frictionsscheiben o und p sind an ihrer Peripherie mit Leder überzogen, und ist die glatt gearbeitete Frictionsscheibe q so zwischen beide angebracht, dass die etwas exentrische zur Hälfte mehr erhabene Peripherie derselben stets entweder mit p oder o in Berührung ist, und zwar so, dass, wenn p nicht mehr an der höheren Peripheriehälfte von q arbeitet, die Scheibe o dieselbe sogleich erfasst, was durch einen Zapfen und die Stahlfeder s bewirkt wird. Die Riemscheiben o' und p' vermitteln ihre gegenseitige Bewegung und die der Frictionsscheiben. Wenn nun p die Flügelwelle m durch diese Frictionsscheibe q und die Räder n, n' treibt, so bewegt sich diese langsam beim halben Umlauf, in welcher Zeit der Bogen durch den Längenschnitt und die Walzen K senkrecht hängend vor das feste Messer geführt wird. Der andere aber um 8mal beschleunigte halbe Umgang der Messerwelle m wird durch den directen Angriff der Frictionsscheibe o auf q beim Schnitte bewirkt. Die Feder s wird ausserdem aber noch durch die Hebel r und s in ihrer Wirkung auf dem Zapfen der Frictionsscheibe q aufgehalten, damit der Schnitt regelmässig erst erfolgt, wenn der Angriff von o auf q ermöglicht ist, je nach dem Format des Bogens, welches wiederum durch die Wechselräder $z, z, z,$ die auf die Hebel r und t durch den Umgang des Rades z'' wirken, grösser oder kleiner gestellt werden kann. —

Die Hoffmann'sche Maschine hat vor der von Debergue voraus, dass sie ohne Unterbrechung wirkt, daher unmittelbar hinter dem Trocken- oder Satinirapparat aufgestellt werden kann und mithin das Papier sogleich in Bogen geschnitten erhalten wird, ja es ist an der Maschine auch eine Vorrichtung angebracht, welche die geschnittenen Bogen zählt, indem ein Zeiger oder eine Glocke angiebt, wenn ein Ries vollzählig ist. Allein abgesehen von der starken Electricitäts-Entwickelung, welche bei diesem raschen Zerschneiden des Papiers stattfindet, und die mit mancherlei Unbequemlichkeiten verknüpft ist, liegt gerade in der ununterbrochenen Wirkung und der unmittelbaren Verbindung der Schneidemaschine mit der Papiermaschine ein grosser Uebelstand. Um nämlich die ununterbrochene Thätigkeit hervorzubringen, sind, wie schon aus der Vergleichung der betreffenden Abbildungen hervorgeht, bei der Hoffmann-schen Maschine eine viel grössere Anzahl von Getrieben und Scheiben erforderlich, als bei der von Debergue, es ist daher auch die Möglichkeit eine grössere, dass irgendwo der Eingriff nicht mit vollkommener Präcision stattfinde, wodurch sogleich ein fehlerhafter Schnitt erzeugt wird. — Die unmittelbare Verbindung hingegen der Schneidemaschine mit der Papiermaschine hat den Uebelstand, dass bei einer Störung in der Thätigkeit der ersteren auch die letztere ausser Thätigkeit gesetzt werden muss, daher es auch unbedingt nothwendig ist, dass eine Haspelvorrichtung zum Aufwickeln des Papieres stets als Reserve vorhanden sei.

Ausser diesen beiden hier näher beschriebenen und am häufigsten angewendeten Schneidemaschinen sind noch mehrere andere construirt worden, die jedoch bisher nur geringe Verbreitung gefunden haben; wir erwähnen von ihnen die Papierschneidemaschinen von Cowper, Dickinson und Fourdrinier, beschrieben in dem technischen Wörterbuch von Karmarsch und Heeren, Bd. II., p. 501; die von Marshall, beschrieben in den Verhandlungen des Berliner Gewerbevereins 1851, p. 106; die von Tidcombe, beschrieben in Dingler's polytechnischem Journale Bd. CXXIV, p. 262.

Wir haben bereits darauf aufmerksam gemacht, dass die Anwendung derartiger Papier-Schneidemaschinen durch Vermeidung der Abfälle mit einem nicht unbedeutenden Gewinn verknüpft ist, der je nach der Güte des Papiers und Leistungsfähigkeit der Papiermaschine sich täglich bis auf 8—10 Thlr. belaufen kann, wodurch die circa 1000 Thaler betragenden Anschaffungskosten sehr bald gedeckt werden; es verdient aber ausserdem hervorgehoben zu werden, dass der Schnitt durch die Maschine viel sauberer ausgeführt wird, als es mit der Hand möglich ist, und dass ihre Anwendung gleichzeitig eine nicht unbedeutende Ersparniss an Arbeitskräften gestattet. Denn während da, wo der Schnitt mit der Hand ausgeführt wird, vier oder mindestens drei Erwachsene zur Bedienung der Maschine nöthig sind, werden neben der Papierschneidemaschine nur zwei solche erforderlich sein, da zum Abnehmen der Bogen Knaben oder Mädchen ausreichen, welche gleichzeitig bei ordinären Papiersorten das Herauswerfen fehlerhafter Bogen besorgen können, so dass derartige Papiere nicht erst in den Verschiesssaal gebracht werden dürfen. — Bei geleimten Papieren oder überhaupt bei solchen, bei denen man gutes (fehlerfreies), Retiré (mit geringen Fehlern behaftetes) und Ausschuss unterscheidet, ist indess der Durchgang durch den Verschiesssaal, in welchem es mittelst kleiner Messer und Gummi elasticum von Knoten und Schmutzflecken befreit wird, nicht zu vermeiden.

Das geschnittene und verschossene Papier wird endlich, in Ballen, Ries und Buch verpackt, in den Handel gebracht und zwar ist

1 Ball. = 10 Ries = 200 Buch = 4800 (bei Druckpap. = 5000) Bog.
$$1 \text{ ,, } = 20 \text{ ,, } = 480 \text{ ,, } \text{ ,, } = 500 \text{ ,, }$$
$$1 \text{ ,, } = 24 \text{ ,, } \text{ ,, } = 25 \text{ ,, }$$

Alphabetisches Verzeichniss

sämmtlicher im Buche genannten chemischen Stoffe
und Verbindungen, so wie deren chemische Zeichen
und Mischungsgewichte. *)

Name.	Chemische Zeichen.	Mischungs-gewicht.
Aluminiumoxyd (Thonerde)	$Al^2 O^3$	641,80
Ammoniak	$N^2 H^6 + H^2 O$	324,98
Ammoniak-Alaun	$[(N^2 H^6 O + S O^3) +$ $(Al^2 O^1 + 3 S O^3)] + 24 H^2 O$	4869,30
Arsenige Säure	$As^2 O^3$	1238,80
Arseniksäure	$As^2 O^5$	1438,80
Baryumoxyd (Baryterde)	$Ba O$	955,290
Baryumoxydhydrat	$Ba O + H^2 O$	1067,770
Brommagnesium	$Mg Br^2$	1157,760
Calcium	Ca	251,651
Calciumoxyd (Kalkerde)	$Ca O$	351,651
Chlor	Cl	221,640

---

*) Unter Mischungsgewichte versteht man die relativen Gewichtsmengen, in welchen oder in deren Vielfachen die Körper vorzugsweise auf einander einwirken. Die Vervielfältigung des Mischungsgewichts (M. G.) wird entweder durch einen Coefficienten oder Exponenten oder Index angedeutet, so dass, da Al das Zeichen für 1 M. G. Aluminium, $2 Al = Al^2 = Al_2$, zwei Mischungsgewichte Aluminium anzeigt, eben so $3 O = O^3 = O_3$ drei Mischungsgewichte Sauerstoff. Nur waltet zwischen dem Coefficienten einerseits und dem Exponenten und Index andererseits der Unterschied ob, dass während die beiden letzteren sich nur auf das Zeichen beziehen, mit welchem sie verbunden sind, der Coefficient alle Zeichen bis zum nächsten + oder — vervielfältigt; also $Al^2 O^3 = 2 Al + 3 O$, aber $2 Al^2 O^3 = 4 Al + 6 O = 2 Al^2 + 2 O^3$. Mehrere Körper verbinden sich vorzugsweise in der doppelten Menge ihres Mischungsgewichtes, und es erschien daher vortheilhaft, diese Verdoppelung auf eine einfachere Weise anzudeuten, nämlich dadurch, dass man das Zeichen des Körpers im unteren Drittel durchstreicht. Es ist also $2 Al = Al^2 = Al\!\!/, 2 Cl = Cl^2 = Cl\!\!/.$

Name.	Chemische Zeichen.	Mischungsgewicht.
Chlorammonium (Salmiak)	$N^2 H^8 Cl^2$	668,260
Chlorarsenik	$As^2 Cl^6$	2268,640
Chlorbaryum	$Ba Cl^2$	1298,570
Chlorcalcium	$Ca Cl^2$	694,931
Chlorkalium	$K Cl^2$	932,136
Chlornatrium	$Na Cl^2$	733,009
Chlorsäure	$Cl^2 O^5$	943,280
Chlorsaures Kali	$KO + Cl^2 O^5$	1532,136
Chlorwasserstoffsäure (Salzsäure)	$H^2 Cl^2$	455,760
Chromchlorid	$Cr^2 Cl^3$	1987,580
Chromsaures Kali	$KO + Cr O^3$	1217,726
Cyan	$C^2 N^2 = Cy$	325,300
Eisen	Fe	350,527
Eisenchlorid	$Fe^2 Cl^3$	2030,894
Eisenchlorür	$Fe Cl^2$	793,807
Eisencyanid	$Fe Cy^3$	1676,954
Eisencyanür	$Ee Cy$	675,827
Eisenoxyd	$Fe^2 O^3$	1001,054
Eisenoxydul	$Fe O$	450,527
Jod	J	792,996
Jodkalium	$K J^2$	2074,848
Jodmagnesium	$Mg J^2$	1744,132
Kali-Alaun	$[(KO + SO^3) + (Al^2 O^3 + 3 SO^3)] + 24 H^2 O$	5933,176
Kalium	K	488,856
Kaliumeisencyanid (rothes Blutlaugensalz)	$3 K Cy^2 + Fe^2 Cy^3$	4119,422
Kaliumeisencyanür (gelbes Blutlaugensalz)	$2 K Cy^2 + Fe Cy^2 + 3 H^2 O$	2641,579
Kaliumoxyd (Kali)	KO	588,856
Kieselsäure	$Si O^3$	577,778
Kieselsaures Kali	$KO + Si O^3$	1166,634
Kieselsaures Natron	$Na O + Si O^3$	967,507
Kobaltoxyd	$Co O$	468,650
Kohlensäure	$C O^2$	275,120
Kohlensaures Ammoniak	$N^2 H^8 O + C O^2$	600,100
Kohlensaure Baryterde	$Ba O + CO^2$	1230,410
Kohlensaures Kali	$KO + C O^2$	863,976
Kohlensaure Kalkerde	$Ca O + C O^2$	626,771

Name.	Chemische Zeichen.	Mischungs-gewicht.
Kohlensaures Natron	$NaO + CO^2$	664,849
Kohlenstoff	C	75,120
Kupfer	Cu	395,600
Kupferchlorür	$Cu^2 Cl^2$	1234,480
Lithion	LiO	181,660
Magnesiumoxyd (Magnesia, Talkerde)	MgO	258,140
Manganchlorür	$MnCl^2$	787,964
Manganoxyd	$Mn^2 O^3$	989,368
Manganoxyd-Oxydul	$MnO + Mn^2 O^3$	1434,052
Manganoxydul	MnO	444,684
Mangansaures Kali	$KO + \acute{M}nO^3$	1233,540
Mangansuperoxyd (Braunstein)	MnO^2	544,684
Metaantimonsaures Kali	$2KO + Sb^2 O^5$	3290,616
Natrium	Nu	289,729
Natriumoxyd (Natron)	NaO	389,729
Natron-Alaun	$[(NaO + SO^3 + (Al^2 O^3 + 3SO^3)] + 24H^2O$	5634,049
Oxalsäure	$C^2 O^3$	450,240
Oxalsaures Ammoniak	$N^2 H^8 O + C^2 O^3$	775,220
Oxalsaures Kali	$KO + C^2 O^3$	1039,096
Phosphorsäure	$P^2 O^5$	892,040
Phosphorsaure Kalkerde	$CaO + P^2 O^5$	1243,691
Phosphorsaures Natron	$NaO + P^2 O^5$	1281,769
Phosphorsaure Talkerde	$MgO + P^2 O^5$	1150,180
Quecksilberchlorid (Sublimat)	$HgCl^2$	1694,570
Quecksilberchlorür (Calomel)	$Hg^2 Cl^2$	2945,860
Salpetersäure	$N^2 O^5$	675,060
Salpetersaure Baryterde	$BaO + N^2 O^5$	1630,350
Salpetersaures Kali (Salpeter)	$KO + N^2 O^5$	1263,916
Salpetersaures Silberoxyd	$AgO + N^2 O^5$	2124,720
Salpetrige Säure	$N^2 O^3$	475,060
Sauerstoff	O	100,000
Saures chromsaures Kali	$KO + 2CrO^3$	1846,596
Saures kohlensaures Natron	$NaO + 2CO^2$	939,969

Name.	Chemische Zeichen.	Mischungsgewicht.
Saures oxalsaures Kali (Kleesalz)	$KC + 2\,C^2O^3$	1489,336
Saures weinsteinsaures Kali (Weinstein)	$KO + C^8H^8O^{10} + H^2O$	2351,216
Schwefel	S	200,750
Schwefelbaryum	BaS	1056,040
Schwefelcalcium	CaS	452,401
Schwefelcyan (Rhodan)	Cy^2S^2	726,800
Schwefelcyaneisen	$Fe^2 + 3\,Cy^2S^2$	3608,254
Schwefelcyankalium	$K + Cy^2S^2$	1215,656
Schwefelmangan	MnS	545,434
Schwefelnatrium	NaS	490,479
Schwefelsäure	SO^3	500,750
Schwefelsaure Baryterde	$BaO + SO^3$	1456,040
Schwefelsaures Eisenoxyd	$Fe^2O^3 + 3\,SO^3$	2503,304
Schwefelsaures Eisenoxydul (grüner Vitriol)	$FeO + SO^3$	951,277
Schwefelsaures Kali	$KO + SO^3$	1089,606
Schwefelsaure Kalkerde (Gyps)	$CaO + SO^3$	852,401
Schwefelsaures Natron (Glaubersalz)	$NaO + SO^3$	890,479
Schwefelsaure Talkerde (Bittersalz)	$MgO + SO^3$	758,890
Schwefelsaure Thonerde	$Al^2O^3 + 3\,SO^3$	2144,050
Schwefelsaures Zinkoxyd	$ZnO + SO^3$	1007,341
Schweflige Säure	SO^2	400,750
Schwefligsaures Natron	$NaO + SO^2$	790,479
Schwefelwasserstoff	H^2S	213,230
Stickstoff	N	87,530
Stickstoffoxyd	N^2O^2	375,060
Strontianerde	SrO	645,929
Ueberchlorürsäure	Cl^2O^7	1143,280
Uebermangansaures Kali (Chamäleon)	$KO + Mn^2O^7$	1978,224
Unterchlorige Säure	Cl^2O	543,28
Unterchlorigsaures Kali	$KO + Cl^2O$	1032,136
Unterchlorigsaure Kalkerde (Chlorkalk)	$CaO + Cl^2O$	794,931

Name.	Chemische Zeichen.	Mischungs-gewicht.
Unterschwefelsäure	$S^2 O^5$	1501,500
Unterschwefligsaures Natron	$NO + S^2 O^2$	1790,356
Wasser	$H^2 O$	112,480
Wasserstoff	H	6,240
Weinsteinsäure	$C^8 H^8 O^{10} + 2 H^2 O$	1875,840
Weinsteinsaures Kali	$2 KO + C^8 H^8 O^{10}$	2828,592
Zinn	Sn	735,294
Zinnchlorid	$Sn Cl^2$	1621,854
Zinnchlorür	$Sn Cl^2$	1178,674

Additional material from *Die Fabrikation des Papiers, in Sonderheit des auf der Maschine gefertigten, nebst gründlicher Auseinandersetzung der in ihr vorkomm.chem. Processe u. Anweisung z. Prüfung d. angewandten Materialien,*
ISBN 978-3-662-32412-7 is available at http://extras.springer.com